T0254434

■ Richard J. Gaylord

■ Samuel N. Kamin

■ Paul R. Wellin

Einführung in die Programmierung mit Mathematica

Aus dem Englischen übersetzt
von Jürgen Lemke

SPRINGER BASEL AG

Die englische Originalausgabe erschien 1993 unter dem Titel
«An Introduction to Programming with *Mathematica*»
bei TELOS, The Electronic Library of Science, Santa Clara, CA USA
© TELOS/Springer-Verlag New York, Inc. 1993.
All rights reserved.

Adressen der Autoren:

Richard J. Gaylord
Dept. of Materials Science
University of Illinois
Urbana-Champaign
1304 W. Green St.
Urbana, IL 61801 USA

Samuel N. Kamin
Dept. of Computer Science
University of Illinois
Urbana-Champaign
1304 W. Green St.
Urbana, IL 61801 USA

Paul R. Wellin
Dept. of Mathematics
California State University
1801 E. Cotati Avenue
Rohnert Park, CA 94928 USA

Die Deutsche Bibliothek – CIP-Einheitsaufnahme

Einführung in die Programmierung mit Mathematica / Richard
J. Gaylord ; Samuel N. Kamin ; Paul R. Wellin. Aus dem Engl.
übers. von Jürgen Lemke. – Basel ; Boston ; Berlin :
Birkhäuser.
  Einheitssacht.: An introduction to programming with Mathematica
  <dt.>
  Medienkombination
  ISBN 978-3-7643-2965-5   ISBN 978-3-0348-9055-7 (eBook)
  DOI 10.1007/978-3-0348-9055-7
NE: Gaylord, Richard J.; Kamin, Samuel N.; Wellin, Paul R.; Lemke,
  Jürgen Übers. ; EST

© 1995 Springer Basel AG
   Ursprünglich erschienen bei Birkhäuser Verlag 1995
Gedruckt auf säurefreiem Papier, hergestellt aus chlorfrei gebleichtem Zellstoff ∞
Umschlaggestaltung: Markus Etterich, Basel
Reprint of the original edition 1995

9 8 7 6 5 4 3 2 1

Für Carole, für ein Vierteljahrhundert der Nachsicht und Geduld,
und für Darwin, für die andauernde Kameradschaft
während der Entstehungszeit dieses Buches.

Richard

Für meine Mutter und ihren Glauben in mich,
und in liebender Erinnerung an meine Schwiegermutter.

Sam

Für Sheri, Sam und Oona, die mich ständig auf Trab gehalten haben,
und für Bob, der mich gelegentlich angestupst hat.

Paul

Inhaltsverzeichnis

Vorwort

Computerausbildung für jedermann

Computer haben sowohl den Charakter der Forschung als auch die Art und Weise, wie Wissenschaft und Technik unterrichtet werden, massiv verändert. Experimentell arbeitende Wissenschaftler benutzen Computer tagtäglich, um Daten zu sammeln und zu analysieren, und Theoretiker benutzen sie, um Gleichungen numerisch und symbolisch zu behandeln. Für beide Gruppen ist die Simulation von Systemen auf Computern ein mittlerweile unentbehrliches Hilfsmittel geworden.

Als Folge hiervon ist die Ausbildung an Schulen und Universitäten dabei, sich zu verändern. Computer tauchen im Lehrplan auf, und zwar als eigenständiges Fach, aber auch als Medium zur Präsentation von Lehrstoff.

Die Verwendung von Computern hat sich in all diesen Gebieten rasch ausgebreitet, da die Entwicklung in der Computerhardware dazu geführt hat, daß jedermann sich eine eigene Computerausrüstung leisten kann. Es ist sogar sehr wahrscheinlich, daß der andauernde Kampf der Schulen und Universitäten um Gelder zur Einrichtung von Desktop-Computerlaboren sehr bald der Vergangenheit angehören wird, da die Studenten ihre eigenen, leistungsfähigen Notebook-Computer zum Unterricht mitbringen werden.

Die „Hardware-Hürde" ist damit zwar übersprungen worden, aber es gibt ein weiteres Hindernis, daß einer allgemeinen Verbreitung der Computer in Lehre und Forschung im Wege steht. Dieses besteht darin, daß viel zu wenig Software zur Verfügung steht, die sowohl leistungsfähig als auch benutzerfreundlich ist. Es gibt Softwarepakete für alle möglichen Computeranwendungen, aber nur wenige davon stellen eine vollständige Anwendungsumgebung zur Verfügung, die auch eine Programmiersprache für Benutzer einschließt, die nicht jeden Tag programmieren, die aber Programme zur Lösung ihrer Probleme brauchen. **Mathematica** stellt eine solche Umgebung zur Verfügung. Sie bietet folgendes:

1. Eingebaute mathematische und grafische Fähigkeiten, die sowohl leistungsfähig als auch flexibel sind.

2. Eine Programmiersprache, mit der man die Fähigkeiten von **Mathematica** – zumindest theoretisch – grenzenlos erweitern kann. Diese Sprache ist interaktiv, und man kann mit ihr sowohl numerische als auch symbolische Berechnungen durchführen. Sie basiert auf Mustervergleichen, und sie unterstützt einen Programmierstil, der auf Funktionalen basiert – ein Stil der von vielen Computerwissenschaftlern bevorzugt wird (es sind aber auch Konzepte vorhanden, die es einem erlauben, den gewöhnlichen Programmierstil zu verwenden).

3. Ein umfassendes „Hilfesystem", das während einer „Sitzung" benutzt werden kann. Hierzu gehört auch ein „Function Browser" – der ab der Version 2.2 vorhanden ist –, mit dem man leicht Information über eingebaute Funktionen und ihre Syntax erhalten kann.

4. Die Möglichkeit, **Mathematica** mit anderen Anwendungsumgebungen und Sprachen zu verbinden.

5. Eine Schnittstelle, die es einem erlaubt, Text und Grafik in einem Dokument zu verbinden.

In diesem Buch werden wir uns vor allem mit der **Mathematica**-Programmiersprache beschäftigen. Es gibt viele Bücher, einschließlich des Standardhandbuchs von Stephen Wolfram [Wol91], in denen die verschiedenen Aspekte von **Mathematica** dargestellt werden. Dennoch sind wir der Ansicht, daß es notwendig war, ein Buch zu schreiben, in dem die zugehörige Programmiersprache erklärt wird, denn nur mit dieser können die Möglichkeiten, die **Mathematica** bietet, voll ausgeschöpft werden. Dies ist das erste Buch, in dem die **Mathematica**-Programmiersprache so erklärt wird, daß auch ein Anfänger verstehen kann, worum es geht. Wir werden dabei vor allem die beiden Programmierstile erläutern, die am effizientesten und **Mathematica** am besten angepaßt sind. Sie basieren auf der Benutzung von Funktionalen und von Transformationsregeln.

Für wen ist dieses Buch geschrieben?

Wir haben dieses Buch für zwei verschiedene Gruppen von Lesern geschrieben:

- **Mathematica**-Benutzer, die noch keine Programmiererfahrung haben. Wir werden ganz von vorne anfangen und erklären, wie man „verschachtelte Funktionsaufrufe" schreibt, wie man „anonyme" Funktionen erzeugt und wie man Funktionen „höherer Ordnung" benutzt. Des weiteren werden rekursive und iterative Programmiertechniken erklärt.

  Auch **Mathematica**-Benutzer, die Programmiererfahrung mit herkömmlichen Sprachen, wie Fortran, C, BASIC und Pascal haben, reihen wir in die Kategorie der Anfänger mit ein. Diese Programmierer werden sicherlich sehr oft **Mathematica**-Programme im Prozedurstil schreiben, wobei Programme herauskommen, die aussehen, als hätte man „Fortran in **Mathematica**" programmiert. Wenn man versteht, wie **Mathematica**-Programme mit Hilfe des funktionalen und des regelbasierten Programmierstils erzeugt werden, kann man seine Programme einfacher und effizienter schreiben.

- Für all jene, die lernen wollen, wie man programmiert, und die mit einer leicht zu erlernenden und vielseitig verwendbaren Sprache anfangen wollen. Bei den meisten einfachen Sprachen, wie C und Fortran, muß man viele Zeilen Programmcode schreiben, wenn man irgendetwas Interessantes berechnen will, und die meisten Hochsprachen, wie LISP, benutzen eine unnatürliche Syntax und sind darüberhinaus nicht leicht zu beherrschen. Die Syntax von **Mathematica** ist wesentlich natürlicher; des weiteren gibt es komplexe, eingebaute Operationen, mit denen man ohne viel Aufwand interessante Dinge tun kann.

Wie man dieses Buch benutzen sollte

Es gibt verschiedene Möglichkeiten, wie man dieses Buch benutzen kann:

- Als Haupttext für einen Einführungskurs in die Programmierung. Am sinnvollsten wäre wohl die Verwendung in einem Einführungskurs, der sich mit der Anwendung von Computern in Wissenschaft und Technik befaßt. Man könnte so das Programmieren beim Lösen interessanter wissenschaftlicher und technischer Probleme erlernen. Die **Mathematica**-Programmiersprache unterstützt eine Reihe von Programmierstilen, die auf andere Sprachen übertragbar sind. Die Erfahrung hat gezeigt, daß die Programmierfertigkeiten, die man erlernt, wenn man **Mathematica** benutzt, auch bei konventionellen Sprachen verwendet werden können.

- Als Zusatztext in einem Kurs, in dem **Mathematica** als ein Werkzeug benutzt wird, um irgendein wissenschaftliches oder technisches Thema zu behandeln. Hierbei kann man die Prinzipien der **Mathematica**-Programmierung im Verlaufe des Kurses einführen, d.h. man führt ein bestimmtes Programmierelement genau dann ein, wenn es gebraucht wird. Unserer Ansicht nach ist es jedoch sinnvoller, zu Beginn des Kurses eine strukturierte Einführung in die **Mathematica**-Programmierung zu geben.

- Als ein Buch zum Selbststudium. Dies ist insbesondere für jene **Mathematica**-Benutzer sinnvoll, welche die Programmiermöglichkeiten im vollen Umfang ausschöpfen wollen oder die daran interessiert sind, wie die **Mathematica**-Programmiersprache arbeitet.

Konventionen, die in diesem Buch benutzt werden

Für Computerein- und -ausgaben haben wir in diesem Buch einen anderen Schrifttyp verwendet als für den normalen Text, und zwar sowohl bei Erscheinen innerhalb des Textes, so wie `Expand[(a + b)^4]`, als auch bei herausgestelltem **Mathematica**-Code. So erscheinen beispielsweise Eingabezeilen (das, was Sie am Computer eingeben) folgendermaßen:

```
In[1]:= 3 + 5
```

Für die Ausgabe (das, was **Mathematica** auf dem Computerbildschirm ausdruckt) wird ein etwas dünnerer Schrifttyp verwendet als für die Eingabe:

```
Out[1]= 8
```

Die Prompts *In[1]:=* und *Out[1]=* müssen Sie nicht eingeben – **Mathematica** erledigt dies für Sie.

Alle Programme, die in diesem Buch entwickelt werden, finden Sie auf der Diskette. Zusätzlich haben wir diese Programme auf zwei verschiedene Weisen im Index aufgenommen — unter dem Namen des Programms und unter der Rubrik *Programme*. So finden Sie beispielsweise die Funktion `runEncode`, die auf Seite 142 definiert wird, im Index sowohl unter dem Stichwort `runEncode` als auch unter *Programme*, `runEncode`.

Wie man Hilfe bekommt

Der Inhalt dieses Buches liegt auch in einer computergerechten Form vor. Auf der Innenseite des Rückendeckels dieses Buches befindet sich eine Diskette. Auf dieser haben wir **Mathematica**-Notebooks abgespeichert, welche die meisten Beispiele und Übungen enthalten. Die Dateinamen beziehen sich direkt auf die Kapitelnumerierung. So heißt beispielsweise das Notebook, welches den Stoff aus Kapitel 1 enthält, `Chap1.ma`.

Die Diskette enthält auch Dateien mit **Mathematica**-Programmen für solche Benutzer, die keine Notebook-Schnittstelle haben. Diese Dateien (die normalerweise *Pakete* genannt werden) folgen bei der Namensgebung der gleichen Konvention, wie die Notebooks, allerdings haben sie eine andere Endung, nämlich .m anstelle von .ma. So heißt beispielsweise das Paket, in dem sich der Stoff aus Kapitel 1 befindet, `Chap1.m`.

Die Diskette – 3,5 Zoll, 1,44 Megabyte, Hohe Dichte – hat ein DOS-kompatibles Format. Sie sollte von jedem IBM-kompatiblen Computer gelesen werden können, aber auch von UNIX-, NeXT- und Macintosh-Systemen (mit dem „Apple File Exchange"-Programm, das bei jedem Macintosh Betriebssystem mit dabei ist). Die Diskette enthält eine Datei `ReadMe.txt`, auf der sich weitere Anweisungen zur Diskettenbenutzung befinden.

Der Disketteninhalt kann auch über *MathSource* bezogen werden, einen elektronischen Verteilungsservice von „Wolfram Research" für Dinge die **Mathematica** betreffen. Um Informationen über *MathSource* zu erhalten, senden Sie eine einzeilige E-Mail Botschaft an `mathsource@wri.com`, die nur die Wörter `help intro` enthält. Wenn Sie sich nur für das Material aus diesem Buch interessieren, senden Sie die Botschaft: `find 0204-938`. *MathSource* wird Ihnen dann eine Datei zusenden, aus der hervorgeht, was alles aus diesem Buch erhältlich ist. Diese `intro`-Datei enthält auch eine genaue Beschreibung von *MathSource*, einschließlich Instruktionen darüber, wie man sich über den Inhalt dieses Systems informieren kann und wie man sich etwas daraus besorgen kann.

Einige letzte Anmerkungen für den Leser

In diesem Buch besprechen wir alle wesentlichen Aspekte der **Mathematica**-Programmierung. Dennoch gibt es noch viele weitere Dinge, die man über **Mathematica** und die **Mathematica**-Programmiersprache sagen könnte. Die umfassendste Standardquelle ist das **Mathematica**-Handbuch: *Mathematica, Ein System für Mathematik auf dem Computer* [Wol91].

MathSource enthält Hunderte von Programmierbeispielen und Notebooks aus allen Gebieten von Wissenschaft und Technik. Man kann diese Beispiele erhalten, indem man eine E-Mail an `mathsource@wri.com` schickt. Auf der Buchdiskette finden Sie eine Beschreibung, wie man auf die Dateien in *MathSource* zugreifen kann.

Es gibt zwei E-Mail Adressen, an die sich die Benutzer wenden können, die Zugang zum Internet haben — `mathgroup` und `sci.math.symbolic`. Dies ist eine gute Möglichkeit, um Antworten auf häufig gestellte Fragen zu bekommen und um eigene Fragen weltweit Hunderten von Teilnehmern vorzulegen. Wenn Sie selber Teilnehmer bei `mathgroup` werden wollen, senden Sie eine E-Mail Botschaft an `mathgroup-request@yoda.physics.unc` `.edu` oder an `sci.math.symbolic`, in der stehen sollte, daß Sie zur jeweiligen Teilnehmerliste hinzugefügt werden wollen.

Mathematica in Education ist eine vierteljährlich erscheinende Zeitschrift (oder Rundschreiben), die von TELOS/Springer-Verlag herausgegeben wird. Sie enthält Artikel und Anmerkungen darüber, wie man **Mathematica** im Klassenzimmer verwenden kann, sowie eine Programmier- und eine Studentenrubrik. Wenn Sie diese Zeitschrift beziehen wollen, senden Sie eine entsprechende Anfrage an *Mathematica in Education*, TELOS/Springer-Verlag, 44 Hartz Way, Secaucus, NJ 07096. Sie können auch eine E-Mail Anfrage an `MathInEd@groucho.sonoma.edu` richten.

The Mathematica Journal ist eine vierteljährlich erscheinende Zeitschrift, die Artikel über alle möglichen Aspekte von **Mathematica** enthält. Abonnement-Informationen erhalten Sie von: Miller Freeman, Inc., 600 Harrison Street, San Francisco, CA; 415-905-2334.

Schließlich gibt es Dutzende von Büchern, in denen **Mathematica** behandelt wird oder die **Mathematica** benutzen, um so ein bestimmtes Thema verständlicher zu behandeln. Eine (zum Zeitpunkt des Erscheinens der englischen Originalausgabe dieses Buchs) vollständige Liste finden Sie im Literaturverzeichnis am Ende des Buchs.

Kolophon

Dieses Buch wurde mit Hilfe von LaTeX aus ursprünglichen TeX-Quelldateien und **Mathematica**-Notebooks erzeugt. Die Notebooks wurden mit dem `nb2tex`-Konverter aus *MathSource* in TeX-Dateien konvertiert. Alle Grafiken wurden mit **Mathematica** erzeugt und mit Hilfe der Optionen, welche die Datei `epsf.sty` zur Verfügung stellt, in die TeX-Dokumente mitaufgenommen. „PostScript"-Dateien wurden mit `dvips` erzeugt.

Danksagungen

Wir hatten das Glück, für unser Projekt die unschätzbare Hilfe der zwei Organisationen TELOS und Wolfram Research, Inc. in Anspruch nehmen zu dürfen.

Als wir unserem Verleger Allan Wylde die Idee zu der englischen Originalausgabe dieses Buchs vorgetragen haben, war er sofort begeistert. In den neun Monaten, in denen wir an diesem Projekt gearbeitet haben, hat er uns laufend unterstützt und ermutigt. Wir danken ihm für sein Verständnis und seine Bereitschaft, ein so unkonventionelles Projekt wie dieses in Angriff zu nehmen. Cindy Peterson, Verlagsangestellte bei *TELOS*, sowie Liz Corra (managing editor) und Karen Phillips (production editor), vom Springer-Verlag in New York, haben uns im Verlaufe dieses Projektes betreut.

Eine Reihe von Angestellten von Wolfram Research haben in verschiedener Weise zum Erfolg dieses Projektes beigetragen. Dazu gehörten: Unterstützung in technischen Fragen, Beschaffen von „Beta-Kopien" von neuen Versionen von **Mathematica**, Manuskriptdurchsicht und moralische Unterstützung. Im besonderen möchten wir den folgenden

Personen danken: Stephen Wolfram, Prem Chawla, Joe Kaiping, Andre Kuzniarek, Ben Friedman, Mark Moline, Amy Young und Joe Grohens.

Für die Kritik und Ermutigung möchten wir uns bei den folgenden Rezensenten des Manuskripts bedanken: Claude Anderson, Bill Davis, Allan Hayes, Ralph Johnson, Jerry Keiper, John Novak, Jose Rial, Michael Schaferkotter, Bruce Smith, and Doug Stein.

Richard J. Gaylord möchte Shawn Sheridan danken, der sein **Mathematica**- und Macintosh-„Guru" gewesen ist.

Samuel Kamin möchte sich beim „Computer Science Department" der „University of Illinois" für die hervorragende Arbeitsumgebung und die Unterstützung der dortigen Kollegen bedanken. Der größte Dank gilt Judy und Rebecca für ihre Liebe und Geduld.

Paul Wellin möchte seiner Frau Sheri für ihre Unterstützung bei dem Projekt, ihr Verständnis und ihren Sinn für Humor danken.

Zum Schluß sei noch angemerkt, daß alle Fehler, die der Leser in diesem Buch oder in den Dateien auf der Diskette findet, von jemand anderem als den Autoren verursacht worden sein müssen. Trotzdem würden wir uns freuen, wenn Sie uns über irgendwelche Fehler informieren würden, damit wir sie in zukünftigen Ausgaben beseitigen können.

Juni 1993
                                                    Richard J. Gaylord
                                                    Samuel N. Kamin
                                                    Paul R. Wellin

1 Vorbetrachtungen

Mathematica ist ein sehr großes und allem Anschein nach komplexes System. Es enthält Hunderte von Funktionen, mit denen man die verschiedendsten Probleme aus Wissenschaft, Mathematik und Technik lösen kann. Es hat seine eigene Sprache mit wohldefinierten Regeln und einer wohldefinierten Syntax. In diesem einleitenden Kapitel, werden wir die Informationen vermitteln, die der Benutzer benötigt, um **Mathematica** zu starten, zu verlassen, um einfache Befehle einzugeben und Antworten zu erhalten, usw.. Zusätzlich werden wir einige Hinweise auf die innere Struktur dieses Systems geben, um so ansatzweise zu klären, worüber es in diesem Buch vor allem geht – die **Mathematica**-Programmiersprache.

1.1 Einleitung

Mathematica wurde treffend als ein hochentwickelter Taschenrechner beschrieben. Man kann komplizierte Formeln eingeben und erhält deren Werte:

```
In[1]:= Sin[0.0397] (Cos[Sqrt[19.0]] + 5.71)
Out[1]= 0.212888
```

Man kann Werte abspeichern:

```
In[2]:= rent = 350
Out[2]= 350

In[3]:= food = 175
Out[3]= 175

In[4]:= heat = 83
Out[4]= 83

In[5]:= rent + food + heat
Out[5]= 608
```

Man kann Polynome faktorisieren, Lösungen von Gleichungen finden, bestimmte und unbestimmte Integrale ausrechnen, Funktionen zeichnen und vieles mehr:

```
In[6]:= Factor[x^2 - 1]
Out[6]= (-1 + x) (1 + x)
```

```
In[7]:= Integrate[x^2.5 - 5.0911x, {x, 0, 20}]
Out[7]= 9203.81
```

Mathematica hat eine leicht zu bedienende Benutzeroberfläche, in der man ohne viel Aufwand, durch Benutzung des Symbols %, auf das Ergebnis der vorhergehenden Berechnung zugreifen kann:

```
In[8]:= %
Out[8]= 9203.81
```

Man erhält das Ergebnis einer früheren Berechnung, indem man die zugehörige Bezeichnung Out[i] eingibt oder, äquivalent dazu, %i:

```
In[9]:= Out[1]
Out[9]= 0.212888
```

```
In[10]:= %6
Out[10]= (-1 + x) (1 + x)
```

Schaut man in das Standardhandbuch von Stephen Wolfram [Wol91] oder in eines der nicht so ausführlichen Handbücher ([Bla92] oder [Wol92]), in denen Hunderte von in **Mathematica** eingebauten Operationen aufgelistet sind, so entsteht der Eindruck, daß man fast alles berechnen kann, was man will.

Aber dieser Eindruck ist falsch. Es gibt einfach so viele verschiedene Probleme, daß es unmöglich ist, sie alle in ein einzelnes Programm einzubauen. Ob man nun daran interessiert ist, Bowlingergebnisse zu berechnen oder den mittleren quadratischen Abstand einer Zufallsbewegung auf einem Torus, **Mathematica** hat hierfür keine eingebauten Funktionen. Allerdings besteht die Möglichkeit, daß Benutzer ihre eigenen Funktionen definieren – es ist genau diese Eigenschaft, die aus **Mathematica** ein so erstaunlich nützliches Werkzeug macht. Das Schreiben eigener Funktionen bezeichnet man auch als **Programmierung**, und genau davon handelt dieses Buch.

Um eine erste Vorstellung zu bekommen, was man alles machen kann, folgt ein Programm, das die Ergebnisse eines Bowlingspiels berechnen kann; vorausgesetzt man hat eine Liste mit der Anzahl der von jeder Kugel getroffenen Kegel:

```
In[11]:= bowlingScore[pins_] := Module[{score},
        score[{x_, y_, z_}] := x + y + z;
        score[{10, y_, z_, r___}] := 10+y+z+score[{y, z, r}];
        score[{x_, y_, z_, r___}] := x+y+z+score[{z, r}] /;
                                         x + y == 10;
        score[{x_, y_, r___}] := x+y+score[{r}] /; x+y < 10;
        score[If[pins[[-2]] + pins[[-1]] >= 10, pins,
                Append[pins, 0]]]]]

In[12]:= bowlingScore[{10, 10, 10, 10, 10, 10, 10, 10, 10, 10, 10, 10}]
Out[12]= 300
```

Wir erwarten nicht, daß Sie all dies sofort verstehen – genau deshalb haben wir dieses Buch geschrieben! Was Sie jedoch erkennen sollten, ist, daß es viele nützliche Berechnungen gibt, von denen auch **Mathematica** nicht weiß, wie man sie ausführt. Um also sämtliche Fähigkeiten auszunutzen, werden wir gelegentlich programmieren müssen. Es ist Ziel dieses Buches, Ihnen zu zeigen, wie man dies macht.

Ein anderes Ziel besteht darin, Ihnen die Grundregeln des Programmierens zu vermitteln. Diese Regeln — Kombination eingebauter Funktionen, Benutzung von bedingten Anweisungen, Rekursion und Iteration — sind auch in allen anderen Programmiersprachen anwendbar (um nichts Falsches zu behaupten, merken wir an, daß es Unterschiede im Detail gibt).

1.2 Was Sie in diesem Buch finden können

Wir sollten damit anfangen, was man *nicht* in diesem Buch finden kann, nämlich eine vollständige Liste und Erklärungen für die Hunderte der in **Mathematica** eingebauten Funktionen. Diese Liste können Sie in dem unentbehrlichen Standardwerk [Wol91] finden.

Mit Hilfe dieses Buches sollen Sie lernen, wie man programmiert. Wir gehen davon aus, daß Sie noch nie einen Computer programmiert haben (obwohl Sie vielleicht schon **Mathematica** benutzen), und wir werden Sie Schritt für Schritt durch die verschiedenen Programmiertechniken führen, die man in **Mathematica** braucht.

Die Kapitel sind wie folgt eingeteilt:

Kapitel 1: Vorbetrachtungen. Dieses Kapitel enthält einige der Grundlagen von **Mathematica**. Beispielsweise, wie die **Mathematica**-Benutzeroberfläche funktioniert und wie man Ausdrücke eingibt. Erfahrene **Mathematica**-Benutzer können diesen Stoff überfliegen.

Kapitel 2: Überblick über Mathematica. Für die Leser, die **Mathematica** überhaupt noch nicht kennen, haben wir ein Kapitel eingefügt, in dem einige der eingebauten

Möglichkeiten vorgestellt werden, einschließlich Grafik. Wie Kapitel 1 kann es ohne weiteres ausgelassen werden, wenn man bereits **Mathematica**-Benutzer ist.

Kapitel 3: Listen. Hier, mit der Diskussion des wichtigsten Datentyps, beginnt der wesentliche Teil des Buches. Abgesehen von Zahlen, ist in der Programmierung kein anderer Datentyp so nützlich. (Beispielsweise besteht unser Bowlingprogramm hauptsächlich aus Berechnungen mit Listen.) Wir werden beschreiben, wie die eingebauten Funktionen zur Listenmanipulation benutzt werden.

Kapitel 4: Funktionen. Hier führen wir die Diskussion aus Kapitel 3 fort, indem wir geschachtelte Funktionsaufrufe und sogenannte Funktionen „höherer Ordnung" einführen. Durch Kombination der in diesem und den vorhergehenden Kapiteln eingeführten Funktionen kann man viele Programmierprobleme lösen.

Kapitel 5: Berechnungen. Bevor wir tiefer in die Programmierung einsteigen, sollten wir genau klären, wie **Mathematica** die Berechnungen durchführt. Dies erlaubt es uns, die Technik des regelbasierten Programmierens einzuführen.

Kapitel 6: Bedingte Anweisungen. Eine wesentliche Eigenschaft von Computern ist ihre Fähigkeit, Entscheidungen zu treffen – verschiedene Aktionen vorzunehmen, abhängig davon, welche Eigenschaften die Eingabe hat. Dieses Kapitel zeigt, wie **Mathematica**-Programmierer solche Entscheidungsprozesse in ihre Programme einbauen können.

Kapitel 7: Rekursion. Diese Art der Programmierung — bei der eine Funktion durch Ausdrücke definiert wird, in denen die Funktion selbst wieder vorkommt — wird in **Mathematica** wie in dem obigen `bowlingScore` Beispiel oft benutzt.

Kapitel 8: Iteration. Dies ist eine andere Programmiermethode, mit der man ein Resultat dadurch erhält, daß man gewisse Schritte in einer bestimmten Anzahl wiederholt. Dieser Programmierstil ist eher charakteristisch für die üblichen Sprachen, wie z.B. C. Aber er spielt auch bei der Programmierung mit **Mathematica** eine wichtige Rolle.

Kapitel 9: Numerik. Mathematica enthält eine Vielzahl von Zahlentypen. In diesem Kapitel besprechen wir ihre Ähnlichkeiten und Unterschiede und gehen auf einige der Probleme ein, die beim Rechnen mit angenäherten und exakten Zahlen auftreten.

Kapitel 10: Grafik-Programmierung. In diesem Kapitel werden die Grundlagen der **Mathematica**-Grafik eingeführt. Es werden einige der Techniken vorhergehender Kapitel benutzt, um grafikbasierte Programme zu erzeugen und um Probleme zu lösen, die grafischer Natur sind.

Kapitel 11: Kontexte und Pakete. Das letzte Kapitel führt in die Methoden ein, mit denen man Büchereien von **Mathematica**-Funktionen in einfache Einheiten, „Pakete" genannt, organisieren kann.

1.3 Grundlagen

Im verbleibenden Teil dieses Kapitels werden wir die Dinge besprechen, die Sie beherrschen sollten, bevor Sie weitermachen. Einige der Begriffe sind von ihrer Natur her mathematisch, aber die meisten beschäftigen sich mit Eigenschaften von **Mathematica**, die wir im gesamten Buch benutzen werden. Nehmen Sie sich Zeit, werden Sie vertraut mit diesen Begriffen, aber nehmen Sie sich nicht *zuviel* Zeit. Vorerst genügt es zu wissen, daß sie existieren und wo man sie finden kann. Wenn Sie dann die Begriffe benötigen, können Sie zu diesem Kapitel zurückkommen und es sorgfältiger studieren.

1.3.1 | Wie man Mathematica startet und verläßt

Fangen wir von vorne an. Sie müssen natürlich wissen, wie man **Mathematica** startet, wie man es verläßt und wie man Schwierigkeiten bewältigt. Die Vorgehensweise hängt von dem System ab, das Sie benutzen; falls die hier gegebenen Ratschläge auf Ihrem System nicht funktionieren, werden Sie einen „lokalen" **Mathematica**-Fachmann um Rat fragen müssen.

Sie sollten auch wissen, daß **Mathematica** zwei Grundtypen von Schnittstellen hat, die sogenannte **textorientierte** (oder **Befehlszeilen-**) **Schnittstelle** und die **Notebook-** (oder **grafische**) **Schnittstelle**. Wir werden sie in Kapitel 1.6 genauer untersuchen. Für einige der hier diskutierten Punkte ist es jedoch hilfreich zu wissen, welche man gerade benutzt. Wenn Sie sich die Bilder in den Kapiteln 1.6.1 und 1.6.2 anschauen, werden Sie in der Lage sein, die benutzte Schnittstelle zu erkennen, sobald die **Mathematica**-Sitzung eröffnet ist. Wenn Sie einen Macintosh, einen PC unter Windows oder eine NeXT Workstation benutzen, erhalten Sie wahrscheinlich die Notebook-Schnittstelle. Wenn Sie dagegen einen PC ohne Windows oder eine UNIX-Workstation benutzen, erhalten Sie die textorientierte Schnittstelle.

Wie man Mathematica startet

Wie man **Mathematica** auf dem Computer startet, wird davon abhängen, ob man die Notebook-Oberfläche hat oder ob man eine Kommandozeile eingeben muß:

Notebook-Schnittstelle: Suchen Sie das **Mathematica**-Symbol, das auf Seite 20 dargestellt ist, und klicken Sie es zweimal an.

Textorientierte Schnittstelle: Geben Sie den Befehl „math" hinter das „Shell-Prompt" ein.

Befehle eingeben

Eingaben werden immer genauso eingegeben, wie sie in diesem Buch erscheinen. Damit **Mathematica** einen eingegebenen Ausdruck berechnet, verfährt man wie folgt:

Notebook-Schnittstelle: Nachdem man den Befehl eingegeben hat (möglicherweise verteilt auf mehrere Zeilen), gibt man Shift-**Return** oder **Enter** ein.

Textorientierte Schnittstelle: Man gibt **Enter** ein.

Man beachte, daß in der textorientierten Schnittstelle jede Zeile berechnet wird, es sei denn, sie enthält keinen vollständigen Ausdruck (ein Beispiel hierzu findet sich auf Seite 10). In der Notebook-Schnittstelle wird keine der Zeilen berechnet, bevor man Shift-**Enter** eingegeben hat; dann werden sie alle berechnet.

Wie man ein Mathematica-Sitzung beendet

Notebook-Schnittstelle: Wählen Sie **Quit** aus dem **File**-Menü.

Textorientierte Schnittstelle: Geben Sie „Quit" hinter das Prompt ein.

Wie man aus Schwierigkeiten herauskommt

Von Zeit zu Zeit wird man einen Befehl eingeben, der eine ungewollte Reaktion von **Mathematica** auslöst. Vielleicht führt die Eingabe dazu, daß **Mathematica** sich lange Zeit nicht meldet (wenn man beispielsweise unbedacht nach der Lösung eines sehr komplizierten Problems fragt), oder es werden vielleicht seitenweise Daten auf dem Bildschirm ausgegeben, die man nicht gebrauchen kann. In solchen Fällen kann man versuchen, die Berechnung zu **unterbrechen**. Wie man dies genau macht, hängt von dem Computer ab, auf dem man arbeitet:

Macintosh oder NeXT: Geben Sie „Command-." ein (d.h. die Command-Taste und den Punkt) und dann „a".

PC mit Windows: Geben Sie „Alt-." ein (die Alt-Taste und den Punkt)

PC ohne Windows: Geben Sie „Ctrl-Break" ein

UNIX-Computer: Geben Sie „Ctrl-C" ein und dann „a" und **Return**.

Diese Versuche, die Berechnung zu stoppen, funktionieren in der Notebook-Schnittstelle nicht immer. Wenn nach einer gewissen Zeit (vielleicht nach einigen Minuten) **Mathematica** immer noch feststeckt, muß man den „Kern löschen". Dies erreicht man, indem man aus dem **Action**-Menü den Punkt **Quit/Disconnect Kernel** auswählt. Hat man eine Version von **Mathematica**, die älter als die Version 2.2 ist, muß **Mathematica** neu gestartet werden. Ab der Version 2.2 kann der Kern neu gestartet werden, ohne daß die Benutzeroberfläche gelöscht wird, indem man zuerst den Punkt **Kernels and Tasks...** aus dem **Action**-Menü, und dann im Dialog-Fenster den Punkt „New Kernel" auswählt.

1.3.2 | Wie man Hilfe bekommt

Wenn man den Namen einer Funktion kennt, aber nicht genau weiß, was sie tut, findet man dies am einfachsten dadurch heraus, daß man ?**Funktion** eingibt. Falls man sich zum Beispiel für die Funktion `ParametricPlot` interessiert, gibt man folgendes ein:

```
In[1]:= ?ParametricPlot
ParametricPlot[{fx, fy}, {t, tmin, tmax}] produces
   a parametric plot with x and y coordinates fx and fy
   generated as a function of t. ParametricPlot[{{fx, fy},
   {gx, gy}, ...}, {t, tmin, tmax}] plots several
   parametric curves.
```

Falls man sich nicht ganz sicher ist, wie ein Befehl geschrieben wird, (beispielsweise `Integrate`), kann man sich alle eingebauten Funktionen, die mit `Int` beginnen, wie folgt ausgeben lassen:

```
In[2]:= ?Int*

Integer                    InterpolatingPolynomial
IntegerDigits              Interpolation
IntegerQ                   InterpolationOrder
Integrate                  Interrupt
InterpolatingFunction      Intersection
```

Benutzer mit der Notebook-Schnittstelle können aus dem **Action**-Menü den Punkt **Complete Selection** auswählen. Dies führt ebenfalls zu obiger Liste. Man kann auch das Ergänzungskommando und Templates benutzen, um mehr über Funktionen herauszufinden, die man nicht so genau kennt.

Ab der Version 2.2 enthalten Notebook-Versionen von **Mathematica** eine nützliche Erweiterung des Hilfesystems, die „*Function Browser*" genannt wird. Dies wird in Kapitel 1.6.1 genauer erklärt.

1.3.3 | Die Syntax von Eingaben

Wenn Sie **Mathematica** das erste Mal starten, werden Sie feststellen, daß es die In und Out Prompts für Sie ausgibt. Man muß sie nicht selber eingeben. Notebook-Benutzer werden diese Prompts sehen, *nachdem* ihre Eingabe berechnet worden ist. Dagegen wird **Mathematica** für Kommandozeilen-Benutzer einen Prompt ausgeben, der auf ihre Eingabe wartet:

```
In[1]:= 39/13
Out[1]= 3
```

Ihre Eingaben für **Mathematica** werden aus numerischen und irgendwelchen anderen **Ausdrücken** bestehen. Wie wir bereits früher gesehen haben, werden numerische Ausdrücke in Analogie zur üblichen mathematischen Notation eingegeben. Da es jedoch nicht möglich ist, einen Bruch in mehrere Zeilen einzugeben, muß man, so wie wir das oben getan haben, den Schrägstrich (/) für die Division benutzen. Aus den gleichen Gründen, wird das ^-Zeichen zum Potenzieren benutzt:

```
In[2]:= 2^5
Out[2]= 32
```

Einerseits kann in **Mathematica** die Multiplikation, wie in der Mathematik, durch Nebeneinanderstellen zweier Ausdrücke dargestellt werden, andererseits kann man aber auch den Stern (*) zwischen die Ausdrücke setzen, was in der Computerprogrammierung allgemein üblich ist:

```
In[3]:= 2  5
Out[3]= 10

In[4]:= 2*5
Out[4]= 10
```

In **Mathematica** gelten für Operatoren die gleichen **Vorrangregeln** wie in der Mathematik. Im besonderen haben die Multiplikation und die Division den Vorrang vor der Addition und der Subtraktion, so daß 3 + 4 * 5 gleich 23 ist und nicht gleich 35.

Auch Funktionen werden so wie in Mathematikbüchern geschrieben. Allerdings wird der Funktionsname groß geschrieben, und die Funktionsargumente werden in eckige Klammern gesetzt:

```
In[5]:= Factor[x^5 - 1]
                        2    3    4
Out[5]= (-1 + x) (1 + x + x  + x  + x )
```

Die meisten Namen der eingebauten Funktionen werden, wie im obigen Beispiel, nicht abgekürzt. (Die Ausnahmen dieser Regel sind wohlbekannte Abkürzungen, so wie D für die Differentiation, Sqrt für die Wurzel, Log für den Logarithmus, Det für die Determinante einer Matrix, usw.) Das Ausschreiben der Funktionsnamen ist sehr nützlich, wenn man sich nicht sicher ist, ob eine Funktion existiert, die man für eine bestimmte Aufgabe braucht. Wenn wir zum Beipiel mit **Mathematica** das Konjugierte einer komplexen Zahl berechnen wollen, so wäre folgende Eingabe naheliegend:

```
In[6]:= Conjugate[3 + 4 I]
Out[6]= 3 - 4 I
```

Während die eckigen Klammern „[" und „]" benutzt werden, um Argumente von Funktionen einzuklammern, werden mit den geschweiften Klammern „{" und „}" **Listen** oder Wertebereiche angezeigt; **Mathematica** verfügt über leistungsfähige Werkzeuge, mit denen man Listen manipulieren kann – wir werden sie in Kapitel 3 im Detail untersuchen. Listen können auch als zusätzliche Argumente in Funktionen auftauchen, so wie in `Plot` oder in `Integrate`:

```
In[7]:= Plot[Sin[2^x], {x, 0, 2Pi}]
```

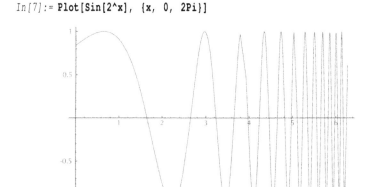

```
Out[7]= -Graphics-
```

```
In[8]:= Integrate[Cos[x], {x, a, b}]
Out[8]= -Sin[a] + Sin[b]
```

Im `Plot`-Beispiel zeigt die Liste {x, 0, 2Pi} an, daß die Funktion Sin[2^x] auf einem Intervall gezeichnet werden soll, d.h. der Wert **x** durchläuft die Werte von 0 bis **2Pi**. Der obige `Integrate`-Befehl ist äquivalent zu dem mathematischen Ausdruck $\int_a^b \cos(x)\,dx$.

Falls ein Ausdruck mit einem Semikolon („;") abgeschlossen wird, wird sein Wert nur berechnet, aber nicht ausgedruckt. Dies ist sehr hilfreich, wenn das Ergebnis sehr lang ist und man es nicht unbedingt sehen muß. Im folgenden Beispiel erzeugen wir zuerst eine Liste, bestehend aus ganzen Zahlen von 1 bis 10.000, ohne sie auf dem Bildschirm drucken zu lassen, und danach berechnen wir ihre Summe und ihren Mittelwert:

```
In[9]:= x = Range[10000];
```

```
In[10]:= Apply[Plus, x]
Out[10]= 50005000
```

```
In[11]:= % / 10000
         10001
Out[11]= ------
           2
```

Ein Ausdruck kann über mehrere Zeilen eingegeben werden, aber nur wenn er für **Mathematica** nach der ersten Zeile noch nicht vollständig ist. Zum Beispiel kann man in einer Zeile **3*** eingeben und in der nächsten **4**:

```
In[12]:= 3*
            4
Out[12]= 12
```

Aber man kann nicht **3** in der ersten Zeile eingeben und ***4** in der zweiten:

```
In[13]:= 3
Out[13]= 3

In[14]:= *4
Syntax::sntxb: Expression cannot begin with "*4".
```

Es sei denn, man benutzt Klammern:

```
In[15]:= (3
           *4)
Out[15]= 12
```

Hat man die Notebook-Schnittstelle, kann man so viele Zeilen eingeben wie man will; **Mathematica** wird sie alle berechnen, wenn man Shift-**Enter** eingibt. Die obige Regel für unvollständige Zeilen gilt jedoch auch hier.

Schließlich kann man **Kommentare** eingeben – also Wörter, die nicht berechnet werden —, indem man die Wörter zwischen die Zeichen (* und *) setzt:

```
In[16]:= D[Sin[x],    (* differentiate Sin[x] *)
           {x, 1}]    (* with respect to x once *)
Out[16]= Cos[x]
```

1.3.4 | Interne Darstellung von Ausdrücken

Führt man eine einfache arithmetische Operation wie $3 + 4 * 5$ durch, so interessiert es einen in der Regel nicht, wie ein System wie **Mathematica** die Additionen und Multiplikationen genau ausführt. Trotzdem wird es sich als sehr nützlich herausstellen, zu erkennen, wie solche Ausdrücke intern dargestellt werden, da uns dies erlaubt, mit ihnen in einer konsistenten und leistungsfähigen Art und Weise zu arbeiten.

Mathematica gruppiert die Objekte, mit denen es arbeitet, in verschiedene „Typen". Listen sind verschieden von Zahlen. Ein Grund, warum es nützlich ist diese verschiedenen **Datentypen** zu spezifizieren, besteht darin, daß man besondere Algorithmen für bestimmte Klassen von Objekten benutzen kann, die zu einer höheren Rechenge-schwindigkeit führen.

Mit der **Head**-Funktion kann man die Typen von Objekten ermitteln. Geben wir eine einfache Zahl ein, erhalten wir Information darüber, ob diese Zahl ganz, rational, reell oder komplex ist:

```
In[1]:= {Head[7], Head[1/7], Head[.707], Head[7 + 2 I]}
Out[1]= {Integer, Rational, Real, Complex}
```

In der Tat hat jeder **Mathematica**-Ausdruck einen Kopf (**Head**), der Informationen über den Typ des Ausdrucks enthält.

```
In[2]:= Head[a + b]
Out[2]= Plus
```

```
In[3]:= Head[{1, 2, 3, 4, 5}]
Out[3]= List
```

Die interne **Mathematica**-Darstellung irgendeines Ausdrucks kann mit der **FullForm**-Funktion sichtbar gemacht werden. Um beispielsweise zu sehen, wie die bei-den letzten Ausdrücke gespeichert sind, geben wir folgendes ein:

```
In[4]:= FullForm[a + b]
Out[4]= Plus[a, b]
```

```
In[5]:= FullForm[{1, 2, 3, 4, 5}]
Out[5]= List[1, 2, 3, 4, 5]
```

Man sollte hier unter anderem beachten, daß die binäre Operation a+b intern, durch Benutzung der eingebauten Funktion **Plus**, in einer Funktionalform dargestellt wird. Die **Plus**-Funktion summiert all ihre Argumente.

```
In[6]:= Plus[1, 2, 3, 4, 5]
Out[6]= 15
```

Bei komplizierteren Ausdrücken kann es wesentlich schwieriger sein, die interne Darstellung zu entschlüsseln:

```
In[7]:= FullForm[a x^2 + b x + c]
Out[7]= Plus[c, Times[b, x], Times[a, Power[x, 2]]]
```

Der wichtige Punkt, den man sich auf jeden Fall merken sollte, lautet: Man kann jede Funktion „entziffern" und mit einer Funktionalsyntax benutzen. Die Standardeinga-beform, in der die Operatoren zwischen die Operanden geschrieben werden, ist nur eine vereinfachte Schreibweise für den dahinterstehenden Funktionsaufruf.

1.3.5 | Postfix-Notation

Wie wir oben dargelegt haben, können alle Funktionen in **Mathematica** in der Form *Kopf*[*arg₁*, *arg₂*, ...] geschrieben werden. Gelegentlich kann es nützlich sein, Ausdrücke in einer anderen Notation einzugeben, die **Postfix-Notation** genannt wird. Der in der Standardform geschriebene Ausdruck `f[expr]` lautet in der Postfix-Notation: `expr // f`. Diese Notation ist insbesondere dann sehr nützlich, wenn man sie zu einem fertig eingetippten Ausdruck hinzufügt. Im folgenden Beispiel wenden wir die Funktion `Factor` in der Postfixform auf einen Ausdruck an, den wir früher schon einmal faktorisiert haben:

```
In[1]:= x^5 - 1 //Factor
                      2     3     4
Out[1]= (-1 + x) (1 + x + x  + x  + x )
```

Dieses Resultat hätte man auch durch Eingabe des Ausdrucks `Factor[x^5 - 1]` erhalten.

1.3.6 | Fehler

Wenn Sie **Mathematica** benutzen und Programme schreiben, werden sich eine ganze Reihe von Fehlern einschleichen. Einige davon werden Sie sofort erkennen, andere werden schwieriger zu finden sein; einige werden Sie leicht beseitigen können und andere gar nicht. Wir haben bereits erwähnt (Seite 6), daß es möglich ist, **Mathematica** in eine „Endlosschleife" zu schicken – aus dieser wird es nie mehr zurückkehren, und auch sonst tut es nichts Sinnvolles –, und daß man in einem solchen Fall die Berechnung stoppen kann. In diesem Abschnitt besprechen wir die Fälle, in denen **Mathematica** die Berechnung zwar beendet, aber ohne ein vernünftiges Resultat auszugeben.

Einer der häufigsten Fehler, den Sie machen können, ist, sich bei der Eingabe einer Funktion zu verschreiben. Am folgenden Beispiel können Sie sehen, was in einem solchen Fall passiert:

```
In[2]:= Sine[1.5]
        General::spell:
            Possible spelling error: new symbol name "Sine"
                is similar to existing symbols {Line, Sin, Sinh}.


Out[2]= Sine[1.5]
```

Immer wenn man einen Namen eingibt, der *ungefähr* einem existierenden Namen entspricht, wird **Mathematica** eine Warnmeldung, ähnlich der obigen ausgeben. (Es kommt oft vor, daß man solche Namen absichtlich benutzt, so daß die Warnmeldungen lästig werden – aber man gewöhnt sich daran.)

In der obigen Sitzung hat **Mathematica** den eingegebenen Ausdruck nicht berechnet. Da es nichts mit '`Sine`' anzufangen wußte, hat es den gleichen Ausdruck einfach wieder ausgegeben. Dies ist ein Problem, vor dem man oft stehen wird. Neben Schreib-fehlern und dem Aufrufen nicht existierender Funktionen, gibt es einen weiteren Fall, wo solche Sachen passieren, nämlich, wenn man eine Funktion, insbesondere eine benutzer-definierte, mit einer falschen Anzahl von Argumenten aufruft. Zum Beispiel nimmt die **bowlingScore**-Funktion als Argument eine Liste; sollten wir versehentlich die Klammern der Liste weglassen, so übergeben wir damit **bowlingScore** zwölf Argumente:

```
In[3]:= bowlingScore[10, 10, 10, 10, 10, 10, 10, 10, 10, 10, 10, 10]
Out[3]= bowlingScore[10, 10, 10, 10, 10, 10, 10, 10, 10, 10, 10, 10]
```

Natürlich gibt es auch Eingaben, die zu echten Fehlermeldungen führen. Wie wir auf Seite 10 gesehen haben, gehören Syntaxfehler hierzu.

Aber von allen Fehlern, die man machen kann, sind die am schlimmsten, wo **Mathematica** eine korrekt aussehende Antwort gibt, die in Wirklichkeit jedoch falsch ist. Zum Beispiel sollte der folgende Ausdruck den Wert des bestimmten Integrals $\int_{-1}^{1} 1/x^2 dx$ zurückgeben:

```
In[4]:= Integrate[1/x^2, {x, -1, 1}]
Out[4]= -2
```

Diese Antwort ist jedoch falsch, da das Integral gar nicht definiert ist. Wenn Sie auf ein Ergebnis stoßen, von dessen Richtigkeit Sie nicht überzeugt sind, sollten Sie es durch eine erneute Berechnung, jedoch mit anderen Methoden, überprüfen. Im allgemeinen gibt es in **Mathematica** eine Fülle verschiedener Möglichkeiten, um einen Ausdruck zu berechnen. Im obigen Beispiel können wir das Resultat überprüfen, indem wir eine Routine zur numerischen Integration aufrufen, die in der Tat zeigt, daß das Integral nicht konvergiert. Der zurückgegebene Wert ist sicherlich unsinnig, was auch durch die Warnungen unten angezeigt wird:

```
In[5]:= NIntegrate[1/x^2, {x, -1, 1}]
        NIntegrate::slwcon:
            Numerical integration converging too slowly; suspect one
                of the following: singularity, oscillatory integrand,
                or insufficient WorkingPrecision.

        NIntegrate::ncvb:
            NIntegrate failed to converge to prescribed accuracy
                after 7 recursive bisections in x near x =
                                -57
                4.36999 10    .

Out[5]= 23953.1
```

1.4 Bewertungsfunktionen und Boolesche Operationen

1.4.1 | Bewertungsfunktionen

Neben der Ermittlung des Datentyps steht man oft vor dem Problem, ob die Daten oder Ausdrücke, mit denen man arbeitet, gewissen Kriterien genügen. Eine **Bewertungsfunktion** gibt entweder den Wert **True** oder den Wert **False** zurück, abhängig davon, ob ihre Argumente gewisse Eigenschaften haben. Zum Beispiel überprüft die Bewertungsfunktion PrimeQ, ob das Argument eine Primzahl ist oder nicht:

```
In[1]:= PrimeQ[144]
Out[1]= False

In[2]:= PrimeQ[2^31 - 1]
Out[2]= True
```

Es gibt andere Bewertungsfunktionen, die unter anderem testen, ob eine Zahl gerade, ungerade oder natürlich ist:

```
In[3]:= OddQ[21]
Out[3]= True

In[4]:= EvenQ[21]
Out[4]= False

In[5]:= IntegerQ[5/9]
Out[5]= False
```

1.4.2 | Relationale und logische Operatoren

Relationale Operatoren vergleichen zwei Ausdrücke und liefern dann entweder den Wert **True** oder den Wert **False** zurück. Es gibt in **Mathematica** die relationalen Operatoren Equal (==), Unequal (!=), Greater (>), Less (<), GreaterEqual (>=) und LessEqual (<=). Man kann sie benutzen, um Zahlen zu vergleichen:

```
In[1]:= 7 < 5
Out[1]= False

In[2]:= 3 == 7 - 4
Out[2]= True

In[3]:= Equal[3, 7 - 4, 6/2]
Out[3]= True
```

Man beachte, daß die arithmetischen Operatoren den Vorrang vor den relationalen Operatoren haben. Das zweite Beispiel von oben lautet also 3 == (7 - 4) und nicht (3 == 7) - 4. In Tabelle 1.1 sind die relationalen Operatoren und ihre verschiedenen Eingabeformen aufgelistet. Eine genauere Diskussion dieser Operatoren findet der Leser in [Wol91].

Standardform	Funktionalform	Bedeutung
`x == y`	`Equal[x, y]`	gleich
`x != y`	`UnEqual[x, y]`	ungleich
`x > y`	`Greater[x, y]`	größer als
`x < y`	`Less[x, y]`	kleiner als
`x >= y`	`GreaterEqual[x, y]`	größer als oder gleich
`x <= y`	`LessEqual[x, y]`	kleiner als oder gleich

Tabelle 1.1: Relationale Operatoren.

Die logischen Operatoren (auch bekannt unter dem Namen Boolesche Operatoren) untersuchen mit Hilfe der „Booleschen Arithmetik", ob ein Ausdruck wahr ist. Zum Beispiel ist die Konjunktion zweier wahrer Behauptungen immer wahr:

```
In[4]:= 4 < 5 && 8 > 1
Out[4]= True
```

Die Boolesche Operation „Und" wird in **Mathematica** durch die Zeichenfolge `&&` dargestellt. Die folgende Tabelle enthält alle möglichen Werte des `And`–Operators:

```
In[5]:= TableForm[
          {{True&&True, True&&False}, {False&&True, False&&False}},
          TableHeadings->{{T, F}, {T, F}}]
Out[5]//TableForm=
                    T        F

            T     True     False

            F     False    False
```

Der logische „Oder"-Operator `||` ist wahr, wenn eines seiner beiden Argumente wahr ist:

```
In[6]:= 4 == 3 || 3 == 6/2
Out[6]= True
```

```
In[7]:= 0 == 0 || 3 == 6/2
Out[7]= True
```

Man beachte den Unterschied zwischen dem Booleschen „Oder" und dem „oder", das im allgemeinen Sprachgebrauch benutzt wird. Ein Satz wie „Es ist kalt oder es ist heiß" benutzt das Wort „oder" in einer *ausschließenden* Weise; d.h. die Möglichkeit, daß es sowohl heiß als auch kalt ist, ist ausgeschlossen. Beim logischen `Or` hingegen, gilt: Falls sowohl `A` als auch `B` wahr sind, dann ist auch `A || B` wahr:

```
In[8]:= True || True
Out[8]= True
```

In **Mathematica** gibt es auch einen Operator für das Exklusiv-Oder:

```
In[9]:= Xor[True, True]
Out[9]= False
```

```
In[10]:= Xor[True, False]
Out[10]= True
```

Standardform	Funktionalform	Bedeutung
`!x`	`Not[x]`	Negation
`x != y`	`Unequal[x, y]`	ungleich
`x && y`	`And[x, y]`	Und
`x || y`	`Or[x, y]`	Oder
`(x || y) && !(x && y)`	`Xor[x, y]`	Exklusiv-Oder

Tabelle 1.2: Logische Operatoren.

1.5 Auswertung von Ausdrücken

1.5.1 | Trace und TracePrint

Wenn man Programme schreibt, geht eigentlich immer etwas schief. Die `Trace`-Funktion, die eine Liste aller Berechnungsschritte zeigt, ist sehr nützlich, um Fehler aufzuspüren. Im folgendem einfachen Beispiel wird der Ausdruck $3 * (4 + 5)$ mit der `Trace`-Funktion berechnet:

```
In[1]:= Trace[3 * (4 + 5)]
Out[1]= {{4 + 5, 9}, 3 9, 27}
```

Dieses Beispiel zeigt, daß **Mathematica** Ausdrücke so berechnet, wie wir es in der Schule gelernt haben. Zuerst wird die Additon innerhalb der Klammern ausgeführt, also $(4 + 5)$, und dann die Multiplikation $(3\ 9)$, um schließlich das Endresultat 27 zu erhalten.

Die Funktion `TracePrint` ist ähnlich zu `Trace`, führt jedoch manchmal zu einer verständlicheren Ausgabe:

```
In[2]:= TracePrint[3 * (4 + 5)]
        3 (4 + 5)
        Times
        3
        4 + 5
          Plus
          4
          5
          9
        3 9
        27


Out[2]= 27
```

1.5.2 | Timing

Es ist oft nützlich, wenn man die Zeit bestimmen kann, die eine Funktion braucht, um einen Ausdruck zu berechnen; man erhält sie mit der Timing-Funktion. Im folgenden faktorisieren wir eine große natürliche Zahl — 1000! — und bestimmen die CPU-Zeit dieser Berechnung:[1]

```
In[1]:= Timing[ FactorInteger[1000!]; ]
Out[1]= {2.9 Second, Null}
```

Da in diesem Fall die Ausgabe der FactorInteger-Funktion mehrere Seiten lang wäre, unterdrücken wir sie, indem wir das Semikolon „;" hinter diesen Funktionsaufruf setzen.[2] Wie wir bereits früher gesehen haben, führt ein Semikolon dazu, daß der Wert eines Ausdrucks nicht ausgegeben wird; in obigem Beispiel wird anstatt der Faktorliste das Wort NULL gedruckt. Es gibt einige Punkte, die man im Auge behalten sollte, wenn man die Timing-Funktion benutzt. Erstens liefert die Timing-Funktion nur die reine CPU-Rechenzeit zurück. Die Zeit, die gebraucht wird, um das Resultat zu formatieren und auszugeben, wird also nicht berücksichtigt.

Zweitens hängt die Zeit einer Berechnung davon ab, welchen Computer man benutzt und vom inneren Zustand von **Mathematica**. Wann immer möglich wird **Mathematica** versuchen, interne Tabellen gewisser Berechnungen anzulegen, welche die Berechnungszeiten ähnlicher Probleme verkürzen. Zum Beispiel können wir die 200ste Bernoulli-Zahl wie folgt berechnen:

---

1) Man rufe sich in Erinnerung, daß $1000! = 1000 \cdot 999 \cdot 998 \cdots 2 \cdot 1$ ist

2) Wir könnten das Resultat natürlich in einer Variablen abspeichern, um später darauf zurückzugreifen.

```
In[2]:= Timing[ BernoulliB[200] ]
Out[2]= {6.55 Second, -(49838404942833341476492863214039966621084\
         9958874572066749680558226172636696215236875688658023\
         0221099913260141269761327939105865452714534051584000\
         9929047802635038280288437171235933798427412286115980\
         0280019110197888555893671151 / 1366530)}
```

Wenn wir nun diese Zahl noch einmal ausrechnen wollen, wird **Mathematica** in den internen Tabellen, die während der letzten Rechnung erzeugt wurden, nachschauen und so die Berechnungszeit drastisch verkürzen.

```
In[3]:= Timing[ BernoulliB[200] ]
Out[3]= {0. Second, -(49838404942833341476492863214039966621084\
         9958874572066749680558226172636696215236875688658023\
         0221099913260141269761327939105865452714534051584000\
         9929047802635038280288437171235933798427412228611598\
         0028001911019788855589367151 / 1366530)}
```

Wie wir bereits oben erwähnt haben, kann die **Timing**-Funktion sehr nützlich sein, um die Berechungzeit von Algorithmen zu ermitteln. Zum Beispiel ist bekannt, daß das Faktorisieren von natürlichen Zahlen ein sehr schwieriges Problem ist, dessen Berechnungzeit mit der Größe der Zahl exponentiell anwächst. Hiervon können wir einen Eindruck gewinnen, indem wir mit der **Timing**-Funktion ermitteln, wie lange das Faktorisieren der Zahlen 100!, 200!, 300!, ..., 1400! und 1500! braucht:

```
In[4]:= timings = Table[Timing[FactorInteger[(100j)!]][[1]], {j, 1, 15}]
Out[4]= {0.05 Second, 0.1 Second, 0.2 Second, 0.416667 Second,
         0.616667 Second, 0.966667 Second, 1.45 Second,
         1.88333 Second, 2.33333 Second, 2.93333 Second,
         3.7 Second, 4.46667 Second, 5.2 Second, 6.15 Second,
         7.26667 Second}
```

Eine grafische Darstellung dieser Daten führt das exponentielle Anwachsen deutlich vor Augen:

In[5]:= `ListPlot[timings/Second, PlotStyle -> PointSize[.02]]`

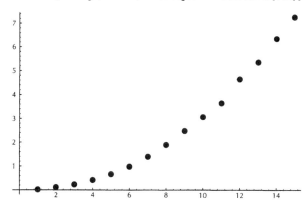

Ein `ListPlot` des Logarithmus der Daten würde eine Gerade ergeben und damit das exponentielle Anwachsen bestätigen.

1.5.3 | Attribute

Alle Funktionen in **Mathematica** haben bestimmte Eigenschaften, die **Attribute** genannt werden. Diese Attribute bestimmen zum Beispiel, ob eine Funktion kommutativ oder assoziativ ist, oder ob man die Funktion auf eine Liste anwenden kann. Mit dem Befehl `Attributes` kann man sich die Attribute einer Funktion anzeigen lassen.

In[1]:= `Attributes[Plus]`
Out[1]= {Flat, Listable, OneIdentity, Orderless, Protected}

Das `Flat`-Attribut zeigt an, daß die Funktion `Plus` assoziativ ist. Wenn man drei Elemente addieren möchte, so spielt es keine Rolle, welche zwei man zuerst addiert. In der Mathematik schreibt man dies auch in der Form $a + (b + c) = (a + b) + c$, wobei a, b und c beliebige Zahlen sind. In **Mathematica** gilt in einem solchen Fall, daß die beiden Ausdrücke `Plus[a, Plus[b, c]]` und `Plus[Plus[a, b], c]` zur eingeebneten Form `Plus[a, b, c]` äquivalent sind. Wenn **Mathematica** bekannt ist, daß eine Funktion das `Flat`-Attribut besitzt, dann schreibt es diese in der eingeebneten Form:

In[2]:= `Plus[(a + b) + c]`
Out[2]= Plus[a, b, c]

Das `Orderless`-Attribut zeigt an, daß die Funktion kommutativ ist; d.h. für beliebige Ausdücke a und b gilt $a + b = b + a$. Daher kann **Mathematica** solche Ausdrücke in einer Reihenfolge aufschreiben, die für die Berechnung geeigneter sein kann. Hierzu werden die Elemente in eine *kanonische Reihenfolge* gebracht:

In[3]:= `s + u + p + e + r + b`
Out[3]= b + e + p + r + s + u

In diesem Fall entspricht die kanonische Reihenfolge der alphabetischen Reihenfolge der sechs kurzen Ausdrücke. Manchmal ist die kanonische Reihenfolge leicht auszumachen:

$$In[4]:= \text{x\^3 + x\^5 + x\^4 + x\^2 + 1 + x}$$

$$Out[4]= 1 + x + x^2 + x^3 + x^4 + x^5$$

und manchmal nicht:

$$In[5]:= \text{x\^3 y\^2 + y\^7 x\^5 + y x\^4 + y\^9 x\^2 + 1 + x}$$

$$Out[5]= 1 + x + x^4 y + x^3 y^2 + x^5 y^7 + x^2 y^9$$

Weist man einem Symbol das `Protected`-Attribut zu, so wird damit verhindert, daß der Benutzer die Funktion in irgendeiner wesentlichen Art und Weise verändert. Natürlich haben alle eingebauten Operationen dieses Attribut.

Funktionen mit dem Attribut `OneIdentity` haben die Eigenschaft, daß wiederholte Anwendung der Funktion auf dasselbe Argument keinen Effekt hat. Zum Beispiel ist `Plus[Plus[a, b]]` äquivalent zu `Plus[a,b]`, d.h. es wird nur eine Addition durchgeführt:

$$In[6]:= \text{FullForm[Plus[Plus[a + b]]]}$$

$$Out[6]//FullForm= \text{Plus[a + b]}$$

Das zweite Attribut der `Plus`-Funktion (`Listable`) werden wir später, zusammen mit etlichen anderen Attributen, besprechen. Im Handbuch [Wol91, p. 272] findet sich eine komplette Liste aller Attribute, die ein Symbol haben kann.

Es wird sicherlich nicht oft vorkommen, daß man die Attribute einer eingebauten Funktion verändern möchte. Dagegen steht man oft vor der Situation, die vorgegebenen Attribute einer benutzerdefinierten Funktion abzuändern. Die `SetAttributes`-Funktion wird benutzt, um die Attribute einer Funktion zu verändern. In Kapitel 8 werden wir eine Anwendung von `SetAttributes` besprechen.

1.6 Schnittstellen zu Mathematica

1.6.1 | Die Notebook-Oberfläche

Auf vielen Systemen, wie Macintosh, NeXT und Windows, können die Benutzer von **Mathematica** eine grafische Schnittstelle, die Notebook-Oberfläche genannt wird, benutzen. Um **Mathematica** auf einem solchen System zu starten, müssen Sie das **Mathematica**-Symbol finden und zweimal anklicken. Dieses Symbol sieht ungefähr folgendermaßen aus:

Der Computer wird dann Teile von **Mathematica** in den Speicher laden, und nach einiger Zeit erscheint ein leeres Fenster auf dem Bildschirm. Dieses Fenster ist die visuelle Schnittstelle zu einem **Mathematica**-Notebook, und es hat viele für den Benutzer nützliche Eigenschaften.

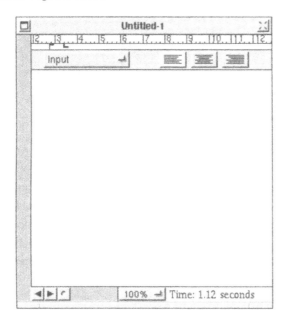

Mit Notebooks kann der Benutzer in einem Dokument Texte schreiben, Berechnungen durchführen und Grafiken erzeugen. Notebooks enthalten viele der Eigenschaften gewöhnlicher Textverarbeitungsprogramme, so daß diejenigen, die mit Textverarbeitung vertraut sind, die Notebook-Schnittstelle schnell beherschen werden. Zusätzlich kann man mit dem Notebook Material darstellen, was sehr nützlich ist, wenn man Vorträge halten und Demonstrationen abhalten möchte.

Wenn ein leeres Notebook neu auf dem Bildschirm erscheint (entweder weil man **Mathematica** gerade gestartet hat, oder weil man aus dem Notebook-Menü den Punkt **New** gewählt hat), kann man sofort damit anfangen, etwas einzugeben. Gibt man zum Beispiel **N[PI]** ein und drückt dann die **Enter**-Taste,[3] so wird **Mathematica** das Ergebnis berechnen und einen angenäherten numerischen Wert von   auf dem Bildschirm ausgeben.

---

3) Auf DOS-Rechnern muß man die **Insert**-Taste oder Shift-**Return** drücken, um einen Ausdruck zu berechnen. Benutzt man eine andere Plattform, sollte man das **Mathematica**-Handbuch zu Rate ziehen.

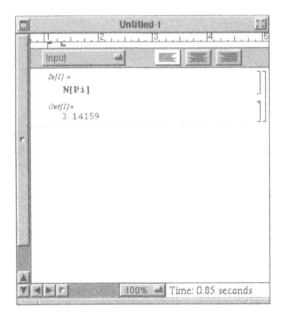

Wenn man anfängt etwas einzugeben, setzt **Mathematica** eine *eckige Klammer* an den rechten Rand des Fensters, welche die *Zelle* umklammert, in der man arbeitet. Diese **Zell-Klammern** sind hilfreich, um das Material im Notebook zu organisieren. Durch zweimaliges Anklicken von Zell-Klammern werden geöffnete Zellen geschlossen oder geschlossene Zellen geöffnet. Schauen wir uns zum Beispiel einmal folgendes Notebook an. Dort ist zu beachten, daß Zell-Klammern, die Kapitelüberschriften einschließen, Rechtecke verschiedener Größe enthalten. Die Breite dieser Rechtecke symbolisiert, wieviel Material sich in einer geschlossenen Zelle befindet.

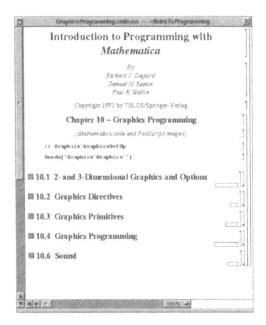

Klickt man die Zell-Klammern zum Punkt *Graphics Directives* zweimal an, so wird sich die Zelle öffnen und ihren Inhalt anzeigen:

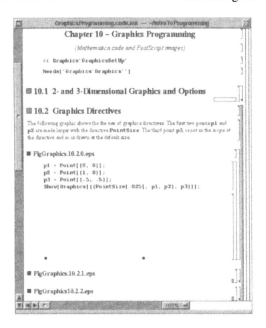

Wenn man die Zell-Klammern in dieser Art und Weise benutzt, kann man sowohl seine Arbeit in einer geordneten Weise organisieren, als auch Material geeignet darstellen. Eine vollständige Beschreibung der Zell-Klammern und vieler anderer Schnittstelleneigenschaften finden Sie in der Dokumentation, die Sie zusammen mit Ihrer eigenen **Mathematica**-Version erhalten haben.

Neuer Input kann dort eingegeben werden, wo eine horizontale Linie über die gesamte Breite des Notebooks verläuft. Falls dort, wo man eine Input-Zelle plazieren möchte, keine solche Linie verläuft, so sollte man den Cursor nach oben und unten bewegen, bis er sich in einen horizontalen Balken verwandelt, und dann sollte man die Maus einmal anklicken. Nun sollte eine horizontale Linie, auf der gesamten Breite des Fensters, erscheinen. Wenn man nun mit der Eingabe beginnt, wird eine Input-Zelle erzeugt.

Information über andere Möglichkeiten, zum Beispiel, wie man Notebooks speichert, ausdruckt und editiert finden Sie in Ihrem Handbuch.

Der „Function Browser"

Ab der Version 2.2 enthalten die Macintosh und NeXT Notebook-Versionen von **Mathematica** eine sehr nützliche Ergänzung zum Hilfesystem, den sogenannten *„Function Browser"*. Der „Function Browser" ermöglicht es uns in einfacher Weise, nach Funktionen zu suchen, und er stellt uns ausführliche Dokumentationen und Templates zur Verfügung.

Um den „Function Browser" zu starten, wählt man aus dem **Info**-Menü den Punkt **Open Function Browser**. Ziemlich schnell ergibt sich folgendes Bild:

Man beachte die drei Knöpfe, die sich oben im „Function Browser"-Fenster befinden. Klickt man den „Packages"-Knopf an, so erhält man Zugang zu allen Paketen, die in jeder **Mathematica**-Implementierung enthalten sind. Ähnlich führt das Anklicken des „Loaded Packages"-Knopfes dazu, daß man Zugang zu allen Paketen erhält, die man im Verlaufe der Sitzung geladen hat.

Nehmen wir einmal an, Sie suchen nach Informationen über dreidimensionale parametrische Grafiken. Wählen Sie zuerst auf der linken Seite „Graphics and Sound", dann „3D Plots" und schließlich „ParametricPlot3D". Der „Function Browser" sollte wie folgt aussehen:

Man beachte, daß der „Function Browser" im Hauptfenster Information über die `ParametricPlot3D`-Funktion angezeigt hat. Man hätte sie auch durch Eingabe von `?ParametricPlot3D` erhalten können.

In der unteren rechten Ecke hat der „Function Browser" ein Template erzeugt, mit dem wir einen korrekten Funktionsaufruf in das laufende Notebook übernehmen könnten.

In einem kleinen Fenster, in der linken unteren Ecke, befindet sich eine Liste aller vorhandenen Optionen für die `ParametricPlot3D`-Funktion. Wählt man irgendeine dieser Optionen aus, so wird der „Function Browser" eine Beschreibung dieser Option im Ausgabeteil des Fensters ausgeben. Zusätzlich kann man den „Function Browser" anweisen, diese Optionen in das Template zu übernehmen. Wählt man zum Beispiel die Option `AmbientLight` aus, und klickt man dann den „Insert Option"-Knopf an, so erhält man Information über die `AmbientLight`-Option, und diese Option wird danach in das Template übernommen.

Man kann vieles mehr mit dem „Function Browser" machen, und wir empfehlen dem Leser, der an einer vollständigen Auflistung und Beschreibung interessiert ist, die eigene Dokumentaion zu Rate zu ziehen,

1.6.2 | Befehlszeilen-Schnittstelle

Es ist kein Nachteil, **Mathematica** auf einem Computer zu benutzen, der keine Notebook-Schnittstelle hat, sofern man ein paar zusätzliche Befehle im Gedächtnis behalten kann. Um **Mathematica** von der Befehlszeile aus zu starten, muß man eine „Shell" öffnen und das Wort **math** eingeben. Das System meldet sich in etwa wie folgt (die genaue Ausgabe hängt von dem Computersystem ab, das man benutzt):

```
localhost> math
Mathematica 2.2 for NeXT
Copyright 1988-93 Wolfram Research, Inc.
-- NeXT graphics initialized --

In[1]:=
```

Man kann nun seine Ausdrücke in die Befehlszeile eingeben und durch Drücken der **Return**-Taste berechnen lassen. Um zum Beispiel die ersten 35 Stellen von π zu sehen, gibt man N[Pi, 35] hinter den In[1]:= Prompt ein und drückt danach **Return**:

```
localhost> math
Mathematica 2.2 for NeXT
Copyright 1988-93 Wolfram Research, Inc.
-- NeXT graphics initialized --

In[1]:= N[Pi, 35]
Out[1]= 3.1415926535897932384626433832795950288


In[2]:=
```

Um die **Mathematica**-Sitzung abzubrechen, gibt man `Quit` in die Befehlszeile ein.

Man hat die Möglichkeit, Sitzungen und Grafiken auf Dateien abzuspeichern. Des weiteren kann man Dateien, die **Mathematica**-Inputs enthalten, mit Hilfe eines Texteditors bearbeiten. Der Name solcher Dateien endet üblicherweise mit „.m"; sie können in **Mathematica** eingelesen werden, indem man „<<*filename*.m" eingibt. Da jedoch die Details hierzu systemabhängig sind, sollte man für vollständige Erklärungen die eigene Dokumentation zur Benutzeroberfläche zu Rate ziehen.

2 Ein kurzer Überblick über Mathematica

Mathematica ist ein nützliches Werkzeug zum Rechnen und Programmieren, zur Datenanalyse, zur Darstellung von Daten und zur Visualisierung von Information. Obwohl wir in diesem Buch vorrangig die Möglichkeiten zur Progammierung mit der Mathematica-Sprache behandeln werden, spielen auch die anderen erwähnten Punkte in diesem Zusammenhang eine Rolle. Oft ist man in der Situation, daß man Programme schreiben muß, die komplizierte Berechnungen durchführen und Daten in graphischer Weise darstellen, um das Problem, an dem man arbeitet, zu visualisieren. In diesem Kapitel werden wir die elementaren Operationen, die in Mathematica zur Verfügung stehen, vorstellen, und erste Einblicke in die vielfältigen Möglichkeiten der Mathematica-Programmiersprache geben.

2.1 Numerische und symbolische Berechnungen

Mathematica unterscheidet sich von Taschenrechnern und einfachen Computerprogrammen dadurch, daß man exakte Ergebnisse berechnen kann und daß es möglich ist, mit beliebiger Genauigkeit zu rechnen.

```
In[1]:= 2/3 + 4/7
         26
Out[1]= ──
         21
```

```
In[2]:= 1111111^2
Out[2]= 1234567654321
```

```
In[3]:= 9348 * 437 - 923874^3 + 378/2346 (1283 - 3764)
            308329439203607096571
Out[3]= -(──────────────────────)
                    391
```

```
In[4]:= 2^500
Out[4]= 32733906078961418700131896968275991522166420460430647891\
        48329136809613379640467455488327009232590415715088661\
        8412756007100921725654588539305332852752589376
```

Da diese ganze Zahl mehr als 150 Stellen hat, benutzen wir das Backslash-Zeichen (\) als eine Fortsetzungsmarkierung, die andeuten soll, daß die Ausgabe in der nächsten Zeile weitergeht. Diese Zahl kann mit Hilfe der eingebauten **N**-Funktion in eine Form gebracht werden, die der Ausgabe von Taschenrechnern entspricht.

```
In[5]:= N[2^500]
Out[5]= 3.27339 10
```
$$Out[5]= 3.27339 \ 10^{150}$$

Die Anwendung der **N**-Funktion auf irgendeinen Ausdruck liefert einen Näherungswert.

Um $\sqrt{75}$ auszurechnen, werden wir die eingebaute Funktion **Sqrt** benutzen:

```
In[6]:= Sqrt[75]
Out[6]= 5 Sqrt[3]
```

Mathematica vereinfacht hier den Ausdruck, berechnet aber keinen angenäherten numerischen Wert. Da $\sqrt{75}$ eine irrationale Zahl ist, könnte sie durch eine endliche Dezimalzahl nur angenähert werden. Wir können eine solche Näherung aber explizit anfordern:

```
In[7]:= N[%]
Out[7]= 8.66026
```

Mathematische Konstanten wie e, π, i und γ sind alle eingebaut:

```
In[8]:= N[E]
Out[8]= 2.71828
```

```
In[9]:= N[Pi]
Out[9]= 3.14159
```

```
In[10]:= Sqrt[-9]
Out[10]= 3 I
```

```
In[11]:= N[EulerGamma]
Out[11]= 0.577216
```

Dabei ist zu beachten, daß **Mathematica** 6 signifikante Stellen anzeigt, wenn **N** benutzt wird (obwohl intern mehr als 6 Stellen abgespeichert werden). Man kann mit der **N**-Funktion aber auch genauere Resultate erhalten. Um π auf 35 Stellen genau auszurechnen, müssen wir folgenden Befehl eingeben:

```
In[12]:= N[Pi, 35]
Out[12]= 3.1415926535897932384626433832795028
```

Alle Standardfunktionen der Mathematik sind in **Mathematica** enthalten. Zum Beispiel kann man den natürlichen Logarithmus mit dem Befehl **Log** berechnen:

```
In[13]:= Log[E]
Out[13]= 1
```

Die Notation für den Logarithmus zu anderen Basen ist an die Schreibweise in der Mathematik angelehnt. Beispielsweise erhält man den Logarithmus von 1024 in der Basis 2 (d.h. $\log_2 1024$) durch folgenden Befehl:

```
In[14]:= Log[2, 1024]
Out[14]= 10
```

Die trigonometrischen Funktionen (**Sin**, **Cos**, **Tan**, **Sec**, etc.) und ihre Inversen (**ArcSin**, **ArcCos**, etc.) können auf jeden Typ von Zahl oder Ausdruck angewandt werden.

```
In[15]:= Cos[Pi/3]
          1
Out[15]= -
          2
```

```
In[16]:= ArcTan[1]
          Pi
Out[16]= --
          4
```

```
In[17]:= Expand[Sin[x]^2, Trig -> True]
          1   Cos[2 x]
Out[17]= - - --------
          2      2
```

Expand wird benutzt, um einen Ausdruck symbolisch zu entwickeln. Die **Trig -> True** Option bewirkt dabei, daß **Mathematica** eingebaute Regeln zur Vereinfachung trigonometrischer Funktionen benutzt.

Es gibt zahlreiche Funktionen, mit denen man Gleichungen lösen kann. Für Gleichungen, die mit einfachen algebraischen Methoden gelöst werden können, wird die **Solve**-Funktion benutzt. Beispielsweise kann die quadratische Gleichung $ax^2 + bx + c = 0$ durch folgenden Befehl nach x aufgelöst werden:

```
In[18]:= Solve[a x^2 + b x + c == 0, x]
                                  2
                  b      Sqrt[b  - 4 a c]
                -(-) +  ----------------
                  a             a
Out[18]= {{x -> ---------------------------},
                            2
```

```
                                  2
                  b      Sqrt[b  - 4 a c]
                -(-) -  ----------------
                  a             a
         {x -> ---------------------------}}
                            2
```

Natürlich gibt es Gleichungen, die man nicht durch einfache algebraische Umformungen lösen kann.

```
In[19]:= Solve[Cos[x] == x, x]
        Solve::ifun:
            Warning: Inverse functions are being used by Solve, so
                some solutions may not be found.


        Solve::tdep:
            The equations appear to involve transcendental
                functions of the variables in an essentially
                non-algebraic way.


Out[19]= Solve[Cos[x] == x, x]
```

Für Gleichungen wie diese muß man numerische Verfahren anwenden. **FindRoot** ist eine Implementierung der Newtonschen Iterationsmethode zur Bestimmung von Lösungen von Gleichungen (siehe Kapitel 8.1 und 9.4 für eine Diskussion dieser Methode). Dieses Verfahren erfordert einen (geratenen) Startwert, der in der Nähe der Lösung liegen sollte. Im folgenden Beispiel werden wir $x_0 = 1.0$ als Startwert vorgeben:

```
In[20]:= FindRoot[Cos[x] == x, {x, 1.0}]
Out[20]= {x -> 0.739085}
```

Unbestimmte Integration eines symbolischen Ausdrucks wird mit der **Integrate**-Funktion durchgeführt. Im folgenden berechnen wir $\int (ax^2 + bx + c)\, dx$:

```
In[21]:= Integrate[a x^2 + b x + c, x]
                       2     3
                    b x   a x
Out[21]= c x + ----- + -----
                     2     3
```

Nun können wir nachprüfen, ob die Ableitung dieses Ausdrucks gleich dem Ursprünglichen ist, indem wir die Differentiationsfunktion **D** benutzen:

```
In[22]:= D[%, x]
                      2
Out[22]= c + b x + a x
```

Mathematica hat zahlreiche Möglichkeiten, um die Differentiation darzustellen. Wie im obigen Beispiel gezeigt, können wir die übliche mathematische Notation mit der **D**-Funktion nachahmen. Wenn wir die zweite Ableitung von $\log x$ ausrechnen wollen, so können wir dies wie folgt tun:

```
In[23]:= D[Log[x], {x, 2}]
             -2
Out[23]= -x
```

Im folgenden ein Beispiel zur Kettenregel, die aus dem ersten Semester bekannt sein sollte:

```
In[24]:= D[f[g[x]], x]
Out[24]= f'[g[x]] g'[x]
```

Auch die bekannte „Strich"-Notation kann verwendet werden um Ableitungen zu berechnen:

```
In[25]:= Log'[x]
          1
Out[25]= -
          x
```

In Wirklichkeit ist die „Strich"-Notation **f'[x]** nur eine Abkürzung für **Derivative[1][f][x]**:

```
In[26]:= FullForm[f'[x]]
Out[26]//FullForm= Derivative[1][f][x]
```

Neben unbestimmten Integralen können wir auch bestimmte Integrale auswerten. Um beispielsweise $\int_0^\pi sin(x)\,dx$ zu berechnen, geben wir folgendes ein:

```
In[27]:= Integrate[Sin[x], {x, 0, Pi}]
Out[27]= 2
```

Einige Funktionen besitzen keine einfachen „Anti-Ableitungen:"

```
In[28]:= Integrate[E^Cos[x], {x, 0, Pi}]
                         Cos[x]
Out[28]= Integrate[E           , {x, 0, Pi}]
```

Dieses Ergebnis zeigt an, daß **Mathematica** nicht in der Lage war, die Funktion zu integrieren. Glücklicherweise sind numerische Integrationsroutinen vorhanden, mit denen solche Integrale näherungsweise berechnet werden können. Die Funktion **NIntegrate** benutzt einen adaptiven Algorithmus, um numerische Integrationen durchzuführen.

```
In[29]:= NIntegrate[E^Cos[x], {x, 0, Pi}]
Out[29]= 3.97746
```

Auch Doppelintegrale können leicht ausgewertet werden. Im folgenden Beispiel wird zuerst über y integriert; d.h. der Ausdruck $\int_0^1 \int_0^x \sqrt{x^2 + y^2}\,dy\,dx$ wird berechnet:

```
In[30]:= Integrate[Sqrt[x^2 + y^2], {x, 0, 1}, {y, 0, x}]
          Sqrt[2] + Log[1 + Sqrt[2]]
Out[30]= ----------------------------
                      6
```

Zum Auflösen von Differentialgleichungen kann man die eingebaute **DSolve**-Funktion benutzen.

Etliche Differentialgleichungen können mit der eingebauten **DSolve**-Funktion gelöst werden. Um die Gleichung $y''(x) = ay(x)$ für die Funktion $y(x)$ in der unabhängigen Variablen x zu lösen, schreiben wir:

```
In[31]:= DSolve[y´´[x] == a y[x], y[x], x]

                     C[1]            Sqrt[a] x
Out[31]= {{y[x] -> ───────────  + E            C[2]}}
                    Sqrt[a] x
                   E
```

2.2 Funktionen

Mathematica verfügt über eine außergewöhnliche Bandbreite von Funktionen für Berechnungen, die in wissenschaftlichen Problemen auftauchen. Falls diese eingebauten Funktionen für eine bestimmte Anwendung nicht ausreichen sollten, so kann man auf eine große Anzahl von Paketen, die Hunderte von zusätzlichen Funktionen enthalten, zurückgreifen. Diese Pakete werden mit **Mathematica** mitgeliefert und erweitern dessen Möglichkeiten beträchtlich. In diesem Abschnitt lernen wir zuerst eine kleine Anzahl der eingebauten Funktionen kennen, und danach werden wir mit einer Erörterung der **Mathematica**-Pakete abschließen.

2.2.1 | Funktionen der Zahlentheorie

Die Funktion Mod[k, n] ergibt den Rest der Division von k durch n. Teilen wir beispielsweise 28 durch 5, so ist der Rest gleich 3.

```
In[1]:= Mod[28, 5]
Out[1]= 3
```

Die Teiler von 28 erhält man wie folgt:

```
In[2]:= Divisors[28]
Out[2]= {1, 2, 4, 7, 14, 28}
```

Die Eulersche ϕ-Funktion $\phi(n)$ liefert die Anzahl der positiven ganzen Zahlen kleiner als n, die zu n teilerfremd sind:

```
In[3]:= EulerPhi[28]
Out[3]= 12
```

Beinahe alle Studenten lernen im Verlaufe des Studiums den Binomischen Lehrsatz kennen, der 1676 von Isaac Newton hergeleitet wurde:

$$(a + b)^n = \sum_k \binom{n}{k} a^k b^{n-k}$$

Dabei bezeichnet $\binom{n}{k}$ die Anzahl der k-elementigen Teilmengen einer n-elementigen Menge ist. Für $n = 2, 3, 4$ erhalten wir:

$In[4]:=$ **Expand[(a + b)^2]**

$Out[4]= a^2 + 2 a b + b^2$

$In[5]:=$ **Expand[(a + b)^3]**

$Out[5]= a^3 + 3 a^2 b + 3 a b^2 + b^3$

$In[6]:=$ **Expand[(a + b)^4]**

$Out[6]= a^4 + 4 a^3 b + 6 a^2 b^2 + 4 a b^3 + b^4$

Die Koeffizienten dieser Entwicklung treten in der Mathematik so häufig auf, daß man Ihnen einen eigenen Namen gegeben hat: „Die Binomialkoeffizienten." **Mathematica** kann sie explizit ausgeben. Der Koeffizient des k-ten Terms in der n-ten Reihe wird durch **Binomial[n, k]** gegeben. Um beispielsweise den Koeffizienten des ab^3 Terms zu finden, geben wir folgendes ein

$In[7]:=$ **Binomial[4, 3]**

$Out[7]= 4$

Binomial[n, k] ist **Mathematica**s Notation für den Binomialkoeffizienten $\binom{n}{k}$. Wir können uns die Koeffizienten von $(a + b)^4$ wie folgt ausgeben lassen:

$In[8]:=$ **Table[Binomial[4, j], {j, 0, 4}]**

$Out[8]= \{1, 4, 6, 4, 1\}$

Table[*ausdr*, {*i, imin, imax*}] erzeugt eine Liste durch Berechnung von *ausdr* wobei *i* von *imin* bis *imax* läuft. Zum Beispiel erhalten wir mit dem Befehl **Table[i^2, {i, 1, 5}]** die Quadrate der ersten fünf ganzen Zahlen.

Im *Pascalschen Dreieck*, benannt nach Blaise Pascal (1623–1662), werden die Binomialkoeffizienten in einer geordneten Weise aufgelistet. Die ersten 9 Zeilen lauten (wir benutzen **TableForm**, um die Zeilen in einer lesbareren Form auszugeben):

$In[9]:=$ **TableForm[Table[Binomial[n, k], {n, 0, 8}, {k, 0, n}]]**

$Out[9]//TableForm=$

1								
1	1							
1	2	1						
1	3	3	1					
1	4	6	4	1				
1	5	10	10	5	1			
1	6	15	20	15	6	1		
1	7	21	35	35	21	7	1	
1	8	28	56	70	56	28	8	1

Im Laufe der Jahre wurden Tausende von Identitäten im Zusammenhang mit dem Pascalschen Dreieck und den Binomialkoeffizienten gefunden. Beispielsweise enthält die dritte Spalte des Pascalschen Dreiecks, die durch $\binom{n}{2}$ gegeben ist, die „Dreieckszahlen."

```
In[10]:= Table[Binomial[n, 2], {n, 1, 10}]
Out[10]= {0, 1, 3, 6, 10, 15, 21, 28, 36, 45}
```

Die k-te Dreieckszahl ergibt sich durch Aufsummieren der Zahlen $1, 2, 3, \ldots, k-1$, k; d.h. man führt die Addition $1 + 2 + 3 + \cdots + (k-1) + k$ durch. Die entsprechende mathematische Notation lautet $\sum_{i=1}^{k} i$ und ist in **Mathematica** implementiert durch die `Sum` Funktion. Hier ist die 5-te Dreieckszahl:

```
In[11]:= Sum[i, {i, 1, 5}]
Out[11]= 15
```

Die ersten 10 Dreieckszahlen lauten:

```
In[12]:= Table[Sum[i, {i, 1, n}], {n, 1, 10}]
Out[12]= {1, 3, 6, 10, 15, 21, 28, 36, 45, 55}
```

Im Alter von 10 Jahren versetzte Carl Friedrich Gauß (1777–1855) seine Lehrer damit in Erstaunen, daß er die Summe $1 + 2 + 3 + \cdots + 97 + 98 + 99 + 100$ sehr schnell berechnete. Er wußte offensichtlich, daß die Summe der ersten n natürlichen Zahlen durch folgenden Ausdruck gegeben ist:

```
In[13]:= Binomial[n + 1, 2]
```
$$Out[13]= \frac{n\,(1 + n)}{2}$$

```
In[14]:= Binomial[101, 2]
Out[14]= 5050
```

2.2.2 | Zufallszahlen

Führt man statistische oder numerische Untersuchungen durch, so ist es oftmals sehr nützlich, wenn man eine Sequenz von Zufallszahlen erzeugen kann. Vermutet man, daß zwei Ausdrücke äquivalent sind, so könnte man die gemeinsamen Variablen durch Zufallszahlen ersetzen und vergleichen, ob die Ergebnisse übereinstimmen.

Mathematica enthält eine Funktion `Random`, die Zufallszahlen in jedem beliebigen Intervall erzeugen kann. Um zum Beispiel eine reelle Zufallszahl, die zwischen 0 und 5 liegt, zu erzeugen, gibt man folgendes ein:

```
In[1]:= Random[Real, {0, 5}]
Out[1]= 4.17994
```

Gibt man das Intervall, in dem die Zahlen liegen sollen, nicht an, so benutzt **Mathematica** als Standardintervall den Bereich zwischen 0 und 1:

```
In[2]:= Random[Real]
Out[2]= 0.460106
```

Da der Standardzahlentyp `Real` ist, kann man auch diese Angabe weglassen, und **Mathematica** berechnet dennoch eine reelle Zufallszahl zwischen 0 und 1:

```
In[3]:= Random[]
Out[3]= 0.822251
```

Um eine natürliche Zufallszahl zu erzeugen, die im Intervall von 0 bis 100 liegt, gibt man folgendes ein:

```
In[4]:= Random[Integer, {0, 100}]
Out[4]= 59
```

Man beachte, daß die `Random`-Funktion bei jedem Aufruf ein anderes Ergebnis liefert. Dies hat etwas mit dem Zufallszahlengenerator zu tun, den **Mathematica** benutzt. Ruft man **Mathematica** auf, so merkt es sich die Zeit und den Tag, die im Computer abgespeichert sind, und benutzt diese Daten als Initialisierungswert für den Zufallszahlengenerator. Ruft man die Funktion `Random` auf, dann erzeugt der Algorithmus, wie gefordert, eine neue Zahl, und der Zustand des Zufallszahlengenerators wird vorgerückt. In bestimmten Situationen kann es erforderlich sein, daß man, innerhalb einer Sitzung, immer dieselbe Sequenz von Zufallszahlen bekommt. Oder man arbeitet an einem simulierten Experiment und würde gerne eine Sequenz von Zahlen wiederholen. Um dies zu erreichen, muß man den Generator mit einem Startwert initialisieren, indem man explizit die Funktion `SeedRandom` aufruft:

```
In[5]:= SeedRandom[128]

In[6]:= {Random[], Random[], Random[]}
Out[6]= {0.355565, 0.486779, 0.00573919}
```

Wenn wir nun den Generator re-initialisieren, erhalten wir die gleiche Zahlensequenz:

```
In[7]:= SeedRandom[128]

In[8]:= {Random[], Random[], Random[]}
Out[8]= {0.355565, 0.486779, 0.00573919}
```

Die Zahlensequenz, die von `Random` erzeugt wird, ist gleichmäßig über den gewählten Bereich verteilt und scheint zufällig zu sein. In Wirklichkeit sind die Zahlen aber nicht zufällig, da sie mit einem eindeutigen Algorithmus, der zuvor initialsiert worden ist, erzeugt worden sind. Startet man mit der gleichen Initialisierung, so bekommt man die gleiche Sequenz. Auch wenn es es nicht Ziel dieses Buches ist, diesen Sachverhalt im Detail zu untersuchen, so werden wir dennoch in Kapitel 9.2 kurz auf Zufallszahlen-generatoren und statistische Tests zur Untersuchung der Zufälligkeit solcher Sequenzen eingehen.

2.2.3 | Pakete

Obwohl, wie bereits früher erwähnt, **Mathematica** über Hunderte von eingebauten Funktionen verfügt, die aufrufbar sind, sobald man eine Sitzung gestartet hat, wird man sich des öfteren zusätzliche Möglichkeiten wünschen. Jeder Implementierung von **Mathematica** ist eine Reihe von Paketen zugefügt, welche die Funktionalität des Systems wesentlich erweitern. Zusätzlich kann man seine eigenen Pakete schreiben, um **Mathematica** den eigenen Bedürfnissen anzupassen.

Die Pakete befinden sich in ihrem System in einem Verzeichnis (oder Ordner), wo **Mathematica** sie finden kann. Da dies auf jedem System unterschiedlich ist, muß man in der Dokumentation nachlesen, wo man diese Dateien finden kann.

Jedes Paket enthält Funktionen, die auf eine bestimmte Aufgabe spezialisiert sind. Sind sie einmal geladen, verhalten sie sich genauso wie eingebaute Funktionen; d.h. sie stellen Informationen darüber zur Verfügung, wie man sie benutzt und sie geben Fehlermeldungen aus, wenn man sie nicht korrekt benutzt.

Nehmen wir zum Beispiel an, daß wir Informationen über bestimmte chemische Elemente benötigen. Diese sind nicht in der Standardversion von **Mathematica** enthalten, die geladen wird, wenn man mit der Sitzung anfängt. Es gibt nun aber das Paket `ChemicalElements.m`, das sich im Unterordner `Miscellaneous` des Pakete-Ordners befindet. Wir können es mit folgendem Befehl laden:

```
In[1]:= << Miscellaneous`ChemicalElements`
```

Ist dieses Paket einmal geladen, kann man alle darin definierten Funktionen in der laufenden Sitzung benutzen. Zum Beispiel enthält das Paket Funktionen, mit denen man sich die Abkürzungen chemischer Elemente anzeigen lassen kann; des weiteren findet es die Atomgewichte, die Verdampfungswärmen, etc.:

```
In[2]:= Wolfram
Out[2]= Tungsten

In[3]:= Abbreviation[Wolfram]
Out[3]= W

In[4]:= AtomicWeight[W]
Out[4]= 183.85

In[5]:= HeatOfVaporization[W]
         824.2 Kilo Joule
Out[5]= ─────────────────
              Mole
```

```
In[6]:= ElectronConfiguration[W]
Out[6]= {{2}, {2, 6}, {2, 6, 10}, {2, 6, 10, 14}, {2, 6, 4}, {2}}
```

Genauso, wie man sich über eingebaute Funktionen mit **Mathematica**s Hilfesystem informieren kann, bekommt man auch über die Funktionen, die in den eingelesenen Paketen definiert sind, Informationen. Zum Beispiel gibt es zu der Funktion ElectronConfiguration, die in dem Paket ChemicalElements.m definiert ist, eine Benutzungsinformation, die man auf folgende Art und Weise erhält:

```
In[7]:= ?ElectronConfiguration
ElectronConfiguration[element] depicts the electron
    configuration of the specified element in a list of
    the form
    {{1s},{2s,2p},{3s,3p,3d},{4s,4p,4d,4f},{5s,5p,5d,5f},
    {6s,6p,6d},{7s}}.
```

Ist ein Paket eingelesen, kann man auch (ab Version 2.2) den „Function Browser" verwenden, um Informationen über irgendeinen Bestandteil zu finden.

Falls unsere Arbeit erfordert, daß wir das ChemicalElements Paket regelmäßig benutzen, wäre es bequem, wenn es zu Beginn einer **Mathematica**-Sitzung automatisch eingelesen würde. Diese Anpassung von **Mathematica** kann dadurch erreicht werden, daß die Zeile

```
<< Miscellaneous`ChemicalElements`
```

in der Datei init.m eingefügt wird. Diese Initialisierungsdatei wird von **Mathematica** bei jedem Start gelesen, und jedes Paket, das man gleich zu Beginn geladen haben möchte, sollte dort notiert werden.

Es gibt noch eine andere Möglichkeit, Paketfunktionen zu benutzen, die darin besteht, daß man nur die Funktionen lädt, die gebraucht werden und dies *genau dann*, wenn sie gebraucht werden. Dies geschieht mit dem Befehl `DeclarePackage`, der Ausdrücke automatisch berechnet, wenn sie benutzt werden. Um dies, in einer neuen **Mathematica**-Sitzung, mit dem `ChemicalElements.m` Paket zu erreichen, gibt man folgendes ein:

```
In[8]:= DeclarePackage["Miscellaneous`ChemicalElements`",
          {"AtomicWeight", "ElectronConfiguration"}]
Out[8]= Miscellaneous`ChemicalElements`               .
```

Nun stehen die beiden Funktionen `AtomicWeight` und `ElectronConfiguration` zur Verfügung. Der Vorteil dieser Methode liegt darin, daß es wesentlich schneller geht, nur die Teile eines Paketes zu laden, die wir wirklich brauchen, anstatt das ganze Paket zu laden.

Es gibt noch etliche Punkte im Zusammenhang mit Paketen, die wir besprechen werden. In Kapitel 11 werden wir uns mit Kontexten und dem Schreiben eigener Pakete befassen.

2.3 Grafiken

Wenn man mit Funktionen oder Datenmengen arbeitet, ist es oft wünschenswert, daß man diese visualisieren kann. **Mathematica** stellt einen breite Palette von Grafikroutinen zur Verfügung. Sie umfaßt zwei- und dreidimensionale Plots von Funktionen und Datenmengen, Kontur- und Dichteplots von Funktionen mit 2 Variablen, Balken-, Säulen- und Kuchendiagramme von Datenmengen, sowie viele Pakete für spezielle Vorhaben zur grafischen Darstellung. Wie wir in Kapitel 10 sehen werden, erlaubt einem die **Mathematica**-Programmiersprache zusätzlich, grafische Darstellungen „von Grund auf" zu konstruieren, indem man primitive Elemente benutzt.

2.3.1 | Zweidimensionale Plots

Funktionen die von einer Variablen abhängen, werden mit dem Befehl `Plot` gezeichnet.

In[1]:= **Plot[x + Sin[x], {x, -5Pi, 5Pi}];**

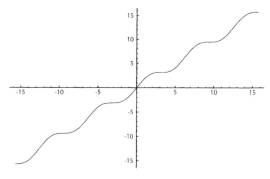

Obwohl einige Funktionen an bestimmten Punkten undefiniert sind, kann **Mathematica** diese Singularitäten elegant behandeln, indem zusätzliche Stützstellen in der Nähe der Singularität eingefügt werden:

In[2]:= **Plot[Sin[1/x], {x, -1, 1}]**

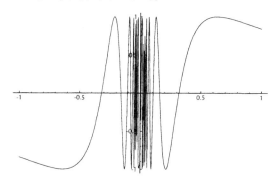

2.3.2 | Parametrische Diagramme

Wenn sowohl die $x-$ als auch die $y-$Koordinate einer Funktion von einem Parameter t abhängt, spricht man von einer „parametrisch" dargestellten Funktion. Hier ist ein parametrisch dargestellter Kreis:

In[1]:= `circ = ParametricPlot[{Cos[t], Sin[t]}, {t, 0, 2Pi}]`

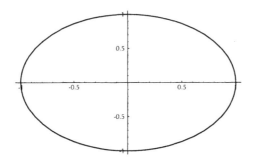

Man beachte, daß das Verhältnis von Höhe zu Breite unnatürlich aussieht. **Ma-thematica** versucht, den Plot in einen Bereich einzufügen, der dem Computerbildschirm ähnlich ist, und benutzt ein Verhältnis von Höhe zu Breite, von dem bekannt ist, daß es zu zufriedenstellenden Ergebnissen führt. Dieses Verhältnis von Höhe und Breite wird `AspectRatio` genannt, und hat den Vorgabewert `1/GoldenRatio`:

In[2]:= `N[1/GoldenRatio]`
Out[2]= `0.618034`

Wir können eine „wahrere" Form erreichen, indem wir die `AspectRatio` Option neu setzen.

In[3]:= `Show[circ, AspectRatio -> Automatic];`

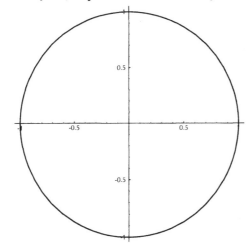

Hier ist ein interessanterer parametrischer Plot, bekannt als Lissajoussche Figur:

```
In[4]:= ParametricPlot[{Cos[19t], Sin[20t]}, {t, 0, 2Pi},
            AspectRatio -> Automatic];
```

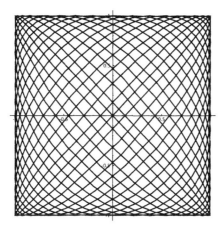

2.3.3 | Dreidimensionale Plots

Während Funktionen von einer Variablen als Kurven in der Ebene dargestellt werden können, werden Funktionen von zwei Variablen als Flächen im Raum visualisiert. **Mathematica** stellt zahlreiche Methoden zur Verfügung, um diese Flächen zu visualisieren.

```
In[1]:= z[x_, y_] := Sin[x]/Cos[y]
```

```
In[2]:= Plot3D[z[x, y], {x, -2Pi, 2Pi}, {y, -2Pi, 2Pi}];
```

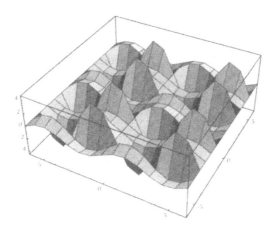

Man beachte, daß dieser Plot sehr eckig aussieht. Dies gibt uns einen Einblick, wie **Mathematica** Grafiken zeichnet. Durch Nachzählen wird man feststellen, daß die

Funktion `z[x,y]`, die oben definiert wird, an jeweils 15 Stützstellen entlang der x und y Achse berechnet wird. Der Funktionswert wird also an 225 Punkten berechnet, und benachbarte Punkte werden dann durch Linien und Rechtecke verbunden. Dies führt dazu, daß der Plot eckig aussieht und kann zu Schwierigkeiten bei Funktionen mit Singularitäten führen. Wir können die Anzahl der Stützstellen erhöhen und damit die Glattheit der Fläche verbessern, indem wir die Option `PlotPoints` richtig einstellen. Die folgende Grafik berechnet 50 Punkte sowohl in der x als auch in der y Richtung:

```
In[3]:= Plot3D[z[x, y], {x, -2Pi, 2Pi}, {t, -2Pi, 2Pi},
            PlotPoints -> 50]
```

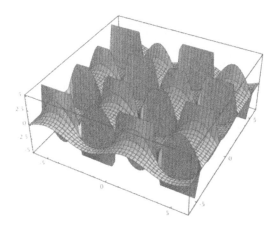

Man beachte dabei, daß die steigende Zahl von `PlotPoints` die Darstellung der Singularitäten nicht verbessert. Im Kapitel über Grafikprogrammierung werden wir einige der subtileren Punkte über das Zeichnen von Funktionen besprechen.

Die gleiche Fläche kann mit verschiedenen Werkzeugen dargestellt werden. `ContourPlot` stellt die gleiche Funktion durch Konturlinien dar. Zwei beliebige Punkte mit der gleichen Höhe werden auf dieselbe Konturlinie abgebildet. Wanderer benutzen gewöhnlich topographische Karten, in denen verschiedene Höhen auf unterschiedliche Konturlinien abgebildet werden.

In[4]:= `ContourPlot[z[x, y], {x, -2Pi, 2Pi}, {y, -2Pi, 2Pi}]`

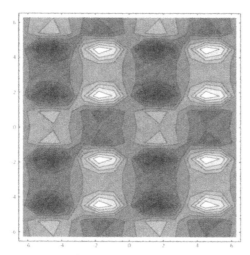

In diesem Diagramm gilt: Je dichter die Linien zusammen sind, umso steiler ist der Anstieg (oder der Abstieg) des „Hügels."

Die Funktion **DensityPlot** wird auch benutzt, um Funktionen von zwei Variablen darzustellen. In einem **DensityPlot** gilt: Je dunkler die Fläche ist, umso tiefer liegt der Punkt in einem Tal; hellere Flächen stellen Gipfel dar. Im folgenden Diagramm haben wir die Anzahl der Stützstellen sowohl in der x als auch in der y Richtung erhöht, und wir haben das Gitter ausgeblendet, das normalerweise in einem **DensityPlot** dargestellt wird:

In[5]:= `DensityPlot[z[x, y], {x, -2Pi, 2Pi}, {y, -2Pi, 2Pi},`
   `PlotPoints -> 150, Mesh -> False]`

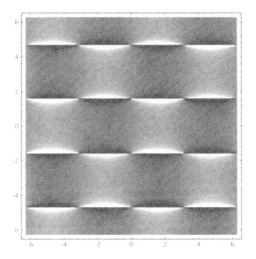

Geradeso, wie wir parametrische Kurven in der Ebene geplottet haben, können wir dreidimensionale Flächen parametrisch plotten. Im folgenden Bild ist ein Plot des berühmten Möbiusbandes dargestellt. Dieses erhält man, indem man ein langes Stück Papier halb verdreht und dann die Enden verbindet. Die sich ergebende Fläche, hat nur eine Seite (wenn man den Rand ausschließt). Benutzer der Befehlszeilen-Schnittstelle werden jede der Eingaben in eine eigene Zeile schreiben.

```
In[6]:= x[u_, v_] := (1 + v/2 Cos[u/2]) Cos[u]
        y[u_, v_] := (1 + v/2 Cos[u/2]) Sin[u]
        z[u_, v_] := v/2 Sin[u/2]

In[7]:= ParametricPlot3D[{x[u, v], y[u, v], z[u, v]},
        {u, 0, 2Pi}, {v, -1, 1}];
```

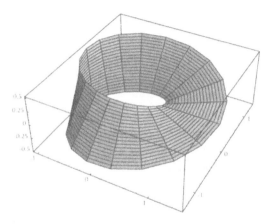

Die Kleinsche Flasche ist eine höherdimensionale Version des Möbiusbandes. Sie hat kein Inneres und kein Äußeres. Der Code für die folgende Grafik wurde von Ari Lehtonen geschrieben. Er gewann damit den 1000$ Preis im **Mathematica**-Grafikwettbewerb von 1990.

```
In[8]:= a = 2;
        f = (a + Cos[u/2]Sin[t] - Sin[u/2]Sin[2t]) Cos[u];
        g = (a + Cos[u/2]Sin[t] - Sin[u/2]Sin[2t]) Sin[u];
        h =       Sin[u/2]Sin[t] + Cos[u/2]Sin[2t];


In[9]:= ParametricPlot3D[{f, g, h}, {t, 0, 2Pi}, {u, 0, 2Pi},
        Boxed -> False, Axes -> False, PlotPoints -> 30];
```

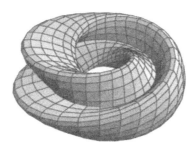

2.4 Darstellung von Daten

Die Möglichkeit, Daten zu plotten und zu visualisieren, ist in allen Wissenschaften – sowohl Sozial- als auch Naturwissenschaften – äußerst wichtig. **Mathematica** verfügt über die Fähigkeiten, Daten von anderen Applikationen ein– und auszulesen, sie in verschiedenen Formen zu plotten und daran numerische Berechnungen durchzuführen.

In **Mathematica** werden Daten oft in Form von **Listen** dargestellt. Eine Liste ist irgendeine Menge von Ausdrücken, die in geschweiften Klammern eingeschlossen sind. Wie wir bereits gesehen haben, können Listen mit dem Befehl **Table** erzeugt werden. Zusätzlich gibt es viele andere Möglichkeiten, um Listen zu erzeugen.

Das << Symbol wird benutzt, um Informationen aus einer externen Datei einzulesen. Im folgenden Beispiel wurde die Datei **dataset.m** extern erzeugt und an einem Platz abgespeichert, wo **Mathematica** sie finden kann. Sie enthält Paare von Daten für 13 verschiedene Tiere, nämlich deren Körpermasse und deren Wärmeproduktion. Die Daten sind in der Form (m, r) gegeben, wobei m die Masse der Tiere darstellt und r die Wärmeproduktion in *kcal* pro Tag.

```
In[1]:= <<dataset.m
Out[1]= {{0.061, 6.95}, {0.403, 28.189}, {0.622, 41.1}, {2.51, 120.8},
         {2.96, 147.9}, {3.33, 182.8}, {8.2, 368.8}, {28.2, 981.3},
         {57.4, 1303.3}, {72.3, 1512.5}, {340.2, 7100.3},
         {711., 10101.1}, {5000., 29895.}}
```

Wir können die Daten sofort plotten, indem wir den `ListPlot` Befehl benutzen.

```
In[2]:= ListPlot[<<dataset.m]
```

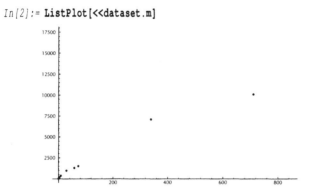

Die Daten sind im Diagramm nicht gleichmäßig verteilt. Oft ist es am besten, wenn man sich solche Informationen auf einer logarithmischen Skala anschaut. Wir können einen log-log Plot durchführen, indem wir zuerst ein **Mathematica**-Paket einlesen, das zusätzliche Funktionen für logarithmisches Plotten enthält:

```
In[3]:= <<Graphics`Graphics`
```

Nun plotten wir die Daten auf einem log-log „Papier:"

```
In[4]:= LogLogListPlot[<<dataset.m]
```

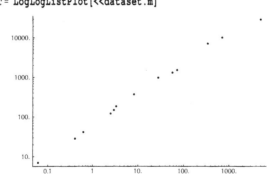

Max Kleiber, ein amerikanischer Veterinär, konnte in den dreißiger Jahren zeigen, daß die stoffwechselbedingte Wärmerate für eine große Anzahl von Tieren proportional zu $m^{.75}$ ist, wobei m die Masse bezeichnet. Wir können überprüfen, ob die Daten zu diesem Wert führen, indem wir die Steigung der Gerade über die log-log Daten ermitteln. Hierzu bilden wir zuerst den Logarithmus von jedem Datenpunkt:

```
In[5]:= loglogdata = Log[<<dataset.m]
Out[5]= {{-2.79688, 1.93874}, {-0.908819, 3.33893},
         {-0.474815, 3.71601}, {0.920283, 4.79414}, {1.08519, 4.99654},
         {1.20297, 5.20839}, {2.10413, 5.91025}, {3.33932, 6.88888},
         {4.05004, 7.17265}, {4.28082, 7.32152}, {5.82953, 8.86789},
         {6.56667, 9.2204}, {8.51719, 10.3054}}
```

Dann führen wir eine Geradenapproximation mit der Methode der kleinsten Quadrate durch:

```
In[6]:= Fit[loglogdata, {1, x}, x]
Out[6]= 4.15432 + 0.761477 x
```

Wir sehen, daß die Steigung dieser Geraden nahe an Kleibers erwartetem Wert von 0.75 liegt.

Mathematica enthält Dutzende von Funktionen und Paketen, um statistische und numerische Berechnungen von Daten durchzuführen, einschließlich Approximationen durch die Methode der kleinsten Quadrate, Interpolation, Fourieranalyse, und einschließlich zahlreicher grafischer Möglichkeiten. Der an einem vollständigen Verzeichnis interessierte Leser sollte das Handbuch [Wol91] oder [Bla92] zu Rate ziehen.

2.5 Programmierung

Benutzer jedweder Programmiersprache kommen schließlich an einen Punkt, an dem die eingebauten Funktionen für ihre speziellen Bedürfnisse nicht mehr ausreichend sind. Sie werden dann ein Programm schreiben müssen, in dem die Werkzeuge, die durch die eingebauten Funktionen zur Verfügung gestellt werden, mit in der Sprache vorhandenen Programmiermöglichkeiten kombiniert werden. **Mathematica** läßt eine große Anzahl von Programmierstilen zu. Unser Hauptinteresse wird der Möglichkeit gelten, daß man als Programmierer „natürlichen Code" schreiben kann, d.h. Code, der sich mehr an der Formulierung des zu behandelnden Problems orientiert, als an verschiedenen Sprachstilen und sprachlichen Besonderheiten. In diesem Kapitel werden wir zwei kurze Programme schreiben, die einige der Programmiermöglichkeiten von **Mathematica** illustrieren. Wir erwarten nicht, daß der Leser an dieser Stelle alle Details versteht. Wir hoffen jedoch, daß der einfache Aufbau dieser beiden Programme einleuchtend ist. Hat man erst einmal etwas mehr vom Buch gelesen, kann man sich ihnen problemlos wieder zuwenden.

2.5.1 | Beispiel — Harmonische Zahlen

Angenommen, wir interessieren uns für die harmonischen Zahlen H_n:

$$H_n = 1 + \frac{1}{2} + \frac{1}{3} + \frac{1}{4} + \cdots + \frac{1}{n} = \sum_{k=1}^{n} \frac{1}{k}$$

Diese sind definiert für ganze Zahlen $n > 0$. Der mathematischen Notation folgend, können wir sie wie folgt definieren:

```
In[1]:= harmonic[n_] := Sum[1/k, {k, 1, n}]
```

Man beachte, daß unsere Funktion **harmonic** ihr Argument **n** in rechteckige Klammern einschließt, so wie alle **Mathematica**-Funktionen. Dabei wird das Zeichen _ – ausgesprochen: „Blank" – verwendet. Vorerst merken wir nur an, daß _ benutzt wird, um das (die) Argument(e) einer Funktion anzuzeigen. (Siehe Kapitel 5 für eine vollständige Darstellung dieses Sachverhaltes.)

Nun wollen wir einige der harmonischen Zahlen berechnen:

```
In[2]:= harmonic[2]
           3
Out[2]= -
           2
```

Hier ist die 10te harmonische Zahl und eine numerische Näherung dazu:

```
In[3]:= {harmonic[10], N[harmonic[10]]}
           7381
Out[3]= {———, 2.92897}
           2520
```

Obwohl die harmonischen Zahlen H_n für $n \to \infty$ sehr langsam wachsen, wird gewöhnlich im Analysiskurs im ersten Jahr bewiesen, daß sie über alle Grenzen wachsen. Versuchen wir **harmonic[n]** für großes n auszurechnen, so wird unsere Berechnung ziemlich schnell steckenbleiben.

```
In[4]:= N[harmonic[10^4]]
Out[4]= $Aborted
```

Nach mehr als 10 Minuten Rechenzeit mußten wir **Mathematica** unterbrechen.[1] Das Problem besteht hier darin, daß wir den Computer angewiesen haben, 10.000 verschiedene Brüche aufzuaddieren und uns ein *exaktes Resultat* auszugeben. Das kleinste gemeinsame Vielfache (kgV) dieser Brüche hat 4349 Stellen, und das Aufsummieren von 10.000 Brüchen, ein jeder mit einer 4349-stelligen Zahl im Nenner, nimmt viel Zeit in Anspruch! Da wir im Augenblick nur daran interessiert sind, zu sehen, wie die harmonischen Zahlen wachsen, versuchen wir anderen einen Weg.

---

1) Siehe Kapitel 1.3.1 für Details, wie man dies auf verschiedenen Rechnern bewerkstelligen kann.

Wir können eine numerische Näherung dieser Summen erhalten, indem wir die eingebaute Funktioin **NSum**, anstatt **Sum**, benutzen. Die **NSum**-Funktion ist das numerische Analogon zu **Sum**, in der gleichen Weise, wie die numerische Integration (**NIntegrate**) analog ist zur normalen Integration (**Integrate**). **Sum** führt die Additionen (10.000 in diesem Fall) exakt durch, wohingegen **NSum** durch Benutzung optimierter Algorithmen versucht, eine Näherungslösung mit wesentlich weniger Rechenschritten zu erhalten. Wir wollen unsere **harmonic**-Funktion neu schreiben und dabei **NSum** benutzen:

$In[5]:=$ **Nharmonic[n_] := NSum[1/k, {k, 1, n}]**

Nun können wir große harmonische Zahlen explizit ausrechnen:

$In[6]:=$ **{Nharmonic[10^6], Nharmonic[10^9], Nharmonic[10^12]}**
$Out[6]=$ {14.3927267, 21.3004815, 28.2082368}

Die Rate mit der H_n wächst, liegt nahe bei $\log n$. (Man betrachte das Integral $\int_1^{1+n} 1/t \, dt$.) Es stellt sich heraus, daß die Differenz zwischen H_n und $\log n$ gegen eine berühmte mathematische Konstante konvergiert:

$In[7]:=$ **Nharmonic[10^6] - N[Log[10^6]]**
$Out[7]=$ 0.577216

Obwohl Eulers Konstante γ nicht so bekannt ist wie π und e, spielt sie eine äußerst wichtige Rolle in der Zahlentheorie und Analysis:

$In[8]:=$ **{N[EulerGamma - %], N[EulerGamma]}**
$Out[8]=$ {-4.99764 10^{-7}, 0.577216}

Die Übereinstimmung zwischen $H_n - \log n$ und γ für großes n wird in einem Analysiskurs üblicherweise folgendermaßen formuliert:

$$\lim_{n\to\infty} H_n - \log n = \gamma$$

Wir können **Mathematica** tatsächlich auffordern, H_∞ zu berechnen, d.h. die unendliche Summe $\sum_{i=1}^{\infty} i^{-1}$ wird bestimmt. Vorher müssen wir jedoch ein Paket laden, das mit **Mathematica** mitgeliefert wird.

$In[9]:=$ **<<Algebra`SymbolicSum`**

$In[10]:=$ **harmonic[Infinity]**
$Out[10]=$ Infinity

Es ist bemerkenswert, daß das **SymbolicSum** Paket in der Lage ist, konvergente Reihen symbolisch auszurechnen. Wir berechnen nun mit SymbolicSum die Summe der Zahlen von 1 bis n und erhalten das bereits in einem früheren Abschnitt erwähnte Resultat:

$In[11]:=$ **Sum[i, {i, 1, n}]**
$$Out[11]= \frac{n\,(1 + n)}{2}$$

Mit `SymbolicSum` können wir auch kompliziertere Summen ausrechnen:

```
In[12]:= Sum[i^2, {i, 1, n}]

          n (1 + n) (1 + 2 n)
Out[12]= ─────────────────────
                   6
```

```
In[13]:= Sum[i^3, {i, 1, n}]

          2        2
          n (1 + n)
Out[13]= ───────────
              4
```

Alle in **Mathematica** eingebauten Funktionen können auch vom Benutzer neu geschrieben werden. Wir werden jedoch sehen, daß es im allgemeinen am besten ist, die eingebauten Funktionen zu benutzen, da ihre Ausführungsgeschwindigkeit optimiert ist. Sind keine geeigneten eingebauten Funktionen vorhanden, werden vom Benutzer geschriebenen Funktionen natürlich unentbehrlich. Tatsächlich ist das Erzeugen eigener Funktionen der Kern der **Mathematica**-Programmierung.

2.5.2 | Beispiel — Vollkommene Zahlen

Unser zweites Beispiel eines Programmierproblems beschäftigt sich mit der Suche nach den **vollkommenen Zahlen**. Vollkommene Zahlen sind definiert als diejenigen positiven ganzen Zahlen, die mit der Summe ihrer echten Teiler übereinstimmen (die Teiler ohne die Zahl selber). Die Zahl 6 ist die erste vollkommene Zahl:

```
In[1]:= Divisors[6]
Out[1]= {1, 2, 3, 6}
```

```
In[2]:= Apply[Plus, {1, 2, 3}]
Out[2]= 6
```

Um eine Liste der echten Teiler zu bekommen, schreiben wir eine neue Funktion `properDivisors`, indem wir das letzte Element in der von `Divisors` erzeugten Liste löschen:

```
In[3]:= properDivisors[n_] := Drop[Divisors[n], -1]
```

```
In[4]:= properDivisors[6]
Out[4]= {1, 2, 3}
```

```
In[5]:= Apply[Plus, properDivisors[6]]
Out[5]= 6
```

Nun würden wir gerne eine Funktion schreiben, welche die Zahlen in einem bestimmten Bereich auf ihre „Vollkommenheit" untersucht. Die folgende Bewertungsfunktion („Prädikat") gibt entweder den Wert `True` oder den Wert `False` zurück, je nachdem, ob das Argument vollkommen ist oder nicht:

```
In[6]:= perfectQ[n_Integer] := Apply[Plus, properDivisors[n]] == n
```

Zum Beispiel:

```
In[7]:= perfectQ[6]
Out[7]= True
```

```
In[8]:= perfectQ[16]
Out[8]= False
```

Wir haben nun alles vorbereitet, um eine Menge von Zahlen, die in einem bestimmten Bereich liegen, zu überprüfen. Die Funktion Range[n] erzeugt eine Liste von natürlichen Zahlen, die zwischen 1 und n liegen. Wir wollen davon nur die auswählen, die den perfectQ Test bestehen. Die Select[*list, crit*] Funktion gibt diejenigen Elemente aus *list* zurück, für die das Kriterium *crit* wahr ist. Hier sind nun jene Zahlen zwischen 1 und 30, die den Test für Vollkommenheit bestehen:

```
In[9]:= Select[Range[30], perfectQ]
Out[9]= {6, 28}
```

Schließlich können wir eine Funktion schreiben, die alle Zahlen im Bereich zwischen 1 und n überprüft:

```
In[10]:= perfect[n_]:= Select[Range[n], perfectQ]
```

Um alle vollkommenen Zahlen zu finden, die kleiner oder gleich 10.000 sind, geben wir folgendes ein:

```
In[11]:= perfect[10000]
Out[11]= {6, 28, 496, 8128}
```

Schreiben Sie doch einfach mal ein Programm perfect2[n, m], das alle vollkommenen Zahlen zwischen n und m ausgibt.

Es ist unbekannt, ob es unendlich viele vollkommene Zahlen gibt. Das obige Beispiel legt es nahe zu vermuten, daß sie auf der Zahlengeraden nur sehr spärlich auftreten. Genauso ist es unbekannt, ob es ungerade vollkommene Zahlen gibt – man weiß jedoch: *Wenn* eine ungerade vollkommene Zahl existiert, muß sie größer als 10^{300} sein. Eine genauere Untersuchung der vollkommenen Zahlen, findet der interessierte Leser in [KW91].

3 Bearbeiten von Listen

Die Liste ist die fundamentale Datenstruktur, die in **Mathematica** benutzt wird, um Objekte zu gruppieren. **Mathematica** stellt eine umfangreiche Menge von eingebauten Funktionen zur Verfügung, mit denen man Listen in mannigfacher Weise bearbeiten kann. Es gibt sowohl einfache Operationen, mit denen man innerhalb der Liste einzelne Elemente verschieben kann, als auch komplizierte, die es erlauben, Funktionen auf Listen anzuwenden. In diesem Kapitel werden wir einige der vielen Operationen vorführen, mit denen man Listen bearbeiten kann.

3.1 Einleitung

In vielen Berechnungen wird mit einer Menge von Objekten gearbeitet. Dies erfordert, daß die Objekte (auch **Datenobjekte** genannt) in einer bestimmten Weise gruppiert werden. Es gibt eine Vielzahl von Strukturen, die man benutzen kann, um Datenobjekte in einem Computer abzuspeichern. Die am meisten benutzte Datenstruktur in **Mathematica** ist die **Liste**. Man kann sie mit der eingebauten Funktion `List` erzeugen.

List[arg_1, arg_2, ..., arg_n]

Eine Liste kann auch, als eine Sequenz von Argumenten, abgetrennt durch Kommas und eingeschlossen von geschweiften Klammern, geschrieben werden.

{arg_1, arg_2, ..., arg_n}

Die Argumente der `List`-Funktion (auch Listenelemente genannt) können jeden beliebigen Wert annehmen, einschließlich Zahlen, Symbolen, Funktionen, Wörtern und sogar anderen Listen:

```
In[1]:= List[2.4, dog, Sin, "read my lips", {5, 3}, Pi, {}]
Out[1]= {2.4, dog, Sin, read my lips, {5, 3}, Pi, {}}
```

Jedes Element hat eine bestimmte Position in der Liste, die durch die numerische Reihenfolge, entsprechend der Sequenz der Elemente, festgelegt wird (oder entsprechend der Sequenz der Argumente der `List`-Funktion). Das dritte Element in der obigen Liste ist also Sin. Das letzte Element in der Liste, {}, ist eine Liste ohne Elemente, die daher auch **leere Liste** genannt wird.

In diesem Kapitel werden wir zeigen, wie man mit den eingebauten **Mathematica**-Funktionen Listen in verschiedener Weise bearbeiten kann. Dort, wo die Arbeitsweise einer Funktion relativ einfach zu verstehen ist, werden wir sie ohne weitere Erklärung benutzen. (Sie sollten das eingebaute Hilfesystem und das **Mathematica**-Handbuch [Wol91] zu Rate ziehen, falls Sie sich für eine genauere Beschreibung aller eingebauten Funktionen interessieren). Was man sich aus diesem Kapitel auf jeden Fall merken sollte, ist, daß man mittels der eingebauten Funktionen Listen in fast beliebiger Weise manipulieren kann. Es ist wichtig, diese Funktionen so gut wie möglich zu beherrschen, denn ein wesentlicher Schlüssel zur guten und effizienten **Mathematica**-Programmierung ist die häufige Benutzung dieser eingebauten Funktionen.

3.2 Listen erzeugen und ausmessen

3.2.1 | Listen erzeugen

Neben der Möglichkeit, mit der List-Funktion existierende Datenobjekte zu gruppieren, kann man Listen auch erzeugen, indem man die Objekte erzeugt und in einer Liste plaziert.

Range[*imin, imax, di*] erzeugt eine Liste geordneter Zahlen, die in der Schrittweite *di* von *imin* bis höchstens *imax* laufen.

```
In[1]:= Range[-4, 7, 3]
Out[1]= {-4, -1, 2, 5}
```

Wenn man *di* wegläßt, wird der Wert 1 benutzt:

```
In[2]:= Range[4, 8]
Out[2]= {4, 5, 6, 7, 8}
```

Wenn man sowohl *imin* als auch *di* wegläßt, wird für beide der Wert 1 benutzt:

```
In[3]:= Range[4]
Out[3]= {1, 2, 3, 4}
```

imin, imax oder *di* müssen nicht unbedingt ganze Zahlen sein:

```
In[4]:= Range[1.5, 6.3, .75]
Out[4]= {1.5, 2.25, 3., 3.75, 4.5, 5.25, 6.}
```

Table[*Ausdruck*, {*i, imin, imax, di*}] erzeugt eine Liste durch mehrmalige Berechnung von *Ausdruck*:

```
In[5]:= Table[3 k, {k, 1, 10, 2}]
Out[5]= {3, 9, 15, 21, 27}
```

Das erste Argument **3 k** ist der **Ausdruck**, der berechnet wird, um im obigen Beispiel die Elemente in der Liste zu erzeugen. Das zweite Argument der **Table**-Funktion, $\{i, imin, imax, di\}$, wird **Iterator** genannt. Es handelt sich um eine Liste, die festlegt, wie oft der Ausdruck berechnet wird, und damit, wieviele Elemente die ausgegebene Liste haben wird. Die Iteratorvariable kann im zu berechnenden Ausdruck vorkommen, muß aber nicht. Der Wert $imin$ entspricht dem Wert von i, der benutzt wird, um das erste Element der Liste zu erzeugen. Der Wert di wird jedesmal zum Wert von i hinzuaddiert, um zusätzliche Elemente in der Liste zu erzeugen. Der Wert $imax$ ist der maximale Wert von i, der benutzt wird, um das letzte Element der Liste zu erzeugen (falls eine Erhöhung von i um di einen Wert ergibt, der größer ist als $imax$, dann wird der Wert nicht benutzt).

```
In[6]:= Table[i, {i, 1.5, 6.3, .75}]
Out[6]= {1.5, 2.25, 3., 3.75, 4.5, 5.25, 6.}
```

Table$[i, \{i, imin, imax, di\}]$ ist äquivalent zu **Range**$[imin, imax, di]$. So wie bei der **Range**-Funktion kann man auch die Argumente von **Table** vereinfachen, wenn der Iteratorzuwachs gleich eins ist:

```
In[7]:= Table[3 i, {i, 2, 5}]
Out[7]= {6, 9, 12, 15}
```

Falls sowohl $imin$ als auch di eins sind, können wir auch folgendes schreiben:

```
In[8]:= Table[i^2, {i, 4}]
Out[8]= {1, 4, 9, 16}
```

Falls die Iteratorvariable nicht im zu berechnenden Ausdruck erscheint, kann man sie auch weglassen. Dies kann eventuell zu einer Liste führen, deren Elemente alle gleich sind. Zum Beispiel:

```
In[9]:= Table[darwin, {4}]
Out[9]= {darwin, darwin, darwin, darwin}
```

```
In[10]:= Table[Random[], {3}]
Out[10]= {0.640929, 0.548758, 0.585539}
```

Table kann benutzt werden, um eine **verschachtelte Liste** zu erzeugen; d.h., daß die Elemente der Liste wiederum Listen sind. Dies kann man erreichen, indem man mehr als einen Iterator benutzt.

```
In[11]:= Table[i + j, {j, 1, 4}, {i, 1, 3}]
Out[11]= {{2, 3, 4}, {3, 4, 5}, {4, 5, 6}, {5, 6, 7}}
```

Falls mehr als ein Iterator vorkommt, ist die Reihenfolge wichtig, weil der Wert des äußeren Iterators – für jeden Wert des inneren Iterators – seinen Wertebereich durchläuft.

Im obigen Beispiel läuft i von 1 bis 3 für jeden Wert von j und erzeugt damit eine 3-elementige Liste für jeden der vier Werte von j. Wenn wir die Reihenfolge der Iteratoren umdrehen, erhalten wir eine ganz andere Liste:

```
In[12]:= Table[i + j, {i, 1, 3}, {j, 1, 4}]
Out[12]= {{2, 3, 4, 5}, {3, 4, 5, 6}, {4, 5, 6, 7}}
```

Eine verschachtelte Liste kann in Matrixform (oder Tabellenform) dargestellt werden:

```
In[13]:= Table[i + j, {i, 1, 4}, {j, 1, 3}] //TableForm
Out[13]//TableForm=
                    2    3    4

                    3    4    5

                    4    5    6

                    5    6    7
```

Der Wert des äußeren Iterators kann vom Wert des inneren Iterators abhängen, so daß wir eine Liste bekommen, die nicht rechteckig ist:

```
In[14]:= Table[i + j, {i, 1, 3}, {j, 1, i}]
Out[14]= {{2}, {3, 4}, {4, 5, 6}}

In[15]:= Table[i + j, {i, 1, 3}, {j, 1, i}]//TableForm
Out[15]//TableForm=
                    2

                    3    4

                    4    5    6
```

Der innere Iterator hingegen sollte nicht vom äußeren Iterator abhängen; denn, wie wir gesehen haben, verändert sich der innere Iterator nicht, wenn der äußere Iterator variiert wird.

3.2.2 | Die Dimension von Listen

Die Größe einer Liste kann mit Hilfe der Funktionen **Length** und **Dimensions** bestimmt werden. Wenden wir die **Length**-Funktion auf eine einfache, ungeschachtelte (**lineare**) Liste an, dann erhalten wir die Anzahl der Elemente in der Liste:

```
In[1]:= Length[{a, b, c, d, e, f}]
Out[1]= 6
```

In einer verschachtelten Liste ist jede innere Liste ein Element der äußeren Liste. Daher bekommen wir mit der Length-Funktion nur Information über die Anzahl der inneren Listen, und nicht über ihre Größen.

In[2]:= **Length[{{{1, 2}, {3, 4}, {5, 6}}, {{a, b}, {c, d}, {e, f}}}]**
Out[2]= 2

Um mehr über die inneren Listen zu erfahren, benutzen wir die Dimensions-Funktion. Zum Beispiel besagt folgendes Resultat,

In[3]:= **Dimensions[{{{1, 2}, {3, 4}, {5, 6}}, {{a, b}, {c, d}, {e, f}}}]**
Out[3]= {2, 3, 2}

daß es zwei innere Listen gibt, und daß jede dieser inneren Listen drei Listen enthält, und daß die innersten Listen jeweils zwei Elemente haben.

Übungen

1. Erzeugen Sie mit Hilfe der Table-Funktion – auf zwei verschiedene Arten – die Liste {{0}, {0, 2}, {0, 2, 4}, {0, 2, 4, 6}, {0, 2, 4, 6, 8}}.

2. Man kann eine Zufallsliste, die aus den Zahlen 1 und 0 besteht, sehr leicht mit dem Befehl Table[Random[Integer], {10}] erzeugen. Erzeugen Sie eine 10-elementige Zufallsliste, die aus den Zahlen 1, 0 und -1 besteht.

3. Erzeugen Sie eine 10-elementige Zufallsliste, die aus den Zahlen 1 und -1 besteht. Diese Tabelle kann als eine Liste von Schritten betrachtet werden, die eine Zufallsbewegung entlang der x-Achse beschreiben. Hierbei wird mit gleicher Wahrscheinlichkeit entweder ein Schritt in die positive x-Richtung (dies entspricht der Zahl 1) oder in die negative x-Richtung (dies entspricht der Zahl -1) gemacht.
   Zufallsbewegungen in 1, 2 oder 3 (und sogar höheren) Dimensionen werden in Wissenschaft und Technik benutzt, um Phänomene darzustellen, die von ihrer Natur her zufällig sind. Wir werden im Verlaufe dieses Buches eine Vielzahl von Modellen für Zufallsbewegungen benutzen und so bestimmte Programmiertechniken illustrieren.

4. Aus mathematischer Sicht kann eine Liste als ein Vektor betrachtet werden und eine verschachtelte Liste, die innere Listen von gleicher Länge enthält, als eine Matrix (oder ein Array). **Mathematica** hat eine weitere eingebaute Funktion, **Array**, mit der man Listen erzeugen kann. Wir benutzen die undefinierte Funktion f, um zu sehen, wie **Array** funktioniert:

   In[1]:= **Array[f, 5]**
   Out[1]= {f[1], f[2], f[3], f[4], f[5]}

   In[2]:= **Array[f, {3, 4}]**
   Out[2]= {{f[1, 1], f[1, 2], f[1, 3], f[1, 4]},
            {f[2, 1], f[2, 2], f[2, 3], f[2, 4]},
            {f[3, 1], f[3, 2], f[3, 3], f[3, 4]}}

Übungen (Forts.)

Erzeugen Sie diese beiden Listen mit der `Table`-Funktion.

5. Welche Dimension hat die Liste {{{1, a}, {4, d}}, {{2, b}, {3, c}}}? Überprüfen Sie Ihre Antwort mit Hilfe der `Dimensions`-Funktion.

3.3 Wie man mit den Elementen einer Liste arbeitet

3.3.1 │ Position innerhalb einer Liste

Die Position eines bestimmten Elements innerhalb einer Liste kann man mit der `Position`-Funktion bestimmen.

```
In[1]:= Position[{5, 7, 5, 2, 1, 4}, 5]
Out[1]= {{1}, {3}}
```

Dieses Resultat bedeutet, daß die Zahl 5 an der ersten und dritten Stelle der Liste auftaucht. Die ins Auge fallenden Zusatzklammern werden benutzt, um Konfusionen zu vermeiden, falls Elemente in einer Liste *verschachtelt* sind. Zum Beispiel besagt,

```
In[2]:= Position[{{a, b, c}, {d, e, f}}, f]
Out[2]= {{2, 3}}
```

daß f einmal vorkommt, und zwar an dritter Stelle innerhalb der zweiten inneren Liste.

3.3.2 │ Elemente herausziehen und Listen umstellen

Man kann problemlos Elemente, die an einer bestimmten Stelle in der Liste stehen, herausziehen:

```
In[1]:= Part[{2, 3, 7, 8, 1, 4}, 3]
Out[1]= 7
```

Die `Part`-Funktion hat eine Standardeingabeform:

```
In[2]:= {2, 3, 7, 8, 1, 4}[[3]]
Out[2]= 7

In[3]:= {{1, 2}, {a, b}, {3, 4}, {c, d}, {5, 6}, {e, f}}[[2, 1]]
Out[3]= a
```

Falls wir mehrere Elemente an verschiedenen Positionen herausziehen wollen, geben wir folgendes ein:

```
In[4]:= {2, 3, 7, 8, 1, 4}[[{2, 1}]]
Out[4]= {3, 2}
```

Wir können nicht nur Elemente an bestimmten Positionen, sondern auch aufeinanderfolgende Elemente herausziehen. So ist es möglich, Elemente von hinten oder von vorne zu erhalten:

```
In[5]:= Take[{2, 3, 7, 8, 1, 4}, 2]
Out[5]= {2, 3}

In[6]:= Take[{2, 3, 7, 8, 1, 4}, -2]
Out[6]= {1, 4}
```

Wenn wir aufeinanderfolgende Elemente einer Liste haben wollen, die sich weder am Anfang noch am Ende befinden, so müssen wir beachten, daß die „vorne-nach-hinten" Numerierung der Positionen verschieden ist von der „hinten-nach-vorne" Numerierung.

```
In[7]:= Take[{2, 3, 7, 8, 1, 4}, {2, 4}]
Out[7]= {3, 7, 8}

In[8]:= Take[{2, 3, 7, 8, 1, 4}, {-5, -3}]
Out[8]= {3, 7, 8}
```

Wir können auch positive und negative Indizes zugleich angeben:

```
In[9]:= Take[{2, 3, 7, 8, 1, 4}, {-5, 4}]
Out[9]= {3, 7, 8}
```

Wir können Elemente aus einer Liste entfernen und mit dem Rest weiterarbeiten. Man kann Elemente von vorne, von hinten oder von anderen aufeinanderfolgenden Positionen entfernen:

```
In[10]:= Drop[{2, 3, 7, 8, 1, 4}, 2]
Out[10]= {7, 8, 1, 4}

In[11]:= Drop[{2, 3, 7, 8, 1, 4}, -2]
Out[11]= {2, 3, 7, 8}

In[12]:= Drop[{2, 3, 7, 8, 1, 4}, {3, 5}]
Out[12]= {2, 3, 4}
```

Wir können auch Elemente, die an bestimmten Positionen stehen, entfernen:

```
In[13]:= Delete[{2, 3, 7, 8, 1, 4}, 2]
Out[13]= {2, 7, 8, 1, 4}

In[14]:= Delete[{2, 3, 7, 8, 1, 4}, {{2}, {5}}]
Out[14]= {2, 7, 8, 4}
```

Bestimmte Operationen kommen so oft vor, daß man für sie eigene Funktionen geschrieben hat:

```
In[15]:= First[{2, 3, 7, 8, 1, 4}]
Out[15]= 2
```

```
In[16]:= Last[{2, 3, 7, 8, 1, 4}]
Out[16]= 4
```

```
In[17]:= Rest[{2, 3, 7, 8, 1, 4}]
Out[17]= {3, 7, 8, 1, 4}
```

Es gibt auch eine Funktion, mit der man diejenigen Elemente einer Liste auswählen kann, die bestimmte Bedingungen erfüllen (d.h., wenn wir eine Bewertungsfunktion auf die Liste anwenden, werden die Elemente ausgewählt, für die der Rückgabewert **True** ist). Zum Beispiel erhalten wir mit folgendem Befehl alle geraden Zahlen einer Liste:

```
In[18]:= Select[{2, 3, 7, 8, 1, 4}, EvenQ]
Out[18]= {2, 8, 4}
```

Die Reihenfolge der Elemente kann umgedreht werden:

```
In[19]:= Reverse[{2, 7, e, 1, a, 5}]
Out[19]= {5, a, 1, e, 7, 2}
```

Man kann die Elemente in einer kanonischen Reihenfolge anordnen (Zahlen vor Buchstaben, Zahlen in aufsteigender Reihenfolge, Buchstaben in alphabetischer Reihenfolge, etc.):

```
In[20]:= Sort[{2, 7, e, 1, a, 5}]
Out[20]= {1, 2, 5, 7, a, e}
```

Wendet man **Sort** auf eine verschachtelte Liste an, so wird das erste Element jeder der verschachtelten Listen benutzt, um die Reihenfolge zu bestimmen:

```
In[21]:= Sort[{{2, c}, {7, 9}, {e, f, g}, {1, 4.5}, {x, y, z}}]
Out[21]= {{1, 4.5}, {2, c}, {7, 9}, {e, f, g}, {x, y, z}}
```

Alle Elemente können um eine bestimmte Anzahl von Positionen nach links oder nach rechts rotiert werden:

```
In[22]:= RotateLeft[{2, 7, e, 1, a, 5}, 2]
Out[22]= {e, 1, a, 5, 2, 7}
```

```
In[23]:= RotateRight[{2, 7, e, 1, a, 5}, 2]
Out[23]= {a, 5, 2, 7, e, 1}
```

Wir können eine verschachtelte Liste auf verschiedenen Stufen einebnen. Wir können alle inneren Klammern entfernen und so eine lineare Liste von Elementen erzeugen:

In[24]:= **Flatten[{{{3, 1}, {2, 4}}, {{5, 3}, {7, 4}}}]**

Out[24]= {3, 1, 2, 4, 5, 3, 7, 4}

Oder wir können die Anzahl der Verschachtelungen erniedrigen, indem wir nur einige der inneren Listen einebnen. Zum Beispiel kann man zwei innere Listen mit je zwei geordneten Paaren in eine einzelne Liste mit vier geordneten Paaren umwandeln.

In[25]:= **Flatten[{{{3, 1}, {2, 4}}, {{5, 3}, {7, 4}}}, 1]**

Out[25]= {{3, 1}, {2, 4}, {5, 3}, {7, 4}}

Die **Partition**-Funktion gruppiert Listenelemente um und erzeugt so eine verschachtelte Liste. Zum Beispiel kann sie die Elemente einer Liste unterteilen.

In[26]:= **Partition[{2, 3, 7, 8, 1, 4}, 2]**

Out[26]= {{2, 3}, {7, 8}, {1, 4}}

Oder sie benutzt nur einige der Elemente von einer Liste. Im folgenden Beispiel werden nur die Elemente genommen, die an ungeradzahligen Positionen stehen:

In[27]:= **Partition[{2, 3, 7, 8, 1, 4}, 1, 2]**

Out[27]= {{2}, {7}, {1}}

Wir können auch sich überlappende innere Listen erzeugen, die aus geordneten Paaren bestehen, deren zweites Element dem ersten Element des nachfolgenden Paares entspricht:

In[28]:= **Partition[{2, 3, 7, 8, 1, 4}, 2, 1]**

Out[28]= {{2, 3}, {3, 7}, {7, 8}, {8, 1}, {1, 4}}

Die **Transpose**-Funktion fügt die korrespondierenden Elemente der inneren Listen zu Paaren zusammen:

In[29]:= **Transpose[{{5, 2, 7, 3}, {4, 6, 8, 4}}]**

Out[29]= {{5, 4}, {2, 6}, {7, 8}, {3, 4}}

In[30]:= **Transpose[{{5, 2, 7, 3}, {4, 6, 8, 4}, {6, 5, 3, 1}}]**

Out[30]= {{5, 4, 6}, {2, 6, 5}, {7, 8, 3}, {3, 4, 1}}

Man kann Elemente zur Liste hinzuaddieren, und zwar am Anfang, am Ende oder an einer anderen Position in der Liste, die man dann spezifizieren muß:

In[31]:= **Append[{2, 3, 7, 8, 1, 4}, 5]**

Out[31]= {2, 3, 7, 8, 1, 4, 5}

In[32]:= **Prepend[{2, 3, 7, 8, 1, 4}, 5]**

Out[32]= {5, 2, 3, 7, 8, 1, 4}

In[33]:= **Insert[{2, 3, 7, 8, 1, 4}, 5, 3]**

Out[33]= {2, 3, 5, 7, 8, 1, 4}

Elemente, die an einer bestimmten Stelle in der Liste stehen, können durch andere Elemente ersetzt werde. Im folgenden Beispiel ersetzen wir, in der zweiten Position, 3 durch 5:

```
In[34]:= ReplacePart[{2, 3, 7, 8, 1, 4}, 5, 2]
Out[34]= {2, 5, 7, 8, 1, 4}
```

Übungen

1. Bestimmen Sie für die folgende Liste, an welchen Positionen sich die Zahl 9 befindet:

   {{2, 1, 10}, {9, 5, 7}, {2, 10, 4}, {10, 1, 9}, {6, 1, 6}}

   Überprüfen Sie Ihr Resultat mit der Position-Funktion.

2. Gegeben sei eine Liste von $\{x, y\}$-Datenpunkten:

   {{x1, y1}, {x2, y2}, {x3, y3}, {x4, y4}, {x5, y5}}

   Separieren Sie die x und y Komponenten, um folgendes Resultat zu erhalten:

   {{x1, x2, x3, x4, x5}, {y1, y2, y3, y4, y5}}

3. In dieser Aufgabe beschäftigen wir uns mit einer 2-dimensionalen Zufallsbewegung auf einem quadratischen Gitter. (Ein quadratisches Gitter kann man sich als ein 2-dimensionales Netz vorstellen — so wie die Linien auf kariertem Papier.) Man kann Schritte in vier Richtungen machen — {1, 0}, {0, 1}, {-1, 0}, {0, -1} — diese entsprechen jeweils Schritten in Richtung Osten, Norden, Westen und Süden. Erzeugen Sie mit der Liste {{1, 0}, {0, 1}, {-1, 0}, {0, -1}}, eine Zufallsbewegung, die aus 10 Schritten besteht.

4. Erzeugen Sie – in drei Schritten – eine Liste, die aus den Elementen der Liste {a, b, c, d, e, f, g} besteht, deren Position geradzahlig ist.

5. Gegeben sei eine Liste S der Länge n und eine Liste P, die n verschiedene Zahlen zwischen 1 und n enthält; d.h. P ist eine *Permutation* vom Range[n]. Berechnen Sie die Liste T so, daß für alle k zwischen 1 und n folgendes gilt: $T[[k]] = S[[P[[k]]]]$. Zum Beispiel, wenn $S = \{a, b, c, d\}$ und $P = \{3, 2, 4, 1\}$, dann ist $T = \{c, b, d, a\}$.

6. Gegeben seien die Listen S und P aus der vorherigen Aufgabe. Berechnen Sie die Liste U, so daß für alle k zwischen 1 und n folgendes gilt: $U[[P[[k]]]] = S[[k]]$ (d.h. S[[i]] entspricht dem Wert von U, der an der Position P[[i]] steht). Falls zum Beispiel $S = \{a, b, c, d\}$ und $P = \{3, 2, 4, 1\}$, so erhalten wir $U = \{d, b, a, c\}$. (Man kann sich dies auch so vorstellen, daß $S[[1]]$ an die Position $P[[1]]$ verschoben wird, $S[[2]]$ an die Position $P[[2]]$, usw.) Hinweis: Fangen Sie damit an, die Elemente von P mit den Elementen von S paarweise zusammenzufassen.

3.4 Das Arbeiten mit mehreren Listen

Eine Reihe von Funktionen, die wir oben beschrieben haben, z.B. `Transpose`, arbeiten mit mehreren Listen, sofern sie innerhalb einer verschachtelten Listenstruktur liegen. Wir können aber auch unmittelbar mit mehreren Listen arbeiten:

```
In[1]:= Join[{2, 5, 7, 3}, {d, a, e, j}]
Out[1]= {2, 5, 7, 3, d, a, e, j}

In[2]:= Union[{4, 1, 2}, {5, 1, 2}]
Out[2]= {1, 2, 4, 5}

In[3]:= Union[{4, 1, 2, 5, 1, 2}]
Out[3]= {1, 2, 4, 5}
```

Wenn wir die `Union`-Funktion auf eine einzelne Liste oder auf mehrere Listen anwenden, erhalten wir eine Liste aus den ursprünglichen Elementen, in kanonischer Reihenfolge, wobei Duplikate entfernt werden. Mit der Funktion `Complement` (und `Intersection`) erhält man all die Elemente aus der ersten Liste, die nicht in der anderen Liste (oder Listen) enthalten sind. `Intersection[`$list_1$, $list_2$, ... `]` findet all die Elemente, die in jeder der Listen $list_i$ vorkommen. `Complement` und `Intersection` entfernen ebenfalls Duplikate und sortieren die Elemente, die übrigbleiben:

```
In[4]:= Complement[{2, 8, 7, 4, 8, 3}, {3, 5, 4}]
Out[4]= {2, 7, 8}

In[5]:= Intersection[{2, 8, 7, 4, 8, 3}, {3, 5, 4}]
Out[5]= {3, 4}
```

Die letzten drei Funktionen, `Union`, `Complement` und `Intersection`, behandeln Listen wie Mengen insoweit, daß keine Duplikate vorkommen und daß die Reihenfolge der Elemente in den Listen nicht berücksichtigt wird.

Übungen

1. Wie erhält man mit der `Join`-Funktion die gleiche Liste, die auch `Prepend[{x,y},z]` liefert?

2. Erzeugen Sie aus den Listen {1, 2, 3, 4} und {a, b, c, d} die Liste {2, 4, b, d}.

3.5 Funktionen höherer Ordnung

Es gibt eine Reihe eingebauter Funktionen, denen man als Argument andere Funktionen übergeben kann. Diese werden **Funktionen höherer Ordnung** genannt, und sie sind vielseitige und nützliche Programmierwerkzeuge.

Mit `Map` kann man eine Funktion auf jedes Element einer Liste anwenden. Dies veranschaulichen wir mit Hilfe einer undefinierten Funktion f und einer einfachen linearen Liste:

```
In[1]:= Map[f, {3, 5, 7, 2, 6}]
Out[1]= {f[3], f[5], f[7], f[2], f[6]}
```

Benutzt man die **Reverse**-Funktion zusammen mit der **Map**-Funktion, so wird die Reihenfolge der Elemente in jeder inneren Liste einer verschachtelten Liste umgedreht:

```
In[2]:= Map[Reverse, {{a, b}, {c, d}, {e, f}}]
Out[2]= {{b, a}, {d, c}, {f, e}}
```

Man kann die Elemente in jeder der inneren Listen einer verschachtelten Liste sortieren:

```
In[3]:= Map[Sort, {{2, 6, 3, 5}, {7, 4, 1, 3}}]
Out[3]= {{2, 3, 5, 6}, {1, 3, 4, 7}}
```

Haben wir eine Funktion und zwei oder mehr Listen, so können wir mit der **MapThread**-Funktion eine neue Liste erzeugen, in der die sich entsprechenden Elemente der alten Listen als Funktionsargumente zusammengefaßt sind. Dabei müssen die Anzahl der Listen und die Anzahl der Werte in dem Funktionsargument übereinstimmen, und alle Listen müssen die gleiche Länge haben.

Nehmen wir eine undefinierte Funktion g und eine verschachtelte Liste, dann sehen wir, daß g auf die sich entsprechenden Elemente der inneren Listen angewandt wird:

```
In[4]:= MapThread[g, {{a, b, c}, {x, y, z}}]
Out[4]= {g[a, x], g[b, y], g[c, z]}
```

Wir können jedes Element in der ersten Liste mit dem entsprechenden Element aus der zweiten Liste potenzieren.

```
In[5]:= MapThread[Power, {{2, 6, 3}, {5, 1, 2}}]
Out[5]= {32, 6, 9}
```

Durch die `List`-Funktion erhalten die sich entsprechenden Elemente in den drei Listen eine eigene Listenstruktur (man beachte, daß man mit **Transpose** das gleiche erreichen könnte):

```
In[6]:= MapThread[List, {{5, 3, 2}, {6, 4, 9}, {4, 1, 4}}]
Out[6]= {{5, 6, 4}, {3, 4, 1}, {2, 9, 4}}
```

Mit der `Outer`-Funktion kann man eine Funktion auf alle Kombinationen von Elementen aus mehreren Listen anwenden. Dies ist eine Verallgemeinerung des Begriffes *äußeres Produkt* aus der Mathematik.

```
In[7]:= Outer[f, {a, b}, {2, 3, 4}]
Out[7]= {{f[a, 2], f[a, 3], f[a, 4]},
         {f[b, 2], f[b, 3], f[b, 4]}}
```

Mit der `List`-Funktion als Argument, können wir Listen von geordneten Paaren erzeugen, in denen die Argumente mehrerer linearer Listen kombiniert sind:

```
In[8]:= Outer[List, {a, b}, {2, 3, 4}]
Out[8]= {{{a, 2}, {a, 3}, {a, 4}}, {{b, 2}, {b, 3}, {b, 4}}}
```

Vielen der eingebauten Funktionen mit einem Argument kann man auch eine Liste als Argument übergeben. Die Funktion wird dann automatisch auf alle Elemente in der Liste angewandt. In anderen Worten heißt dies, daß diese Funktionen – ohne Verwendung von `Map` – auf die Elemente der Liste abgebildet werden. Zum Beispiel:

```
In[9]:= Log[{1.2, 0.4, 3.7}]
Out[9]= {0.182322, -0.916291, 1.30833}
```

Mit der `Map`-Funktion hätten wir das gleiche Resultat erhalten:

```
In[10]:= Map[Log, {1.2, 0.4, 3.7}]
Out[10]= {0.182322, -0.916291, 1.30833}
```

Viele der eingebauten Funktionen mit zwei oder mehr Argumenten haben die Eigenschaft, daß, wenn mehrere Listen als Argumente eingegeben werden, die Funktion automatisch auf alle sich entsprechenden Elemente in der Liste angewandt wird. Mit anderen Worten werden diese Funktionen automatisch auf die Elemente der Liste angewandt. Zum Beispiel:

```
In[11]:= {4, 6, 3} + {5, 1, 2}
Out[11]= {9, 7, 5}
```

Mit der `Plus`- und der `Map`-Funktion hätten wir das gleiche Resultat bekommen:

```
In[12]:= MapThread[Plus, {{4, 6, 3}, {5, 1, 2}}]
Out[12]= {9, 7, 5}
```

Funktionen, die automatisch auf die Elemente einer Liste angewandt werden, bezeichnet man als `Listable`. Viele der eingebauten Funktionen haben dieses `Attribut`.

```
In[13]:= Attributes[Log]
Out[13]= {Listable, Protected}
```

Wir können die Elemente einer Liste (i.e. die Argumente der `List`-Funktion) als Argumente an eine andere Funktion übergeben. Allerdings muß die Anzahl der Argumente dieser Funktion mit der Anzahl der Listenelemente übereinstimmen:

```
In[14]:= Apply[f, List[1, 4, 5, 3]]
Out[14]= f[1, 4, 5, 3]
```

Wie man sieht, wurden aus den Elementen von `List` die Argumente von `f`. Man könnte auch sagen, daß `List` durch `f` ersetzt worden ist. Hierzu ein Beispiel:

```
In[15]:= Apply[Plus, {1, 4, 5, 3}]
Out[15]= 13
```

Aus List[1, 4, 5, 3] wurde also Plus[1, 4, 5, 3], oder, in anderen Worten, `List` ist durch `Plus` ersetzt worden. Diese Listenkonversion kann auf vollständige Listen angewandt werden,

```
In[16]:= Apply[f, {{1, 2, 3}, {5, 6, 7}}]
Out[16]= f[{1, 2, 3}, {5, 6, 7}]

In[17]:= Apply[Plus, {{1, 2, 3}, {5, 6, 7}}]
Out[17]= {6, 8, 10}
```

oder nur auf die inneren Listen einer verschachtelten Liste:

```
In[18]:= Apply[f, {{1, 2, 3}, {5, 6, 7}}, 2]
Out[18]= {f[1, 2, 3], f[5, 6, 7]}

In[19]:= Apply[Plus, {{1, 2, 3}, {5, 6, 7}}, 2]
Out[19]= {6, 18}
```

Übungen

1. Man kann eine Matrix rotieren, indem man eine Reihe von Operationen hintereinander ausführt. Rotieren Sie die Matrix {{1, 2, 3}, {4, 5, 6}} – in zwei Schritten – im Uhrzeigersinn um 90 Grad; Sie erhalten dann die Matrix {{4, 1}, {5, 2}, {6, 3}}. Geben Sie die Resultate mit der `TableForm` wieder.

2. Matrizen können leicht mit der `Plus`-Funktion addiert werden. Die Multiplikation von Matrizen ist dagegen komplizierter. Man kann sie mit der `Dot`-Funktion – die man auch durch einen einzelnen Punkt darstellen kann – durchführen:

```
In[1]:= {{1, 2}, {3, 4}} . {x, y}
Out[1]= {x + 2 y, 3 x + 4 y}
```

Multiplizieren Sie die beiden Matrizen {{1, 2}, {3, 4}} und {x, y}, ohne dabei `Dot` zu benutzen. (Dies kann man in drei Schritten erreichen.)

3.6 Funktionen wiederholt auf Listen anwenden

Man kann eine Funktion mehrfach auf ein Argument anwenden, d.h. die Funktion wird zuerst auf das Argument angewandt, danach auf das Resultat, danach auf das neue Resultat, und so weiter.

Benutzen wir die undefinierte Funktion g und den Startwert A, so erhalten wir:

```
In[1]:= Nest[g, a, 4]
Out[1]= g[g[g[g[a]]]]
```

Mit der **NestList**-Funktion erhält man alle Zwischenwerte der **Nest**-Operation:

```
In[2]:= NestList[g, a, 4]
Out[2]= {a, g[a], g[g[a]], g[g[g[a]]], g[g[g[g[a]]]]}
```

Mit der **Cos**-Funktion und dem Startwert 0.85 erhalten wir folgende Liste:

```
In[3]:= NestList[Cos, 0.85, 10]
Out[3]= {0.85, 0.659983, 0.790003, 0.703843, 0.76236, 0.723208,
         0.749687, 0.731902, 0.743904, 0.73583, 0.741274}
```

Wie wir gleich sehen werden, entsprechen die obigen Listenelemente den Werten 0.85, Cos[0.85], Cos des Resultats von Cos[0.85], usw.:

```
In[4]:= {0.85, Cos[0.85], Cos[Cos[0.85]], Cos[Cos[Cos[0.85]]]}
Out[4]= {0.85, 0.659983, 0.790003, 0.703843}
```

Mit der **Fold**-Funktion wird eine Funktion auf einen Startwert und das erste Element einer Liste angewandt. Danach wird die Funktion auf das Resultat und das zweite Element der Liste angewandt. Danach wird die Funktion auf das neue Resultat und das dritte Element der Liste angewandt, usw.:

```
In[5]:= Fold[f, 0, {a, b, c, d}]
Out[5]= f[f[f[f[0, a], b], c], d]
```

Mit der **FoldList**-Funktion erhält man alle Zwischenwerte der **Fold**-Operation:

```
In[6]:= FoldList[f, 0, {a, b, c, d}]
Out[6]= {0, f[0, a], f[f[0, a], b], f[f[f[0, a], b], c],
         f[f[f[f[0, a], b], c], d]}
```

Verwendet man einen arithmetischen Operator, kann man leicht erkennen, was die **FoldList**-Funktion macht:

```
In[7]:= FoldList[Plus, 0, {a, b, c, d}]
Out[7]= {0, a, a + b, a + b + c, a + b + c + d}

In[8]:= FoldList[Plus, 0, {3, 5, 2, 4}]
Out[8]= {0, 3, 8, 10, 14}

In[9]:= FoldList[Times, 1, {3, 5, 2, 4}]
Out[9]= {1, 3, 15, 30, 120}
```

Wir können eine Funktion auf die Elemente mehrerer Listen anwenden und das Resultat als Argument an eine andere Funktion übergeben. Benutzen wir die undefinierten Funktionen f und g, können wir problemlos verstehen, wie dies funktioniert:

In[10]:= **Inner[f, {a, b, c}, {d, e, f}, g]**

Out[10]= g[f[a, d], f[b, e], f[c, f]]

Wir können mit dieser Funktion einige interessante Operationen ausführen:

In[11]:= **Inner[Times, {a, b, c}, {d, e, f}, Plus]**

Out[11]= a d + b e + c f

In[12]:= **Inner[List, {a, b, c}, {d, e, f}, Plus]**

Out[12]= {a + b + c, d + e + f}

Aus diesen beiden Beispielen wird klar, daß **Inner** eine Verallgemeinerung des in der Mathematik verwendeten Skalarproduktes (und **Dot**) ist.

Übungen

1. Bestimmen Sie die Positionen der Schritte einer 1-dimensionalen Zufallsbewegung, die aus 10 Einzelschritten besteht. (Beachten Sie, daß Sie die *Richtungen* der Schritte bereits in Übung 3, auf Seite 59, in Kapitel 3.3 erzeugt haben.)

2. Erzeugen Sie eine Liste der Schrittpositionen einer Zufallsbewegung, die aus 10 Einzelschritten auf einem quadratischen Gitter besteht. Die Schritte wurden bereits in Übung 3 auf Seite 64 erzeugt.

3.7 Zeichenketten und Zeichen

Die Objekte, die auf dem Computerbildschirm erscheinen, so wie „a", „3" oder „!", heißen Zeichen. Klein- und Großbuchstaben, Zahlen, Interpunktionszeichen und Leerzeichen bilden die Basismenge der Zeichen. Eine Sequenz von Zeichen, die in Gänsefüßchen eingeschlossen ist, heißt Zeichenkette (**string**). Wenn **Mathematica** eine Zeichenkette ausdruckt, erscheint sie ohne die Gänsefüßchen. Wir können sie jedoch mit der **InputForm**-Funktion sichtbar machen:

In[1]:= **"It´s the economy, stupid"**

Out[1]= It´s the economy, stupid

In[2]:= **InputForm["It´s the economy, stupid"]**

Out[2]= "It´s the economy, stupid"

Eine Zeichenkette ist ein Wert, und daher gibt es wie für andere Werte (so wie Zahlen und Listen) eingebaute Funktionen, mit denen man Zeichenketten bearbeiten kann. Diese sind den Funktionen für die Listen ähnlich. Der Name deutet an, welche Operation durchgeführt wird:

In[3]:= **StringLength["It´s the economy, stupid"]**

Out[3]= 24

```
In[4]:= StringReverse["abcde"]
Out[4]= edcba

In[5]:= StringTake["abcde", 3]
Out[5]= abc

In[6]:= StringDrop["abcde", -1]
Out[6]= abcd

In[7]:= StringPosition["abcde", "bc"]
Out[7]= {{2, 3}}

In[8]:= StringInsert["abcde", "t", 3]
Out[8]= abtcde

In[9]:= StringReplace["abcde", "cd"->"uv"]
Out[9]= abuve
```

Neben der Benutzung eingebauter Funktionen zur Bearbeitung von Zeichenketten können wir eine Zeichenkette, mit Hilfe der eingebauten **Characters**-Funktion, in eine Liste von Zeichen umwandeln. Dann können wir die Funktionen, die zur Bearbeitung von Listen da sind, benutzen, um die Zeichenliste zu verändern. Die Liste, die wir dann erhalten, können wir schließlich, mit Hilfe der **StringJoin**-Funktion, in eine Zeichenkette zurückverwandeln. Zum Beispiel:

```
In[10]:= Characters["abcde"]
Out[10]= {a, b, c, d, e}

In[11]:= Take[%, {2, 3}]
Out[11]= {b, c}

In[12]:= StringJoin[%]
Out[12]= bc
```

Eine weitere Möglichkeit, eine Zeichenkette zu bearbeiten, ergibt sich, wenn wir sie in eine Liste von Zeichen-Codes umwandeln. Jedem Zeichen aus dem Zeichensatz des Computers ist eine Nummer zugewiesen, die **Zeichen-Code** genannt wird. Nach einer allgemeinen Übereinkunft, benutzen beinahe alle Computer denselben Zeichen-Code. Dieser wird **ASCII-Code** genannt.[1] In diesem Code werden den Großbuchstaben A, B, ..., Z die Nummern 65, 66, ..., 90 zugewiesen. Dagegen haben die Kleinbuchstaben a, b, ..., z die Nummern 97, 98, ..., 122 (man beachte, daß die Nummer eines Großbuchstaben um 32 größer ist als die des entsprechenden Kleinbuchstaben). Die Zahlen 0, 1, ..., 9 werden als 48, 49, ..., 57 kodiert. Die Interpunktionszeichen Punkt, Komma und Ausru-

---

1) ASCII steht für „American Standard Code for Information Interchange".

fungszeichen haben den Code 46, 44 bzw. 33. Das Leerzeichen wird durch den Code 32 dargestellt.

Zeichen	ASCII-Code
A, B, ..., Z	65, 66, ..., 90
a, b, ..., z	97, 98, ..., 122
0, 1, ..., 9	48, 49, ..., 57
. (Punkt)	46
, (Komma)	44
!	33
(Leerzeichen)	32

Tabelle 3.1: ASCII-Zeichencodes.

Um den Nutzen der Zeichencode-Darstellung eines Zeichens anschaulich zu machen, werden wir ein kleingeschriebenes Wort in ein großgeschriebenes umwandeln:

```
In[13]:= ToCharacterCode["darwin"]
Out[13]= {100, 97, 114, 119, 105, 110}

In[14]:= % - 32
Out[14]= {68, 65, 82, 87, 73, 78}

In[15]:= FromCharacterCode[%]
Out[15]= DARWIN
```

Übungen

1. Wandeln Sie das erste Zeichen in einer Zeichenkette (in der Annahme, daß es kleingeschrieben ist) in einen Großbuchstaben um.

2. Wandeln Sie eine Zeichenkette, die aus zwei Zahlen besteht, in den entsprechenden Zahlenwert um; aus der Zeichenkette "73" wird so die Zahl 73.

3. Wandeln Sie eine Zeichenkette, die aus zwei Zahlen besteht, in den entsprechenden Zahlenwert bezüglich der Basis 8 um; aus der Zeichenkette "73" wird so die Zahl 59.

4. Wandeln Sie eine Zeichenkette, die aus beliebig vielen Zahlen besteht, in den entsprechenden Zahlenwert um. (Hinweis: Die Dot-Funktion kann hier hilfreich sein.)

4 Funktionen

Die Programmierarbeit in **Mathematica** besteht im wesentlichen darin, benutzerdefinierte Funktionen zu schreiben, die wie mathematische Funktionen arbeiten; übergibt man an sie spezielle Werte, so führen sie Berechnungen durch und liefern anschließend Resultate. In diesem Kapitel werden wir schrittweise vorführen, wie man durch einen zweckmäßigen Programmierstil benutzerdefinierte Funktionen erzeugen kann. Aufbauend auf verschachtelten Funktionsaufrufen, werden wir intensiv Gebrauch machen von Funktionen höherer Ordnung und von anonymen Funktionen. Wir erklären, wie man einzeilige Funktionen und Compoundfunktionen mit lokalen Namen erzeugt.

4.1 Einführung

Bis jetzt haben wir beschrieben, wie einige der eingebauten Funktionen mit verschiedenen Datenobjekten benutzt werden. Obwohl dies sehr nützliche Operationen sind, werden wir oft kompliziertere Arbeiten mit Daten zu verrichten haben. In diesem Kapitel werden wir zuerst erklären, was man mit verschachtelten Funktionsaufrufen machen kann. Danach werden wir einen Schritt weitergehen und benutzerdefinierte Funktionen erzeugen.

Wir werden im folgenden sowohl viele der früher besprochenen eingebauten Funktionen, mit denen man Listen bearbeiten kann, benutzen, als auch neue einführen. Es ist durchaus die Mühe Wert, einige Zeit mit diesen Funktionen herumzuspielen, um sich mit ihnen vertraut zu machen; zum Beispiel könnten Sie verschiedene Listen erzeugen und sie anschließend mit den eingebauten Funktionen bearbeiten. Je mehr der eingebauten Funktionen Sie kennen, desto leichter wird es Ihnen fallen, sowohl die hier behandelten Programme und Übungen zu verstehen, als auch Ihre eigenen Programmierfähigkeiten zu verbessern.

4.2 Programme als Funktionen

Ein Computerprogramm besteht aus einer Menge von Anweisungen (d.h. ein Rezept), mit denen man eine Berechnung durchführen kann. Übergibt man an ein Programm geeignete Eingaben, so wird die Berechnung ausgeführt, und ein Resultat wird zurückgegeben. In diesem Sinne entspricht ein Programm einer mathematischen Funktion und die Eingaben den Argumenten der Funktion. Die Ausführung eines Programms entspricht der Anwendung der Funktion auf ihre Argumente oder, wie man auch oft sagt, einem Funktionsaufruf.

4.2.1 | Funktionsaufrufe verschachteln

Wir haben bereits früher einige der Möglichkeiten erläutert, die man mit eingebauten Funktionen hat. In den meisten Beispielen haben wir einfach eine eingebaute Funktion auf ein Datenobjekt angewandt und haben einen Wert zurückerhalten. Beispielsweise können wir einen Rest berechnen,

```
In[1]:= Mod[5, 3]
Out[1]= 2
```

oder die Zahlen in einer Liste sortieren:

```
In[2]:= Sort[{1, 3, 2, 8, 3, 6, 3, 2}]
Out[2]= {1, 2, 2, 3, 3, 3, 6, 8}
```

Einige der Beispiele waren etwas komplizierter. Wir haben Funktionen höherer Ordnung benutzt, die andere Funktionen wiederholt anwenden:

```
In[3]:= Fold[Plus, 0, {5, 2, 9, 12, 4, 23}]
Out[3]= 55
```

Die aufeinanderfolgende Anwendung mehrerer Funktionen nennt man **verschachtelte Funktionsaufrufe**. Verschachtelte Funktionsaufrufe sind nicht darauf beschränkt ein und dieselbe Funktion immer wieder anzuwenden, so, wie es bei den eingebauten **Nest**- und **Fold**-Funktionen der Fall ist. Wir können unsere eigenen verschachtelten Funktionsaufrufe erzeugen, indem wir verschiedene Funktionen, eine nach der anderen, aufrufen. Zum Beispiel ist

```
In[4]:= Cos[Sin[Tan[4.0]]]
Out[4]= 0.609053
```

ein verschachtelter Funktionsaufruf, in dem zuerst der Tangens von 4.0 berechnet wird, dann der Sinus des Resultats und dann der Cosinus des neuen Resultats. Um dies besser zu verstehen, werden wir die einzelnen Berechnungen auflisten:

```
In[5]:= Tan[4.0]
Out[5]= 1.15782
```

```
In[6]:= Sin[%]
Out[6]= 0.915931
```

In[7]:= **Cos[%]**
Out[7]= 0.609053

Stattdessen können wir auch die **Trace**-Funktion benutzen:

In[8]:= **Trace[Cos[Sin[Tan[4.0]]]]**
Out[8]= {{{Tan[4.], 1.15782}, Sin[1.15782], 0.915931},
   Cos[0.915931], 0.609053}

Allgemein ausgedrückt heißt dies, daß in einem verschachtelten Funktionsaufruf eine Funktion auf ein Resultat angewendet wird, das man erhalten hat, indem man eine andere Funktion auf einen Wert angewandt hat.

Man liest einen verschachtelten Funktionsaufruf genauso, wie man ihn erzeugt hat. Man beginnt mit der innersten Funktion und geht von dort bis zur äußersten Funktion. Zum Beispiel bestimmt der folgende Ausdruck, ob alle Elemente in der Liste gerade Zahlen sind:

In[9]:= **Apply[And, Map[EvenQ, {2, 4, 6, 7, 8}]]**
Out[9]= False

Die Operationen können wie folgt beschrieben werden:

1. Die Bewertungsfunktion **EvenQ** wird auf jedes Element in der Liste {2, 4, 6, 7, 8} angewendet:

In[10]:= **Map[EvenQ, {2, 4, 6, 7, 8}]**
Out[10]= {True, True, True, False, True}

2. Die logische Funktion **And** wird auf das Resultat des vorhergehenden Schritts angewendet:

In[11]:= **Apply[And, %]**
Out[11]= False

In einem anderen und schwierigeren Beispiel werden die Elemente einer aus positiven Zahlen bestehenden Liste zurückgegeben, die größer sind als alle vorhergehenden Elemente in der Liste:

In[12]:= **Union[Rest[FoldList[Max, 0, {3, 1, 6, 5, 4, 8, 7}]]]**
Out[12]= {3, 6, 8}

Die **Trace**-Funktion im folgenden Funktionsaufruf zeigt uns die Zwischenschritte der Berechnung an:

```
In[13]:= Trace[Union[Rest[FoldList[Max, 0, {3, 1, 6, 5, 4, 8, 7}]]]]
Out[13]= {{{FoldList[Max, 0, {3, 1, 6, 5, 4, 8, 7}], {Max[0, 3], 3},
          {Max[3, 1], Max[1, 3], 3}, {Max[3, 6], 6},
          {Max[6, 5], Max[5, 6], 6}, {Max[6, 4], Max[4, 6], 6},
          {Max[6, 8], 8}, {Max[8, 7], Max[7, 8], 8},
          {0, 3, 3, 6, 6, 6, 8, 8}}, Rest[{0, 3, 3, 6, 6, 6, 8, 8}],
          {3, 3, 6, 6, 6, 8, 8}},
          Union[{3, 3, 6, 6, 6, 8, 8}], {3, 6, 8}}
```

Diese Berechnung kann wie folgt beschrieben werden:

1. Zuerst wird die **FoldList**-Funktion auf die Funktion **Max**, auf 0 und auf die Liste **{3, 1, 6, 5, 4, 8, 7}** angewandt.

2. Danach wird die **Rest**-Funktion auf das Resultat des vorhergehenden Schritts angewandt.

3. Schließlich wird die **Union**-Funktion wiederum auf das Resultat des vorhergehenden Schritts angewandt.

Man beachte, daß wir in jeder der obigen Beschreibungen der verschachtelten Funktionsaufrufe nur das Datenobjekt, das der ersten Funktion übergeben wurde, explizit angegeben haben. Die Datenobjekte, die in den darauf folgenden Schritten bearbeitet wurden, haben wir umschrieben als die Resultate der vorhergehenden Schritte (d.h. als die Resultate der vorhergehenden Funktionsaufrufe).

Im folgenden geben wir ein interessantes Beispiel für einen verschachtelten Funktionsaufruf – die Erzeugung eines Kartenspiels:

```
In[14]:= Flatten[Outer[List, {c, d, h, s},
                  Join[Range[2, 10], {J, Q, K, A}]], 1]
Out[14]= {{c, 2}, {c, 3}, {c, 4}, {c, 5}, {c, 6}, {c, 7},
          {c, 8}, {c, 9}, {c, 10}, {c, J}, {c, Q}, {c, K},
          {c, A}, {d, 2}, {d, 3}, {d, 4}, {d, 5}, {d, 6},
          {d, 7}, {d, 8}, {d, 9}, {d, 10}, {d, J}, {d, Q},
          {d, K}, {d, A}, {h, 2}, {h, 3}, {h, 4}, {h, 5},
          {h, 6}, {h, 7}, {h, 8}, {h, 9}, {h, 10}, {h, J},
          {h, Q}, {h, K}, {h, A}, {s, 2}, {s, 3}, {s, 4},
          {s, 5}, {s, 6}, {s, 7}, {s, 8}, {s, 9}, {s, 10},
          {s, J}, {s, Q}, {s, K}, {s, A}}
```

Um genau zu verstehen, was hier vor sich geht, werden wir diesen Aufruf noch einmal von Anfang an durchgehen. Zuerst werden wir eine Liste der Zahlen- und Bildkarten anlegen. Hierzu vereinigen wir die Liste **Range[2, 10]**, welche die Zahlen von zwei bis zehn enthält, mit der vierelementigen Liste **{J, Q, K, A}**, welche Bube, Königin, König und Ass darstellt.

```
In[15]:= Join[Range[2, 10], {J, Q, K, A}]
Out[15]= {2, 3, 4, 5, 6, 7, 8, 9, 10, J, Q, K, A}
```

Nun bilden wir aus jedem der 13 Elemente dieser Liste und jedem der 4 Elemente der Liste {c, d, h, s}, in der die Kartenfarben dargestellt werden, Paare. Damit ergibt sich eine Liste von 52 geordneten Paaren, die einem Kartenspiel entsprechen. Zum Beispiel ist der Kreuz-König durch {c, K}) gegeben.

```
In[16]:= Outer[List, {c, d, h, s}, %]
Out[16]= {{{c, 2}, {c, 3}, {c, 4}, {c, 5}, {c, 6}, {c, 7},
          {c, 8}, {c, 9}, {c, 10}, {c, J}, {c, Q}, {c, K},
          {c, A}}, {{d, 2}, {d, 3}, {d, 4}, {d, 5}, {d, 6},
          {d, 7}, {d, 8}, {d, 9}, {d, 10}, {d, J}, {d, Q},
          {d, K}, {d, A}}, {{h, 2}, {h, 3}, {h, 4}, {h, 5},
          {h, 6}, {h, 7}, {h, 8}, {h, 9}, {h, 10}, {h, J},
          {h, Q}, {h, K}, {h, A}}, {{s, 2}, {s, 3}, {s, 4},
          {s, 5}, {s, 6}, {s, 7}, {s, 8}, {s, 9}, {s, 10},
          {s, J}, {s, Q}, {s, K}, {s, A}}}
```

Nun haben wir ein komplettes Kartenspiel beisammen. Allerdings sind die Karten nach Farben in einer verschachtelten Liste gruppiert. Daher entschachteln wir die Liste

```
In[17]:= Flatten[%, 1]
Out[17]= {{c, 2}, {c, 3}, {c, 4}, {c, 5}, {c, 6}, {c, 7},
          {c, 8}, {c, 9}, {c, 10}, {c, J}, {c, Q}, {c, K},
          {c, A}, {d, 2}, {d, 3}, {d, 4}, {d, 5}, {d, 6},
          {d, 7}, {d, 8}, {d, 9}, {d, 10}, {d, J}, {d, Q},
          {d, K}, {d, A}, {h, 2}, {h, 3}, {h, 4}, {h, 5},
          {h, 6}, {h, 7}, {h, 8}, {h, 9}, {h, 10}, {h, J},
          {h, Q}, {h, K}, {h, A}, {s, 2}, {s, 3}, {s, 4},
          {s, 5}, {s, 6}, {s, 7}, {s, 8}, {s, 9}, {s, 10},
          {s, J}, {s, Q}, {s, K}, {s, A}}
```

Voila!

Die schrittweise Vorgehensweise, die wir hier benutzt haben, d.h. eine Funktion nach der anderen anzuwenden und jeden Funktionsaufruf getrennt zu überprüfen, ist eine sehr effiziente Methode, um *Prototypen* von **Mathematica**-Programmen zu entwerfen. Wir werden diese Technik im nächsten Beispiel wieder benutzen:

Im folgenden werden wir die Karten **vollständig mischen**, d.h. wir werden das Kartenspiel in zwei Hälften aufteilen und dann die Karten zusammenmischen, indem wir von den Hälften abwechselnd eine Karte nehmen. Wir werden erst einen Prototyp des Programms erstellen. Dabei werden wir mit einer kurzen Liste arbeiten und nicht mit der großen Liste der 52 geordneten Paare. Eine kurze Liste, die aus einer geraden Anzahl von geordneten Zahlen besteht, ist für diese Aufgabe gut geeignet:

```
In[18]:= Range[6]
Out[18]= {1, 2, 3, 4, 5, 6}
```

Zuerst teilen wir die Liste in zwei gleichgroße Listen auf:

```
In[19]:= Partition[%, 3]
Out[19]= {{1, 2, 3}, {4, 5, 6}}
```

Wir wollen nun diese beiden Listen vermischen, um {1, 4, 2, 5, 3, 6} zu erhalten. Als erstes müssen wir aus den sich entsprechenden Elementen der beiden obigen Listen Paare bilden. Dies können wir mit Hilfe der **Transpose**-Funktion erreichen:

```
In[20]:= Transpose[%]
Out[20]= {{1, 4}, {2, 5}, {3, 6}}
```

Nun entschachteln wir die inneren Listen mit der **Flatten**-Funktion. Wir könnten unsere einfache Liste mit **Flatten[...]** bearbeiten, aber da wir es später mit geordneten Paaren zu tun haben werden und nicht mit Zahlen, benutzen wir wie bei der Erzeugung des Kartenspiels **Flatten[..., 1]**:

```
In[21]:= Flatten[%, 1]
Out[21]= {1, 4, 2, 5, 3, 6}
```

In Ordnung, das wollten wir erreichen. Mit diesem Prototyp ist es nun leicht den verschachtelten Funktionsaufruf zu schreiben, mit dem wir das Kartenspiel vollständig mischen können:

```
In[22]:= Flatten[Transpose[Partition[Out[14], 26]], 1]
Out[22]= {{c, 2}, {h, 2}, {c, 3}, {h, 3}, {c, 4}, {h, 4},
          {c, 5}, {h, 5}, {c, 6}, {h, 6}, {c, 7}, {h, 7},
          {c, 8}, {h, 8}, {c, 9}, {h, 9}, {c, 10}, {h, 10},
          {c, J}, {h, J}, {c, Q}, {h, Q}, {c, K}, {h, K},
          {c, A}, {h, A}, {d, 2}, {s, 2}, {d, 3}, {s, 3},
          {d, 4}, {s, 4}, {d, 5}, {s, 5}, {d, 6}, {s, 6},
          {d, 7}, {s, 7}, {d, 8}, {s, 8}, {d, 9}, {s, 9},
          {d, 10}, {s, 10}, {d, J}, {s, J}, {d, Q}, {s, Q},
          {d, K}, {s, K}, {d, A}, {s, A}}
```

4.2.2 | Namen von Werten

Wenn man einen Wert braucht, kann man ihn eintippen, aber es ist sicherlich bequemer, wenn man mit Hilfe eines Namens auf ihn zugreifen kann. Die Syntax, um einem Wert einen Namen zu geben, sieht aus wie eine mathematische Zuweisung: eine **linke Seite** (ls) und eine **rechte Seite** (rs), die durch ein Gleichheitszeichen getrennt sind.

name = *ausdr*

Die linke Seite, *name*, ist ein **Symbol**. Ein Symbol besteht aus einem Buchstaben, dem ohne Unterbrechung weitere Buchstaben und Zahlen folgen. Die rechte Seite, *ausdr*, ist ein Ausdruck. Wenn man diese Zuweisung eingibt, wird die rechte Seite ausgewertet und der sich ergebende Wert zurückgeliefert. Zum Beispiel können wir der Liste, die ein Kartenspiel darstellt, einen Namen geben (es ist sicherlich eine gute Idee, einen Namen zu benutzen, der andeutet was mit dem Wert dargestellt wird):

```
In[1]:= carddeck =
          Flatten[Outer[List, {c, d, h, s},
                  Join[Range[2, 10], {J, Q, K, A}]], 1]
Out[1]= {{c, 2}, {c, 3}, {c, 4}, {c, 5}, {c, 6}, {c, 7},
         {c, 8}, {c, 9}, {c, 10}, {c, J}, {c, Q}, {c, K},
         {c, A}, {d, 2}, {d, 3}, {d, 4}, {d, 5}, {d, 6},
         {d, 7}, {d, 8}, {d, 9}, {d, 10}, {d, J}, {d, Q},
         {d, K}, {d, A}, {h, 2}, {h, 3}, {h, 4}, {h, 5},
         {h, 6}, {h, 7}, {h, 8}, {h, 9}, {h, 10}, {h, J},
         {h, Q}, {h, K}, {h, A}, {s, 2}, {s, 3}, {s, 4},
         {s, 5}, {s, 6}, {s, 7}, {s, 8}, {s, 9}, {s, 10},
         {s, J}, {s, Q}, {s, K}, {s, A}}
```

Man beachte, daß nicht einfach die rechte Seite, also die Eingabe, zurückgegeben wurde, sondern der Wert, den man durch Auswertung der rechten Seite erhält.

Hat man einem Wert einen Namen gegeben, so kann man diesen Wert jederzeit dadurch erhalten, daß man den Namen eingibt:

```
In[2]:= carddeck
Out[2]= {{c, 2}, {c, 3}, {c, 4}, {c, 5}, {c, 6}, {c, 7},
         {c, 8}, {c, 9}, {c, 10}, {c, J}, {c, Q}, {c, K},
         {c, A}, {d, 2}, {d, 3}, {d, 4}, {d, 5}, {d, 6},
         {d, 7}, {d, 8}, {d, 9}, {d, 10}, {d, J}, {d, Q},
         {d, K}, {d, A}, {h, 2}, {h, 3}, {h, 4}, {h, 5},
         {h, 6}, {h, 7}, {h, 8}, {h, 9}, {h, 10}, {h, J},
         {h, Q}, {h, K}, {h, A}, {s, 2}, {s, 3}, {s, 4},
         {s, 5}, {s, 6}, {s, 7}, {s, 8}, {s, 9}, {s, 10},
         {s, J}, {s, Q}, {s, K}, {s, A}}
```

Auch kann der Name überall in einem Funktionsaufruf benutzt werden:

In[3]:= **Flatten[Transpose[Partition[carddeck, 26]], 1]**

Out[3]= {{c, 2}, {h, 2}, {c, 3}, {h, 3}, {c, 4}, {h, 4},
{c, 5}, {h, 5}, {c, 6}, {h, 6}, {c, 7}, {h, 7},
{c, 8}, {h, 8}, {c, 9}, {h, 9}, {c, 10}, {h, 10},
{c, J}, {h, J}, {c, Q}, {h, Q}, {c, K}, {h, K},
{c, A}, {h, A}, {d, 2}, {s, 2}, {d, 3}, {s, 3},
{d, 4}, {s, 4}, {d, 5}, {s, 5}, {d, 6}, {s, 6},
{d, 7}, {s, 7}, {d, 8}, {s, 8}, {d, 9}, {s, 9},
{d, 10}, {s, 10}, {d, J}, {s, J}, {d, Q}, {s, Q},
{d, K}, {s, K}, {d, A}, {s, A}}

Im Grunde genommen ist der Name eines Wertes ein „*Spitzname*", und wann immer er erscheint, wird er durch den Wert selber ersetzt. Es spielt also keine Rolle, ob man den Namen oder den Wert benutzt.

Man kann zu einem bestimmten Zeitpunkt einem Namen immer nur einen Wert zuordnen. Man kann einen Wert von einem Namen entfernen, indem man **name =.** oder **Clear[name]** eingibt. Man kann dem Namen einen anderen Wert zuweisen, indem man **name = neuerWert** eingibt.

Übungen

1. Schreiben Sie einen verschachtelten Funktionsaufruf, der ein Kartenspiel erzeugt und es vollständig mischt.

2. Schreiben Sie mit Hilfe der **Characters**-Funktion verschachtelte Funktionsaufrufe, mit denen man die gleichen Operationen durchführen kann, wie mit den eingebauten Funktionen **StringJoin** und **StringReverse**.

3. Lösen Sie die folgenden Übungen erneut, aber mit einem verschachtelten Funktionsaufruf: Übungen 4 und 6 auf Seite 64, Übungen 1 und 2 auf Seite 70, Übungen 1 und 2 auf Seite 68 und Übungen 1 und 2 auf Seite 72 in Kapitel 3.

4.3 Benutzerdefinierte Funktionen

Obwohl es sehr viele eingebaute Funktionen gibt, die man aufrufen kann, um Berechnungen durchzuführen, werden wir unweigerlich in Situationen kommen, in denen wir *speziell angepaßte* Funktionen brauchen. Haben wir zum Beispiel herausgefunden, wie man einen verschachtelten Funktionsaufruf für einen bestimmten Wert ausführt, so könnte es sein, daß wir die gleiche Menge von Operationen auf einen anderen Wert anwenden wollen. Daher wäre es wünschenswert, eigene *benutzerdefinierte* Funktionen zu erzeugen, die man genauso wie eingebaute Funktionen benutzen kann — d.h. man gibt den Funktionsnamen und ein Argument mit einem bestimmten Wert ein. Wir werden zuerst die Syntax (oder Grammatik) beschreiben, an die man sich halten muß, wenn man Funktionen definieren will.

Eine benutzerdefinierte Funktion ähnelt sehr einer mathematischen Gleichung: Eine linke Seite und eine rechte Seite, die durch *Doppelpunkt und Gleichheitszeichen* getrennt sind.

name[*argument*$_1$_, *argument*$_2$_, ..., *argument*$_n$_] := *rumpf*

Die linke Seite fängt mit einem Symbol an. Dieses Symbol nennt man den **Funktionsnamen** (oder manchmal einfach die Funktion, so wie zum Beispiel „Sinus-Funktion"). Dem Funktionsnamen folgen ein Paar eckiger Klammern, in dem sich eine Sequenz von Symbolen befindet, die mit einem **unterstrichenen Leerzeichen** (auch Unterstrich oder „Blank" genannt) enden. Diese Symbole sind die **Namen der Funktionsargumente** oder einfacher die **Funktionsargumente**.

Die rechte Seite einer benutzerdefinierten Funktion wird der *Rumpf* der Funktion genannt. Der Rumpf kann entweder aus einem einzelnen Ausdruck bestehen (ein Einzeiler) oder aus einer Serie von Ausdrücken (eine Compoundfunktion). Wir werden in Kürze beide Möglichkeiten eingehend erläutern. Die Namen der Argumente der linken Seite erscheinen auf der rechten Seite ohne Unterstriche. Im Grunde genommen ist die rechte Seite eine Formel, die angibt, welche Berechnungen durchgeführt werden müssen, wenn die Funktion mit bestimmten Werten für die Argumente aufgerufen wird.

Wenn man eine benutzerdefinierte Funktion zum erstenmal eingibt, wird nichts zurückgegeben. Ruft man danach die Funktion auf, indem man die linke Seite der Funktionsdefinition mit bestimmten Werten für die Argumente eingibt, so wird der Rumpf der Funktion berechnet, wobei die Werte der Argumente dort eingesetzt werden, wo die Argumentnamen vorkommen.

Ein einfaches Beispiel für eine benutzerdefinierte Funktion ist `square`, eine Funktion, mit der man Werte quadrieren kann (es ist sicherlich eine gute Idee, Funktionsnamen zu benutzen, die den Zweck einer Funktion widerspiegeln):

```
In[1]:= square[x_] := x^2
```

Nachdem wir eine Funktionsdefinition eingegeben haben, können wir die Funktion in der gleichen Weise aufrufen, wie eine eingebaute Funktion, die wir auf ein Argument anwenden:

```
In[2]:= square[5]
Out[2]= 25
```

Wir können nun die früher behandelten Beispiele verschachtelter Funktionsaufrufe sehr leicht in ein Programm umwandeln. Zum Beispiel wird aus

```
Apply[And, Map[EvenQ, {2, 4, 6, 7, 8}]]
```

folgendes Programm

```
areEltsEven[lis_] := Apply[And, Map[EvenQ, lis]]
```

Nachdem wir diese benutzerdefinierte Funktion eingegeben haben,

```
In[3]:= areEltsEven[lis_] := Apply[And, Map[EvenQ, lis]]
```

können wir sie auf eine Liste anwenden:

```
In[4]:= areEltsEven[{2, 8, 14, 6, 16}]
Out[4]= True
```

Aus einem anderen verschachtelten Funktionsaufruf, den wir früher definiert haben:

```
In[5]:= Union[Rest[FoldList[Max, 0, {3, 1, 6, 5, 4, 8, 7}]]]
Out[5]= {3, 6, 8}
```

wird

```
In[6]:= maxima[x_] := Union[Rest[FoldList[Max, 0, x]]]
```

Nachdem wir diesen Ausdruck eingegeben haben, können wir ihn auf eine Liste von Zahlen anwenden:

```
In[7]:= maxima[{4, 2, 7, 3, 4, 9, 14, 11, 17}]
Out[7]= {4, 7, 9, 14, 17}
```

Jede Definition, die mit einem Namen verknüpft ist, kann gelöscht werden, indem man **Clear[**name**]** eingibt. Hat man dies getan, liefert der Funktionsaufruf nur den Eingabewert zurück. Zum Beispiel:

```
In[8]:= Clear[maxima]
```

```
In[9]:= maxima[{6, 3, 9, 2}]
Out[9]= maxima[{6, 3, 9, 2}]
```

Ist erst einmal eine benutzerdefinierte Funktion eingegeben, so kann man sie in einer anderen Funktion benutzen, die ihrerseits eine eingebaute Funktion sein kann oder wieder eine benutzerdefinierte. Wir werden beide Möglichkeiten vorführen, indem wir eine Funktion schreiben, die Karten aus einem Kartenspiel verteilt. Wir werden diese Funktion schrittweise erzeugen und dabei die Prototyp-Methode, die wir früher besprochen haben, benutzen – jedoch ohne anschließend den Code auszuwerten. (Der Leser sollte die verschiedenen Ausdrücke, die im folgenden besprochen werden, mit bestimmten Werten ausprobieren, um zu sehen, wie sie funktionieren).

Als erstes brauchen wir das Kartenspiel:

```
In[10]:= carddeck =
            Flatten[Outer[List, {c, d, h, s},
                Join[Range[2, 10], {J, Q, K, A}]], 1];
```

Als nächstes müssen wir eine Funktion definieren, die ein einzelnes Element von einer zufällig gewählten Position der Liste entfernt.

```
In[11]:= removeRand[lis_] :=
            Delete[lis, Random[Integer, {1, Length[lis]}]]
```

Die benutzerdefinierte Funktion removeRand benutzt zuerst die Random-Funktion um eine Zufallszahl k, die zwischen 1 und der Länge der Liste liegt, zu bestimmen. Danach wird die Delete-Funktion benutzt, um das $k$te Element der Liste zu entfernen (hat die Liste beispielsweise zehn Elemente, dann wird eine Zahl, die zwischen eins und zehn liegt, zufällig bestimmt, z.B. die Zahl sechs, und anschließend wird das Element, das an sechster Position der Liste steht, von der Liste entfernt).

Als nächstes brauchen wir einen Funktionsaufruf, der die removeRand-Funktion auf die carddeck-Liste anwendet, dann die removeRand-Funktion auf die resultierende Liste anwendet, dann noch einmal die removeRand-Funktion auf die resultierende Liste anwendet, usw., insgesamt n mal. Diese Operation können wir mit Hilfe der Nest-Funktion ausführen:

```
Nest[removeRand, carddeck, n]
```

Nun sind wir aber an den Karten interessiert, die von der Liste carddeck entfernt wurden, und nicht an denen, die übriggeblieben sind. Also geben wir ein:

```
Complement[carddeck, Nest[removeRand, carddeck, n]]
```

Schreiben wir alles formal zusammen, erhalten wir die benutzerdefinierte deal-Funktion:

```
In[12]:= deal[n_] :=
            Complement[carddeck, Nest[removeRand, carddeck, n]]
```

Lassen Sie es uns ausprobieren:

```
In[13]:= deal[5]
Out[13]= {{c, 6}, {c, 10}, {d, 10}, {h, K}, {s, 10}}
```

Kein schlechtes Blatt!

1. Eines der Spiele der Lotterie des Staates Illinois basiert darauf, *n* Zahlen, die zwischen 0 und 9 liegen, auszuwählen, wobei Zahlen doppelt vorkommen dürfen (hierzu zieht man numerierte Tischtennisbälle aus mehreren Behältern). Wir können dieses Spiel nachahmen, indem wir eine einfache benutzerdefinierte Funktion schreiben, die wir **pick** nennen (in Analogie zu den offiziellen Lotterienamen *Pick3* und *Pick4*).

In[1]:= **pick[n_] := Table[Random[Integer, {0, 9}], {n}]**

In[2]:= **pick[4]**
Out[2]= {3, 1, 4, 1}

Dieses Programm kann verallgemeinert werden, um damit aus irgendeiner Liste Stichproben zu entnehmen, wobei die gezogenen Elemente nicht aus der Liste entfernt werden. Eine einfache Methode, mit der man dies erreichen kann, besteht darin Listenelemente zu nehmen, die an zufällig ausgewählten Positionen stehen. (Man beachte dabei, daß die Position ganz rechts durch **Length**[*lis*] gegeben ist). Schreiben Sie mit Hilfe der **Part**- und **Random**-Funktion eine Funktion **chooseWithReplacement**[*lis*, *n*], wobei *lis* die Liste ist und *n* die Anzahl der Elemente, die wir entnehmen wollen. Im folgenden ist ein typisches Ergebnis dargestellt:

In[3]:= **chooseWithReplacement[{a, b, c, d, e, f, g, h}, 3]**
Out[3]= {c, g, g}

2. Schreiben Sie mit Hilfe der **ToCharacterCode**-Funktion eigene benutzerdefinierte Funktionen, mit denen man die gleichen Operationen durchführen kann, wie mit **StringInsert** und **StringDrop**.

3. Erzeugen Sie eine Funktion **distance**[{a, b}], mit der man den Abstand zweier Punkte **a** und **b** in der Ebene finden kann.

4. Schreiben Sie alle verschachtelten Funktionsaufrufe, die Sie in der Übung 3 in Abschnitt 4.2 auf Seite 80 erzeugt haben, in benutzerdefinierte Funktionen um. Überprüfen Sie Ihre Definitionen, indem Sie die Programme mit verschiedenen Eingabewerten laufen lassen.

5. Schreiben Sie eine benutzerdefinierte Funktion **interleave2**, welche die Elemente von zwei Listen unterschiedlicher Länge „reißverschlußartig" vermischt. (Sie haben bereits auf Seite 78 gesehen, wie man Listen gleicher Länge „reißverschlußartig" vermischt.) Ihre Funktionen sollte aus den beiden Listen {1, 2, 3} und {a, b, c, d} die Liste {1, a, 2, b, 3, c, d} erzeugen.

4.4 Hilfsfunktionen

Die **deal**-Funktion hat einen wesentlichen Nachteil: Wenn man **deal** aufrufen will, muß man vorher die Definition von **removeRand** und den Wert für **carddeck** eingeben. Es wäre viel bequemer, wenn man diese Größen in die Definition der **deal**-Funktion miteinbeziehen könnte. Im nächsten Abschnitt werden wir zeigen, wie man dies macht.

4.4.1 | Compoundfunktionen

Die linke Seite einer **Compoundfunktion** unterscheidet sich nicht von der irgendeiner benutzerdefinierten Funktion. Die rechte Seite besteht aus aufeinanderfolgenden Ausdrücken, die sich in runden Klammern befinden und von Semikolons getrennt werden (möglicherweise verteilt über mehrere Zeilen).

$$name[\ arg_{1\_},\ arg_{2\_},\ \ldots,\ arg_{n\_}]\ :=\ (\ ausdr_1\ ;\ ausdr_2\ ;\ \ldots\ ;\ ausdr_m\ )$$

Die Ausdrücke können benutzerdefinierte Funktionen sein (die man dann auch Hilfsfunktionen nennt), Deklarationen von Werten und Funktionsaufrufe. Wenn man dem Argument einer Compoundfunktion einen Wert übergibt, werden diese Ausdrücke der Reihe nach berechnet, und das Resultat der Auswertung des letzten Ausdruckes wird ausgegeben (die Ausgabe des Resultates der letzten Evaluierung kann verhindert werden, indem man hinter den Ausdruck *ausdr_m* ein Semikolon setzt).

Am Beispiel der „deal"-Funktion werden wir zeigen, wie man eine Compoundfunktion erzeugt. Wir benötigen die folgenden Ausdrücke:

```
carddeck =
    Flatten[Outer[List, {c, d, h, s},
                  Join[Range[2, 10], {J, Q, K, A}]], 1];

removeRand[lis_] := Delete[lis, Random[Integer, {1, Length[lis]}]]

deal[n_] := Complement[carddeck, Nest[removeRand, carddeck, n]]
```

Diese Funktion läßt sich leicht in eine Compoundfunktion umschreiben. Wir werden zuerst die alten Definitionen löschen:

```
In[1]:= Clear[deal, carddeck, removeRand]
```

Nun können wir die neue Definition erzeugen:

```
In[2]:= deal[n_] :=
           (carddeck =
               Flatten[Outer[List, {c, d, h, s},
                              Join[Range[2, 10], {J, Q, K, A}]], 1];
            removeRand[lis_] :=
               Delete[lis, Random[Integer, {1, Length[lis]}]];

            Complement[carddeck, Nest[removeRand, carddeck, n]])
```

Lassen Sie uns überprüfen, ob dies auch funktioniert.

```
In[3]:= deal[5]
Out[3]= {{c, 6}, {c, 7}, {d, 5}, {d, 7}, {h, 9}}
```

Wir sollten auf einige Punkte hinweisen, die die rechte Seite einer Compoundfunktion betreffen: Da die Ausdrücke auf der rechten Seite der Reihe nach berechnet werden, müssen die Deklarationen von Werten und die Definitionen von Hilfsfunktionen *vor* Ihrer Benutzung angegeben werden. Des weiteren ist zu beachten, daß die Namen der Argumente, die auf der linken Seite in der Definition der Hilfsfunktionen stehen, verschieden sein *müssen* von den Argumentennamen, die von der Compoundfunktion selber benutzt werden.

Schließlich ist noch zu beachten, daß durch die Eingabe einer Compoundfunktion nicht nur die Funktion selbst, sondern auch die Hilfsfunktionen und Wertedeklarationen eingegeben werden. Löschen wir nun die Funktionsdefinition mit **Clear**[*name*], so werden die Hilfsfunktionen und Wertedeklarationen nicht mitgelöscht. Dies kann Probleme verursachen, falls wir nachher die Namen dieser Hilfsfunktionen und Werte anderswo benutzen. Daher sollte man die Namen der Hilfsfunktionen und Wertedeklarationen, die innerhalb der Definition der Hauptfunktion auftauchen, isolieren. Im folgenden werden wir zeigen, wie man das macht.

4.4.2 | Lokale Namen erzeugen

Wenn man eine benutzerdefinierte Funktion schreibt, ist es im allgemeinen vorteilhaft dafür zu sorgen, daß die Namen von Werten und Hilfsfunktionen, die auf der rechten Seite festgelegt werden, nur innerhalb der Funktion gelten. Damit vermeidet man eventuelle Namenskonflikte (zum Beispiel könnte *carddeck* anderswo benutzt worden sein, um damit ein Binokel-Kartenspiel darzustellen). Das gewünschte Ziel kann man erreichen, indem man die rechte Seite **ausdr** der Funktionsdefinition als zweites Argument an die eingebaute **Module**-Funktion übergibt:

$$name[arg_{1\_}, \ arg_{2\_}, \ \ldots, \ arg_{n\_}] :=$$
$$\textbf{Module}[\{name_1, \ name_2 = wert_2, \ \ldots\}, \ ausdr]$$

Das erste Argument der **Module**-Funktion ist eine Liste der Namen, die nur lokal gelten sollten. Es ist erlaubt, den Namen Werte zuzuweisen, so wie oben bei *name₂* (der zugewiesene Wert ist nur ein Startwert und kann später noch verändert werden). Die Liste wird von der rechten Seite durch ein Komma getrennt. Die Klammern, welche die rechte Seite einer Compoundfunktion umgeben, werden hier nicht gebraucht.

Im folgenden zeigen wir am Beispiel der **deal**-Funktion, wie man die **Module**-Funktion benutzt:

```
In[1]:= Clear[deal]

In[2]:= deal[n_] :=
            Module[{removeRand, carddeck},
                carddeck = Flatten[Outer[List, {c, d, h, s},
                                    Join[Range[2, 10], {J,Q,K,A}]], 1];
                removeRand[lis_] :=
                        Delete[lis, Random[Integer, {1, Length[lis]}]];
                Complement[carddeck, Nest[removeRand, carddeck, n]]
                ]
```

Im allgemeinen ist es vorteilhaft, die **Module**-Funktion auf die rechte Seite der Definitionen von Compoundfunktionen anzuwenden. Es gibt jedoch noch eine andere Möglichkeit, um Namenskonflikten aus dem Wege zu gehen. Diese besteht darin, namenlose Funktionen zu benutzen. Diese sogenannten **anonymen Funktionen** werden wir im nächsten Abschnitt besprechen.

Übungen

1. Schreiben Sie die benutzerdefinierten Funktionen, die Sie in den Übungen zu Abschnitt 4.3 auf Seite 84 geschrieben haben, um in Compoundfunktionen. Überprüfen Sie, ob Ihre Definitionen korrekt arbeiten.

2. Schreiben Sie eine Compoundfunktion, welche die Positionen der Schritte einer Zufallsbewegung von *n* Schritten auf einem quadratischen Gitter bestimmt. Hinweis: Benutzen Sie die Definition für den Schrittzuwachs des Weges als eine Hilfsfunktion.

3. Die **perfect**-Funktion, die wir in Kapitel 2.1 auf Seite 53 definiert haben, ist für die Untersuchung großer Zahlen ungeeignet, da sie alle Zahlen von 1 bis *n* überprüft. Kennt man beispielsweise die vollkommenen Zahlen kleiner als 500, und interessiert man sich nun für die vollkommenen Zahlen zwischen 500 und 1000, dann ist es sicherlich ineffizient, alle Zahlen von 1 bis 1000 zu überprüfen. Modifizieren Sie **perfect** so, daß zu zwei Zahlen alle dazwischenliegenden vollkommenen Zahlen berechnet werden. Zum Beispiel sollte **perfecto[a, b]** alle vollkommenen Zahlen, die zwischen *a* und *b* liegen, zurückgeben.

Übungen (Forts.)

4. Schreiben Sie eine Funktion `perfect3`, die alle **3-vollkommenen** Zahlen berechnet. (Eine 3-vollkommene Zahl ist dadurch definiert, daß die Summe ihrer Teiler gleich dem dreifachen der Zahl ist. Zum Beispiel ist 120 eine 3-vollkommene Zahl, denn

   In[1]:= `Apply[Plus, Divisors[120]]`
   Out[1]= 360

   Dies ist natürlich gleich 3(120). Finden Sie die einzige andere 3-vollkommene Zahl, die kleiner als 1000 ist.

5. Schreiben Sie eine Funktion `perfect4`, und finden Sie die einzige 4-vollkommene Zahl, die kleiner als 2.200.000 ist.

6. Schreiben Sie eine Funktion `perfectK`, der man die Zahl k und die Zahlen a und b übergeben kann und die alle k-vollkommenen Zahlen zwischen a und b berechnet. Zum Beispiel sollte `perfectK[1, 30, 2]` alle 2-vollkommenen Zahlen zwischen 1 und 30 berechnen, d.h. wir hätten die Ausgabe {{6}, {28}}.

7. Sei $\sigma(n)$ die Summe der Teiler von n, dann heißt die Zahl n **supervollkommen**, wenn $\sigma(\sigma(n)) = 2n$ gilt. Schreiben Sie eine Funktion `superperfect[a, b]`, die alle supervollkommenen Zahlen zwischen a und b findet.

4.5 Anonyme Funktionen

Funktionen ohne Namen bezeichnet man als **anonyme Funktionen**. Sie werden *auf der Stelle* benutzt, d.h. in dem Augenblick, in dem sie erzeugt werden. Dies ist insbesondere dann von Vorteil, wenn man eine Funktion nur einmal oder als ein Argument einer Funktion höherer Ordnung, z.B. `Map`, `Fold` oder `Nest`, benutzt. Man kann anonyme Funktionen mit der eingebauten Funktion `Function` erzeugen.

Die Grundform einer anonymen Funktion mit einer Variablen x ist `Function` [x, *rumpf*] (man beachte, daß jedes Symbol für die Variable benutzt werden kann). Für eine anonyme Funktion mit mehreren Variablen lautet die Grundform `Function`[{x, y, ... }, *rumpf*]. Der Rumpf sieht aus, wie die rechte Seite einer benutzerdefinierten Funktionsdefinition, wobei sich die Variablen x, y, ... an den Stellen befinden, an denen die Argumente stehen.

Als Beispiel wollen wir die erste benutzerdefinierte Funktion, die wir erzeugt haben,

   In[1]:= `square[x_] := x^2`

als eine anonyme Funktion schreiben:

   In[2]:= `Function[z, z^2]`
   Out[2]= Function[z, z²]

Es gibt noch eine weitere Standardeingabeform für anonyme Funktionen, die leichter zu lesen und zu schreiben ist als die `Function`-Notation. In dieser Form wird die rechte Seite der Funktionsdefinition in Klammern gesetzt, gefolgt vom &-Zeichen, und der Name des Arguments wird durch das #-Zeichen ersetzt. Bei mehr als einer Variablen schreibt man #1, #2, usw.. In dieser Notation wird aus der `square`-Funktion

```
square[x_] := x^2
```

das folgende:

```
(#^2)&
```

Argumente werden an eine anonyme Funktion in der üblichen Art und Weise übergeben, d.h. man schreibt den Argumentwert, eingeschlossen in eckigen Klammern, hinter die Funktion. Zum Beispiel:

```
In[3]:= (#^2)&[6]
Out[3]= 36
```

Falls erforderlich, kann man einer anonymen Funktion einen Namen geben, um sie später über diesen Namen aufzurufen. Im Endeffekt führt dies wieder zu einer normal definierten Funktion. Zum Beispiel:

```
In[4]:= squared = (#^2)&;
```

```
In[5]:= squared[6]
Out[5]= 36
```

Die beste Methode, sich mit anonymen Funktionen vertraut zu machen, besteht darin, sie in Aktion zu sehen. Daher werden wir einige der Funktionen, die wir früher definiert haben, in anonyme Funktionen umwandeln (wir werden sowohl die (... # ...)& als auch die `Function` Schreibweise benutzen, so daß Sie selber entscheiden können, welche davon Sie vorziehen):

- Aus der Funktion, die prüft, ob alle Elemente einer Liste gerade sind,

  ```
  areEltsEven[lis_] := Apply[And, Map[EvenQ, lis]]
  ```

  wird

  ```
  (Apply[And, Map[EvenQ, #]])&
  ```

  oder

  ```
  Function[x, Apply[And, Map[EvenQ, x]]]
  ```

- Aus der Funktion, die alle Elemente einer Liste zurückgibt, die größer sind als die vorhergehenden Elemente,

  ```
  maxima[x_] := Union[Rest[FoldList[Max, 0, x]]]
  ```

  wird

  ```
  (Union[Rest[FoldList[Max, 0, #]]])&
  ```

oder

```
Function[y, Union[Rest[FoldList[Max, 0, y]]]]
```

- Aus der Funktion, die ein zufällig ausgewähltes Element aus einer Liste entfernt,

```
removeRand[lis_] := Delete[lis, Random[Integer, {1, Length[lis]}]]
```

wird

```
(Delete[#, Random[Integer, {1, Length[#]}]])&
```

oder

```
Function[x, Delete[x, Random[Integer, {1, Length[x]}]]]
```

Wir können auch verschachtelte anonyme Funktionen erzeugen. Zum Beispiel:

```
In[6]:= (Map[(#^2)&, #])&[{3, 2, 7}]
Out[6]= {9, 4, 49}
```

Hat man es mit verschachtelten anonymen Funktionen zu tun, so kann man die Kurzschreibweise für alle darin vorkommenden anonymen Funktionen verwenden. Aber man muß dann aufpassen, welche # Variable zu welcher anonymen Funktion gehört. Dieses Problem kann vermieden werden, indem man **Function** verwendet, da man dann verschiedene Variablennamen benutzen kann.

```
In[7]:= Function[y, Map[Function[x, x^2], y]][{3, 2, 7}]
Out[7]= {9, 4, 49}
```

Im folgenden benutzen wir die anonyme Funktionsversion der **removeRand**-Funktion in der Definition der **deal**-Funktion.

```
In[8]:= Clear[deal]

In[9]:= deal[n_] := Module[{carddeck},
          carddeck = Flatten[Outer[List, {c, d, h, s},
                            Join[Range[2, 10], {J,Q,K,A}]], 1];
          Complement[carddeck,
            Nest[(Delete[#, Random[Integer, {1, Length[#]}]])&,
                carddeck, n]]
          ]
```

Wie man sieht, funktioniert dies einwandfrei:

```
In[10]:= deal[5]
Out[10]= {{c, J}, {h, 5}, {h, 8}, {h, 10}, {s, K}}
```

Schließlich können wir die **deal**-Funktion verallgemeinern, um sie auf jede Liste anwenden zu können

```
In[11]:= chooseWithoutReplacement[lis_, n_] :=
            Complement[lis,
                Nest[(Delete[#, Random[Integer, {1, Length[#]}]])&,
                    lis, n]]
```

Beachten Sie, daß es in den obigen Definitionen nicht notwendig ist, die `Module`-Funktion zu benutzen. Der Grund dafür ist, daß auf der rechten Seite der Funktionsdefinition nur anonyme Funktionen, eingebaute Funktionen und die Namen der Funktionsargumente vorkommen. Funktionen, die eine solche Form haben, nennt man **Einzeiler**.

Übungen

1. Schreiben Sie eine Funktion, welche die Quadrate der Elemente einer Liste von Zahlen addiert.

2. Schreiben Sie eine Funktion, welche die Ziffern irgendeiner ganzen Zahl addiert. Hierzu werden Sie die `IntegerDigits`-Funktion brauchen (geben Sie `?IntegerDigits` ein, oder benutzen Sie den „Function Browser" oder das Handbuch, [Wol91], um herauszufinden, wie man diese Funktion benutzt).

3. Schreiben Sie eine Funktion `setOfDistances[1]`, der man eine Liste 1 von Punkten, die in der Ebene liegen, übergeben kann, und die alle Abstände zwischen den Punkten zurückgibt. Hat man beispielsweise eine Liste von 5 Punkten in der Ebene,

```
In[1]:= points = Table[{Random[], Random[]}, {5}]
Out[1]= {{0.78078, 0.807045}, {0.541564, 0.512377},
         {0.226454, 0.56383}, {0.797958, 0.261694},
         {0.27265, 0.689889}}
```

dann wird `setOfDistances` die $\binom{5}{2} = 10$ Abstände zwischen den Punkten zurückgeben (der Abstand irgendeines Punktes von sich selbst, der gleich 0 ist, wird dabei weggelassen):

```
In[2]:= setOfDistances[points]
Out[2]= {0.379543, 0.605334, 0.545621, 0.52146, 0.319283,
         0.358581, 0.322219, 0.646454, 0.134257, 0.677717}
```

Sie sollten in Erwägung ziehen, das Programm aus Übung 3 von Seite 84 zu übernehmen, indem Sie es als eine anonyme Funktion innerhalb der `setOfDistances`-Funktion benutzen.

Eine interessante Untersuchung einiger Eigenschaften der Menge der Abstände von n Punkten findet sich in Kapitel 12 von [Hon76].

4. Schreiben Sie eine anonyme Funktion, die einen Spaziergänger zufällig von einer Position auf einem quadratischen Gitter auf eine der vier benachbarten Positionen bewegt, und zwar mit jeweils gleicher Wahrscheinlichkeit. Übergibt man beispielsweise das Argument {6, 2}, dann sollte die Funktion mit gleicher Wahrscheinlichkeit eine der vier Positionen {6, 3}, {6, 1}, {7, 2} oder {5, 2} zurückgeben.

Benutzen Sie nun diese anonyme Funktion zusammen mit `NestList`, um eine Liste von Schrittpositionen für ein Zufallsbewegung zu erzeugen, die aus *n* Schritten besteht.

4.6 Einzeiler

In der einfachsten Darstellung einer benutzerdefinierten Funktion kommen keine Deklarationen von Werten und keine Definitionen von Hilfsfunktionen vor; die rechte Seite besteht aus einem einzigen verschachtelten Funktionsaufruf, dessen Argumente die Namen der Argumente von der linken Seite sind, aber ohne die Unterstriche. Im folgenden werden wir zeigen, wie man Einzeiler neu schreiben und benutzen kann.

4.6.1 | Das Josephus-Problem

Flavius Josephus war ein jüdischer Historiker, der zur Zeit des Römisch-Jüdischen Krieges im ersten Jahrhundert lebte. Nach seinen Aufzeichnungen hat sich folgende Geschichte zugetragen:

> Die Römer hatten eine Gruppe von 10 Juden in eine Höhle gejagt und wollten sie dort angreifen. Um nicht durch Feindeshand zu sterben, beschloß die Gruppe Selbstmord zu begehen, und zwar einer nach dem anderen. Nach der Legende entschieden sie sich dann jedoch dafür, einen Kreis aus 10 Menschen zu bilden und sich gegenseitig zu töten, bis keiner mehr übrig war. Wer hat zum Schluß überlebt?

Auch wenn dieses Problem ein bißchen makaber klingt, so hat es dennoch eine bestimmte mathematische Komponente und ist gut zu programmieren. Wir werden damit beginnnen, das Problem etwas zu verändern (man kann gar nicht oft genug betonen, wie wichtig die Neuformulierung eines Problems ist; der Schlüssel zur Lösung der meisten Probleme besteht darin, daß man etwas, mit dem man nicht arbeiten kann, umwandelt in etwas, mit dem man arbeiten kann). Wir formulieren nun unser Problem wie folgt neu: *n* Personen stehen hintereinander in einer Reihe. Die erste Person wird an das Ende der Reihe gestellt, die zweite Person wird aus der Reihe weggenommen, die dritte Person wird an das Ende der Reihe gestellt, die vierte Person wird ..., usw., bis nur noch eine Person übriggeblieben ist.

Aus der Darstellung des Problems geht hervor, daß eine bestimmte Aktion immer wieder ausgeführt wird. In dieser Aktion wird zuerst die `RotateLeft`-Funktion benutzt (bewege die Person, die am Anfang der Reihe steht, an das Ende) und danach die `Rest`-

Funktion (entferne die nächste Person aus der Reihe). Wir können eine anonyme Funktion schreiben, die diesen verschachtelten Funktionsaufruf ausführt:

```
(Rest[RotateLeft[#]])&
```

Nun sollte es Ihnen bereits ziemlich klar sein, wie wir das Problem lösen werden. Wir werden eine (Personen-) Liste erzeugen und auf diese mit Hilfe der **Nest**-Funktion die anonyme Funktion (Rest[RotateLeft[#]])& so oft anwenden, bis nur noch ein Element übriggeblieben ist. Bei einer n-elementigen Liste brauchen wir dazu $n - 1$ Aufrufe. Nun können wir die Funktion schreiben, der wir den passenden Namen **survivor** geben werden:

```
In[1]:= survivor[lis_] :=
            Nest[(Rest[RotateLeft[#]])&, lis, Length[lis] - 1]
```

Wenden wir diese Funktion auf eine Liste an, welche die ersten 10 Zahlen enthält,

```
In[2]:= survivor[Range[10]]
Out[2]= {5}
```

so sehen wir, daß die fünfte Position die des Überlebenden ist.

Wenden wir die Trace-Funktion auf die **RotateLeft**-Funktion in diesem Beispiel an, so erhalten wir ein klares Bild davon, was passiert ist. Mit dem folgenden **TracePrint**-Befehl erhalten wir nur die Resultate der **RotateLeft**-Funktion, die während der Berechnung des Ausdrucks **survivor[Range[10]]** vorkommen:

```
In[3]:= TracePrint[survivor[Range[10]], RotateLeft]
        RotateLeft
        {2, 3, 4, 5, 6, 7, 8, 9, 10, 1}
        RotateLeft
        {4, 5, 6, 7, 8, 9, 10, 1, 3}
        RotateLeft
        {6, 7, 8, 9, 10, 1, 3, 5}
        RotateLeft
        {8, 9, 10, 1, 3, 5, 7}
        RotateLeft
        {10, 1, 3, 5, 7, 9}
        RotateLeft
        {3, 5, 7, 9, 1}
        RotateLeft
        {7, 9, 1, 5}
        RotateLeft
        {1, 5, 9}
        RotateLeft
        {9, 5}

Out[3]= {5}
```

4.6.2 | Kleingeld

Als ein weiteres Beispiel werden wir ein Programm schreiben, das eine Operation durchführt, welche die meisten von uns täglich ausführen. Wir werden berechnen, wieviel Kleingeld wir in unserer Tasche haben. Nehmen wir beispielsweise an, daß wir die folgenden Münzen besitzen:

```
In[1]:= coins = {p, p, q, n, d, d, p, q, q, p}
```

Wobei **p**, **n**, **d** und **q** jeweils „pennies", „nickels", „dimes" und „quarters", darstellen. Lassen Sie uns damit beginnen, mit der Count-Funktion die Anzahl unserer „pennies" zu bestimmen:

```
In[2]:= Count[coins, p]
Out[2]= 4
```

Da dies funktioniert, werden wir den Befehl auf alle Münztypen anwenden:

```
In[3]:= {Count[coins, p],
         Count[coins, n],
         Count[coins, d],
         Count[coins, q]}
Out[3]= {4, 1, 2, 3}
```

Diese Liste kann man sicherlich in einer kompakteren Form schreiben. Hierzu werden wir sie mit `Map` $\{p, n, d, q\}$ an eine anonyme Funktion übergeben, die `Count` und `coins` enthält.

```
In[4]:= Map[(Count[coins, #])&, {p, n, d, q}]
Out[4]= {4, 1, 2, 3}
```

Nun, wo wir wissen, wieviel Münzen wir von jedem Typ haben, wollen wir berechnen, wieviel Kleingeld wir haben. Zuerst werden wir die Berechnung *von Hand* ausführen, um zu sehen, wie das richtige Resultat lautet (damit können wir unser Programm kontrollieren).

```
In[5]:= (4 1) + (1 5) + (2 10) + (3 25)
Out[5]= 104
```

Aus der obigen Berechnung sehen wir, daß zuerst die Listen $\{4, 1, 2, 3\}$ und $\{1, 5, 10, 25\}$ elementweise miteinander multipliziert werden. Danach werden die Elemente des sich daraus ergebenden Resultats addiert. Dies legt zwei Möglichkeiten nahe:

```
In[6]:= Apply[Plus, {4, 1, 2, 3} * {1, 5, 10, 25}]
Out[6]= 104
```

```
In[7]:= {4, 1, 2, 3} . {1, 5, 10, 25}
Out[7]= 104
```

Beide dieser Operationen sind geeignet, um das Problem zu lösen (lassen Sie uns eine Redensart prägen: Der Unterschied ist keinen „penny", „nickel", „quarter" oder „dime" wert). Wir werden nun den Einzeiler mit Hilfe der ersten Methode schreiben:

```
In[8]:= pocketChange[x_] :=
           Apply[Plus, Map[(Count[x, #])&,
                            {p, n, d, q}] {1, 5, 10, 25}]
```

```
In[9]:= pocketChange[coins]
Out[9]= 104
```

Eine der besten Methoden, um zu lernen, wie man ein Programm schreibt, besteht darin, einen Code zu lesen. Wir werden unten eine Reihe von einzeiligen Funktionsdefinitionen angeben. Zusätzlich werden wir kurz erklären, was diese benutzerdefinierten Funktionen *tun*, und wir werden eine typische Eingabe und die dazugehörige Ausgabe sehen. Der Leser sollte diese Programme in ihre Bestandteile zerlegen, um zu sehen was sie tun, und dann sollte er sie wieder zusammensetzen, und zwar als Compoundfunktionen, in denen keine anonymen Funktionen vorkommen.

1. Bestimmen Sie die Häufigkeit, mit der die verschiedenen Listenelemente in der Liste vorkommen.

```
In[1]:= frequencies[lis_] :=
            Map[({#, Count[lis, #]})&, Union[lis]]

In[2]:= frequencies[{a, a, b, b, b, a, c, c}]
Out[2]= {{a, 3}, {b, 3}, {c, 2}}
```

2. Teilen Sie eine Liste in Stücke:

```
In[1]:= split1[lis_, parts_] :=
            Inner[Take[lis, {#1, #2}]&,
                Drop[#1, -1] + 1,
                Rest[#1],
                List]&[FoldList[Plus, 0, parts]]

In[2]:= split1[Range[10], {2, 5, 0, 3}]
Out[2]= {{1, 2}, {3, 4, 5, 6, 7}, {}, {8, 9, 10}}
```

3. Das folgende Programm macht das gleiche wie das vorherige aber in einer anderen Art und Weise.

```
In[1]:= split2[lis_, parts_] :=
            Map[(Take[lis, # + {1, 0}])&,
                Partition[FoldList[Plus, 0, parts], 2, 1]]
```

4. Es gibt ein weiteres Spiel in der Lotterie des Staates Illinois, in dem n Zahlen zwischen 0 und s gezogen werden, wobei Zahlen nicht doppelt vorkommen dürfen. Schreiben Sie eine benutzerdefinierte Funktion mit Namen *lotto* (in Anlehnung an die offiziellen Lotterienamen *Little Lotto* und *Big Lotto*), um aus einer beliebigen Liste *Stichproben zu ziehen, wobei die gezogenen Elemente aus der Liste entfernt werden*. (Beachten Sie: Der Unterschied zwischen dieser Funktion und der Funktion `chooseWithoutReplacement` besteht darin, daß hier die Reihenfolge der Ziehung gebraucht wird).

Übungen (Forts.)

```
In[1]:= lotto1[lis_, n_] :=
            (Flatten[Rest[MapThread[Complement,
                {RotateRight[#], #}, 1]]])&
                  [NestList[Delete[#,
                                Random[Integer, {1, Length[#]}]]]&,
                        lis, n]]


In[2]:= lotto1[Range[10], 5]
Out[2]= {3, 8, 6, 5, 4}
```

5. Das folgende Programm macht das gleiche wie das vorherige aber in einer anderen Art und Weise.

```
In[3]:= lotto2[lis_, n_] :=
            Take[Transpose[Sort[
                    Transpose[{Table[Random[],
            n]                    {Length[lis]}], lis}]]][[2]],
```

Wie die **split** und **lotto** Programme oben zeigen, gibt es mehrere Möglichkeiten, um benutzerdefinierte Funktionen zu schreiben. Letztendlich hängt die Wahl, welche Version eines Programmes man benutzen sollte, von der Effizienz ab. Ein Programm, dessen Entwicklungszeit (die Zeit, die man gebraucht hat um es zu schreiben) kürzer war und das schneller läuft (das Resultat wird schneller berechnet), ist *besser* als ein Programm, das eine längere Entwicklungszeit hat und das langsamer läuft. Als grober Anhaltspunkt sei gegeben, daß die kürzeste Version eines **Mathematica**-Programms, in der so viele eingebaute Funktionen wie möglich benutzt werden, am schnellsten läuft. Wenn das Hauptinteresse auf der Ausführungszeit liegt (e.g. wenn man es mit sehr großen Listen zu tun hat), ist es eine gute Idee verschiedene Programmversionen zu schreiben und **Timing**-Tests durchzuführen, um das schnellste Programm herauszufinden.

6. Bestimmen Sie mit Hilfe der **Timing**-Funktion, wann (bezüglich der relativen Größen der Liste und der Anzahl der gezogenen Elemente) eine der verschiedenen Versionen der **lotto**-Funktion vorzuziehen ist.

7. Geben Sie mit den Münzen „quarters", „dimes", „nickels" und „pennies" Wechselgeld heraus, und zwar mit so wenig Münzen wie möglich.

```
In[1]:= makeChange[x_] :=
            Quotient[Drop[FoldList[Mod, x, {25, 10, 5, 1}], -1],
                    {25, 10, 5, 1}]


In[2]:= makeChange[119]
Out[2]= {4, 1, 1, 4}
```

Übungen (Forts.)

8. Schreiben Sie einen Einzeiler, der eine Liste von Schrittpositionen einer 2-dimensionalen Zufallsbewegung erzeugt, die nicht notwendigerweise auf einem Gitter liegt. Hinweis: Die Schrittweiten müssen alle gleich sein, so daß die Summe der Quadrate der x- und y-Komponenten jedes Schrittes gleich 1 sein sollte.

5 Auswertung von Ausdrücken

Ein Programm ist eine Menge von Bearbeitungsregeln. Eine Bearbeitungsregel besteht aus zwei Teilen: dem Muster auf der linken Seite und dem Ersetzungstext auf der rechten Seite. Die Berechnung besteht darin, nacheinander Ausdrücke auszuwerten. Ein Ausdruck wiederum wird ausgewertet, indem Bearbeitungsregeln gesucht werden, deren Muster einem Teil des Ausdrucks entsprechen. Solch ein Teil wird dann durch den Ersetzungstext der entsprechenden Regel ersetzt, und der Prozeß wird solange wiederholt, bis sich keine passenden Ersetzungsregeln mehr finden lassen."

5.1 Einleitung

In vorhergehenden Kapiteln haben wir Berechnungen sowohl mit eingebauten als auch mit benutzerdefinierten Funktionen durchgeführt. Wir werden uns nun einer Beschreibung des allgemeinen Mechanismus, der allen Berechnungen in **Mathematica** zu Grunde liegt, zuwenden. Roman Maeder, der **Mathematica** mitentwickelt hat, beschreibt in dem oben zitierten Text [Mae92] kurz und bündig den von **Mathematica** benutzten Auswertungsprozeß.

Jeder, der schon einmal ein Handbuch benutzt hat, das mathematische Formeln zum Lösen von Gleichungen enthält, ist mit diesem Auswertungsmechanismus sehr gut vertraut. Will man beispielsweise eine Integration ausführen, so kann man ein Handbuch zu Rate ziehen, um dort eine Integrationsformel zu finden, deren linke Seite dieselbe Form hat, wie das zu lösende Integral. Allerdings stehen in der Integrationsformel anstatt bestimmter Werte unbestimmte Variablen. Dann wird das Integral durch die rechte Seite der Handbuchformel ersetzt, wobei die darin vorkommenden Variablen durch die entsprechenden bestimmten Werte ersetzt werden. Hat man dann ein Resultat erhalten, wird man im Handbuch herumblättern, um herauszufinden, ob dort irgendwelche anderen Formeln stehen, vielleicht trigonometrische Identitäten, mit denen man das Resultat gemäß der obigen Ersetzungsprozedur weiter vereinfachen kann.

In diesem Kapitel werden wir diesen Sachverhalt sorgfältig ausarbeiten. Wir erklären und veranschaulichen die Begriffe *Bearbeitungsregeln*, *Ausdrücke* und *Muster* und zeigen, wie diese Größen zur Auswertung durch **Umschreibung von Termen** benutzt werden.

5.2 Erzeugung von Bearbeitungsregeln

Es gibt zwei Arten von Bearbeitungsregeln: **eingebaute Funktionen** und **benutzerdefinierte Bearbeitungsregeln**. Es gibt beinahe eintausend eingebaute Funktionen in **Mathematica**, von denen wir bereits einige wenige beschrieben haben.

Eine benutzerdefinierte Bearbeitungsregel kann entweder mit der `Set`-Funktion oder mit der `SetDelayed`-Funktion erzeugt werden. Die `SetDelayed`-Funktion schreibt man entweder in der Form `SetDelayed[`*ls, rs*`]` oder in der Standardeingabeform:

> *ls* := *rs*

Die `Set`-Funktion schreibt man entweder in der Form `Set[`*ls, rs*`]` oder in ihrer speziellen Notation:

> *ls* = *rs*

Die linke Seite einer `Set`- oder einer `SetDelayed`-Funktion beginnt mit einem Namen. Dem Namen kann ein Paar eckiger Klammern folgen, das eine Sequenz von Mustern enthält. Das gebräuchlichste Muster, das innerhalb der eckigen Klammern auftaucht, besteht aus einem Symbol, das mit einem unterstrichenem Leerzeichen (auch Unterstrich oder „Blank" genannt) endet. Dieses wird **Mustervariable** oder auch **gekennzeichnetes Muster** genannt. Die rechte Seite einer `Set`- oder einer `SetDelayed`-Funktion ist ein Audruck, der die Namen der Argumente der linken Seite enthält, jedoch ohne Blanks.

Wir haben im vorhergehenden Kapitel eine Reihe von relativ komplizierten `Set`- oder `SetDelayed`-Funktionen entwickelt, als wir Funktionsdefinitionen (z.B. `deal`) und Wertenamen (z.B. `carddeck`) erzeugt haben. Im folgenden werden wir einige sehr einfache Beispiele angeben, um zu zeigen, wie man die `SetDelayed`- und `Set`-Funktionen benutzt, um Bearbeitungsregeln zu erzeugen. Ein Unterschied, der zwischen diesen beiden Funktionen besteht, wird offensichtlich, wenn man sie eingibt. Lassen Sie uns beispielsweise die Funktionsdefinition **rand1** und den Wertenamen **rand2** eingeben:

```
In[1]:= rand1[x_] := Random[Real, x]

In[2]:= rand2 = Random[]
Out[2]= 0.584002
```

Gibt man eine `SetDelayed`Funktion ein, so wird nichts zurückgegeben. Gibt man dagegen eine `Set`-Function ein, so wird der Wert zurückgegeben, der sich aus der Auswertung der *rs* ergibt (wir werden diesen Wert auch *ausgewertete rs* nennen). Die unterschiedlichen Ausgaben deuten an, daß es einen weitaus fundamentaleren Unterschied zwischen den beiden Funktionen, mit denen man Bearbeitungsregeln erzeugen kann, gibt.

Um diesen zu erkennen, werden wir uns das **globale Regelfundament** anschauen müssen, in dem sich die Bearbeitungsregeln befinden.

5.2.1 | Das Globale Regelfundament

Das globale Regelfundament besteht aus zwei Arten von Bearbeitungsregeln: den eingebauten Funktionen, die Bestandteil jeder **Mathematica**-Sitzung sind, und den benutzerdefinierten Bearbeitungsregeln, die im Verlaufe einer bestimmten Sitzung eingegeben werden.

Informationen über die beiden Regelklassen des globalen Regelfundaments erhalten wir, indem wir **?name** eingeben. Im Falle einer eingebauten Funktion erhalten wir die Eingabesyntax der Funktion und eine Angabe darüber, was berechnet wird, wenn die Funktion aufgerufen wird. Zum Beispiel:

```
In[1]:= ?Apply
Apply[f, expr] or f @@ expr replaces the head of expr by
    f. Apply[f, expr, levelspec] replaces heads in parts
    of expr specified by levelspec.
```

Im Falle einer benutzerdefinierten Bearbeitungsregel wird die Regel selbst ausgegeben. Für die einfachen Beispiele, die wir oben besprochen haben, wird der wesentliche Unterschied zwischen den Bearbeitungsregeln, die mit den **SetDelayed**- und **Set**-Funktionen erzeugt werden, deutlich, wenn wir uns die Bearbeitungsregeln für die Symbole **rand1** und **rand2** ausgeben lassen.

```
In[2]:= ?rand1
Global`rand1

rand1[x_] := Random[Real, x]
```

Vergleichen wir dies mit der ursprünglichen **SetDelayed**-Funktion, so sehen wir, daß eine Bearbeitungsregel, die mit der **SetDelayed**-Funktion erzeugt wird, genauso aussieht, wie die Funktion, die sie erzeugt hat. Der Grund dafür ist, daß sowohl die linke Seite als auch die rechte Seite einer **SetDelayed**-Funktion ohne Auswertung in das Regelfundament übernommen werden.

```
In[3]:= ?rand2
Global`rand2

rand2 = 0.5840022575475326
```

Vergleichen wir dies mit der ursprünglichen **Set**-Funktion, so sehen wir, daß eine Bearbeitungsregel, die mit der **Set**-Funktion erzeugt wird, die gleiche linke Seite hat, wie die Funktion, die sie erzeugt hat, daß aber die rechte Seite der Regel nicht mit der rechten Seite der Funktion übereinstimmen muß. Der Grund dafür ist, daß die rechte Seite der Regel mit der ausgewerteten rechten Seite der Funktion übereinstimmt.

In Anbetracht dieses Unterschiedes, der zwischen den `SetDelayed`- und `Set`-Funktionen besteht, ergibt sich die Frage, wann wir welche der beiden Funktionen benutzen sollten, um eine Bearbeitungsregel zu erzeugen.

Wenn wir eine Funktion definieren, dann soll weder die linke Seite noch die rechte Seite ausgewertet werden; wir wollen sie erst einmal nur zur Verfügung stellen, um sie dann später im geeigneten Moment aufzurufen. Genau dies passiert, wenn man eine `SetDelayed`-Funktion eingibt. Daher benutzt man in der Regel die `SetDelayed`-Funktion, um Funktionsdefinitionen zu schreiben.

Wenn wir einen Wert deklarieren, dann soll die linke Seite nicht ausgewertet werden; sie soll nur ein Ersatzname sein, mit dem man auf einen Wert bequem zugreifen kann. Genau dies passiert, wenn man eine `Set`-Funktion eingibt. Daher benutzt man in der Regel die `Set`-Funktion, um Werte zu deklarieren.

Es ist wichtig zu verstehen, wie Compoundfunktionen von dem globalen Regelfundament behandelt werden. Wenn man die Definition einer Compoundfunktion eingibt, wird eine Bearbeitungsregel erzeugt, die sich auf die gesamte Definition bezieht. Danach werden jedes Mal, wenn die Compoundfunktion aufgerufen wird, aus den Hilfsfunktionen und den Wertedeklarationen, die sich innerhalb der Compoundfunktion befinden, Bearbeitungsregeln erzeugt. Um zu vermeiden, daß diese zusätzlichen Bearbeitungsregeln in das globale Regelfundament mitaufgenommen werden, können wir ihre Namen durch Benutzung von `Module` in der Definition der Compoundfunktion lokalisieren.

Eine neue Bearbeitungsregel überschreibt (ersetzt) eine ältere Regel, welche die gleiche linke Seite hat. Man sollte sich jedoch merken, daß **Mathematica** zwei linke Seiten, die sich nur in den Namen ihrer Mustervariablen unterscheiden, als verschieden betrachtet. Mit Hilfe von `Clear[`*name*`]` kann man eine Bearbeitungsregel aus dem globalen Regelfundament entfernen.

Zur Auswertung eines Ausdrucks gehört ein *Mustervergleich* mit der linken Seite der Bearbeitungsregel. Wir werden uns daher im folgenden mit den Mustern, die in **Mathematica** vorkommen, beschäftigen. Da ein Muster syntaktisch definiert ist (d.h. die Muster, die zu einem Ausdruck passen, werden durch die interne Darstellung des Ausdrucks festgelegt), werden wir unsere Abhandlung über Muster damit beginnen, daß wir die Ausdrucksstruktur erklären, die in **Mathematica** benutzt wird, um Größen darzustellen.

Übungen

1. Welche Bearbeitungsregeln werden jeweils von den folgenden Funktionen erzeugt? Überprüfen Sie Ihre Antworten, indem Sie sie eingeben und dann das Regelfundament befragen.

   (a) `randLis1[n_] := Table[Random[], {n}]`

Übungen (Forts.)

(b) `randLis2[n_] := (x = Random[]; Table[x, {n}])`

(c) `randLis3[n_] := (x := Random[]; Table[x, {n}])`

(d) `randLis4[n_] = Table[Random[], {n}]`

5.3 Ausdrücke

Jede Größe, die man in **Mathematica** eingibt, wird, unabhängig davon wie sie aussieht, intern in der gleichen Weise dargestellt: als ein Ausdruck. Ein Ausdruck hat die Form:

$$kopf\,[arg_1,\ arg_2,\ \dots,\ arg_n]$$

Dabei können der *kopf* und die Argumente arg_i des Ausdruckes andere Ausdrücke sein einschließlich **Atome** (Atome sind eine spezielle Art von Ausdrücken, die wir in Kürze beschreiben werden).

Wir haben bereits gesehen, daß eingebaute Funktionen (z.B. `Plus`, `List`) in einer solchen Form dargestellt werden können. Auch andere Größen haben eine solche Form. Um dies zu sehen, kann man die eingebaute Funktion `FullForm` benutzen.

```
In[1]:= FullForm[x + 2 y + z^2]
Out[1]= Plus[x, Times[2, y], Power[z, 2]]
```

Die verschiedenen Teile eines Ausdrucks sind mit einem Index versehen. Dieser hat positive Werte, wenn man vom ersten Argument aus zählt und negative Werte, wenn man vom letzten Argument aus zählt. Mit Hilfe von `Part`[*expression, i*] kann man die einzelnen Teile eines Ausdrucks (ausgenommen Atome) separieren. Zum Beispiel:

```
In[2]:= Part[{a, b, c, d, e}, 2]
Out[2]= b

In[3]:= Part[{a, b, c, d, e}, -2]
Out[3]= d

In[4]:= Part[x + 2 y + z^2, 3]
             2
Out[4]= z

In[5]:= Part[x + 2 y + z^2, -3]
Out[5]= x
```

Der Kopf irgendeines Ausdrucks (einschließlich der Atome) hat den Index 0. Man kann den Kopf entweder mit der `Part`- oder mit der `Head`-Funktion separieren.

In[6]:= **Part[a^3, 0]**
Out[6]= Power

In[7]:= **Head[{a, b}]**
Out[7]= List

Der Kopf irgendeines Ausdrucks (ausgenommen Atome) ist der Name der äußersten Funktion. Da alles in **Mathematica** die Struktur eines Ausdrucks hat, können die meisten der eingebauten Funktionen, mit denen man Listen bearbeiten kann (so wie wir es gerade bei der **Part**-Funktion gesehen haben), auch benutzt werden, um die Argumente irgendeines anderen Ausdrucks (ausgenommen Atome) zu bearbeiten. Zum Beispiel:

In[8]:= **Append[w + x y,   z]**
Out[8]= w + x y + z

Dieses Resultat wird klar, wenn man sich die **FullForm** der Ausdrücke anschaut:

In[9]:= **FullForm[w + x y]**
Out[9]= Plus[w, Times[x, y]]

und

In[10]:= **FullForm[w + x y + z]**
Out[10]= Plus[w, Times[x, y], z]

Wie man sieht, ist das Anhängen von z an $w + xy$ äquivalent zur Addition des Arguments z an die **Plus**-Funktion.

Wie wir bereits früher erläutert haben, bewirkt die **Apply**-Funktion, daß eine Funktion auf die Argumente einer anderen Funktion angewendet wird, im besonderen auf die Elemente einer Liste. Bedenken wir nun, daß Ausdrücke aus verschiedenen Teilen bestehen, so können wir die Operation der **Apply**-Funktion re-interpretieren. Schauen wir uns an, wie die **Apply**-Funktion mit einem Ausdruck arbeitet,

In[11]:= **FullForm[Apply[Power, Plus[a, b]]]**
Out[11]= Power[a, b]

so können wir sagen, daß die **Apply**-Funktion den Kopf eines Ausdrucks ersetzt (dies entspricht der Information, die wir aus der Anfrage über **Apply** an das Regelfundament erhalten haben, siehe Seite 101). Der Ausdruck **Apply**[*func, expr*] ist also äquivalent zu **ReplacePart**[*expr, func, 0*].

Wir haben oben erwähnt, daß Atome spezielle Ausdrücke sind, die einige Besonderheiten aufweisen. Wir wollen nun auf diese Besonderheiten im Detail eingehen.

5.3.1 | Atome

Die drei fundamentalen Bausteine von **Mathematica** — die **Atome** — aus denen schließlich alle anderen Größen konstruiert werden, sind: Symbol, Zahl und Zeichenkette.

Wir haben bereits früher definiert, was ein Symbol ist; es besteht aus einem Buchstaben, dem ohne Unterbrechung andere Buchstaben und Zahlen folgen.

Beispiele für die vier Arten von Zahlen — ganze Zahlen, reelle Zahlen, komplexe Zahlen und rationale Zahlen — sind in der folgenden Liste wiedergegeben:

```
{4, 5.201, 3 + 4I, 5/7}
```

Eine Zeichenkette besteht aus Zeichen, so wie in Abschnitt 3.7 erläutert.

Wie wir bereits früher gesagt haben, ist ein Atom ein Ausdruck und hat daher einen Kopf und Argument(e). Es gibt jedoch einige wichtige Unterschiede zwischen atomartigen und nicht-atomartigen Ausdrücken.

Während die Köpfe von allen Ausdrücken in der gleichen Weise herausgezogen werden – mit Hilfe der **Head**-Funktion —, enthält der Kopf eines Atoms andere Information als der Kopf anderer Ausdrücke. Zum Beispiel gibt der Kopf eines Symbols oder einer Zeichenkette an, um welche Art von Atom es sich handelt.

```
In[1]:= Map[Head, {a, List, "give me a break"} ]
Out[1]= {Symbol, Symbol, String}
```

Der Kopf einer Zahl gibt an, um welche Art von Zahl es sich handelt.

```
In[2]:= Map[Head, {2, 5.201, 3 + 4I, 5/7}]
Out[2]= {Integer, Real, Complex, Rational}
```

Die **FullForm** eines Atoms (ausgenommen komplexe oder rationale Zahlen) ist das Atom selbst.

```
In[3]:= FullForm[{darwin, "read my lips", 1, 3 + 4I, 5/7} ]
Out[3]= List[darwin, "read my lips", 1, Complex[3, 4], Rational[5, 7]]
```

Atome bestehen nicht aus verschiedenen Teilen (deshalb werden sie Atome genannt).

```
In[4]:= "read my lips"[[1]]
        Part::partd:
            Part specification read my lips[[1]]
                is longer than depth of object.

Out[4]= read my lips[[1]]
```

```
In[5]:= Part[3 + 4I, 1]
        Part::partd:
            Part specification (3 + 4 I)[[1]]
                is longer than depth of object.

Out[5]= (3 + 4 I)[[1]]
```

Schließlich wollen wir hervorheben, daß unabhängig davon, wie ein atomartiger oder nicht-atomartiger Ausdruck auf dem Computerbildschirm erscheint, seine Struktur durch seinen Kopf und die verschiedenen Teile, so wie sie mit `FullForm` dargestellt werden, festgelegt ist. Dies ist wichtig, um den Auswertungsmechanismus von **Mathematica** zu verstehen. Er beruht auf dem Vergleich von Mustern in ihrer `FullForm`-Darstellung. Im nächsten Abschnitt werden wir uns die verschiedenen Arten von Mustern, die es in **Mathematica** gibt, anschauen.

Übungen

1. Was erwarten Sie bei den folgenden Operationen als Resultat? Benutzen Sie die `FullForm` der Ausdrücke, um zu verstehen, was vor sich geht.

  (a) `((x^2 + y) z / w )[[2, 1, 2]]`

  (b) `(a/b)[[2, 2]]`

  (c) Wie kann man den Teil `b` aus `a x^2 + b x^2 + c x^2` spezifizieren?

5.4 Muster

Ein Muster ist eine *Form*, und ein *Mustervergleich* in **Mathematica** besteht darin, eine Übereinstimmung zwischen einer Form und einem Ausdruck zu finden. Um diese abstrakte Aussage zu konkretisieren, werden wir als Beispiel den Ausdruck `x^2` mit den folgenden Formen umschreiben; wir werden dies im nächsten Abschnitt genauer erklären:

1. `x^2` paßt zu „x potenziert mit zwei"

2. `x^2` paßt zu „x potenziert mit einer Zahl"

3. `x^2` paßt zu „x potenziert mit etwas"

4. `x^2` paßt zu „ein Symbol potenziert mit zwei"

5. `x^2` paßt zu „ein Symbol potenziert mit einer Zahl"

6. `x^2` paßt zu „ein Symbol potenziert mit etwas"

7. x^2 paßt zu „etwas potenziert mit zwei"

8. x^2 paßt zu „etwas potenziert mit einer Zahl"

9. x^2 paßt zu „etwas potenziert mit etwas"

10. x^2 paßt zu „etwas"

Wir werden nun lernen, wie man Muster in **Mathematica** definiert.

5.4.1 | Unterstrichene Leerzeichen („Blanks")

Während man für jeden bestimmten Ausdruck eine Form finden kann, die zu ihm paßt (denn jeder Ausdruck paßt zu sich selbst), wollen wir auch größere Klassen von Ausdrücken miteinander vergleichen (z.B. eine Sequenz von Ausdrücken oder Ausdrücke, deren Kopf gleich Integer ist). Aus diesem Grund werden wir **Muster** als Ausdrücke definieren die **unterstrichene Leerzeichen** (Blanks) enthalten können. Das heißt, daß ein Muster folgende Größen enthalten kann: ein einzelnes Blank (_), ein doppeltes Blank (__) und ein dreifaches Blank (___).

Oft ist es wünschenswert, ein Muster, das zu einem Ausdruck paßt, zu kennzeichnen (z.B. auf der linken Seite einer Funktionsdefiniton), so daß man anderswo mit einem Namen darauf zurückgreifen kann (z.B. auf der rechten Seite der Funktionsdefinition). Ein Muster kann durch *name*_, *name*__ oder durch *name*___ gekennzeichnet werden, (dies läßt sich als „ein Muster, das *name* heißt" lesen) und das gekennzeichnete Muster paßt zu demselben Ausdruck, der auch zu dem nicht gekennzeichneten Gegenstück paßt. (Dem passenden Ausdruck wird der Name gegeben, der im gekennzeichneten Muster verwendet wird.)

Welchen Nutzen die unterstrichenen Leerzeichen bieten, versteht man am besten, wenn man sieht, wie sie benutzt werden. Hierzu werden wir die eingebaute MatchQ-Funktion benutzen, die den Wert True zurückgibt, falls ein Muster zu einem Ausdruck paßt, und den Wert False, falls es nicht paßt.

5.4.2 | Mustervergleich bei Ausdrücken

Ein einzelnes Blank (auch **Joker**-Muster genannt) stellt einen charakteristischen Ausdruck dar. Es paßt zu jedem Datenobjekt. Blank[h] oder _h steht für einen Ausdruck mit Kopf h.

Um zu sehen, wie ein Mustervergleich mit einem einzelnen Blank funktioniert, werden wir mit dem bereits oben verwendeten Ausdruck x^2 arbeiten. Nach jeder Anwendung von MatchQ werden wir den Mustervergleich in Worten beschreiben.

In[1]:= `MatchQ[x^2, x^2]`

Out[1]= True

x^2 paßt zu dem Muster „x^2" (was auch sonst).

In[2]:= `MatchQ[x^2, x^_Integer]`

Out[2]= True

x^2 paßt zu dem Muster „x potenziert mit einer ganzen Zahl" (etwas formaler kann man sagen: „x potenziert mit einem Ausdruck, dessen Kopf gleich **Integer** ist").

In[3]:= `MatchQ[x^2, x^_Real]`

Out[3]= False

x^2 paßt nicht zu dem Muster „x potenziert mit einer reellen Zahl."

In[4]:= `MatchQ[x^2, x^_]`

Out[4]= True

x^2 paßt zu dem Muster „x potenziert mit einem Ausdruck."

In[5]:= `MatchQ[x^2, x^y_]`

Out[5]= True

x^2 paßt zu dem Muster „x potenziert mit einem Ausdruck" (die Kennzeichnung mit **y** spielt beim Vergleich keine Rolle).

In[6]:= `MatchQ[x^2, _Symbol^2]`

Out[6]= True

x^2 paßt zu dem Muster „ein Ausdruck mit Kopf **Symbol** potenziert mit zwei."

In[7]:= `MatchQ[x^2, _List^2]`

Out[7]= False

x^2 paßt nicht zu dem Muster „ein Ausdruck mit Kopf **List** potenziert mit zwei."

In[8]:= `MatchQ[x^2, _Symbol^_Integer]`

Out[8]= True

x^2 paßt zu dem Muster „ein Ausdruck mit Kopf **Symbol** potenziert mit einem Ausdruck mit Kopf **Integer**" (etwas weniger formal kann man sagen: „ein Symbol potenziert mit einer ganzen Zahl").

In[9]:= `MatchQ[x^2, _Symbol^_]`

Out[9]= True

x^2 paßt zu dem Muster „ein Symbol potenziert mit einem Ausdruck."

In[10]:= `MatchQ[x^2, _^2]`

Out[10]= True

x^2 paßt zu dem Muster „ein Ausdruck potenziert mit zwei."

> *In[11]:=* **MatchQ[x^2, _^_Integer]**
>
> *Out[11]=* True

x^2 paßt zu dem Muster „ein Ausdruck potenziert mit einer ganzen Zahl."

> *In[12]:=* **MatchQ[x^2, _^_]**
>
> *Out[12]=* True

x^2 paßt zu dem Muster „ein Ausdruck potenziert mit einem Ausdruck."

> *In[13]:=* **MatchQ[x^2, _Power]**
>
> *Out[13]=* True

x^2 paßt zu dem Muster „ein Ausdruck mit Kopf **Power**."

> *In[14]:=* **MatchQ[x^2, _]**
>
> *Out[14]=* True

x^2 paßt zu dem Muster „ein Ausdruck."

5.4.3 | Mustervergleich bei Sequenzen von Ausdrücken

Eine **Sequenz** besteht aus einer Reihe von Ausdrücken, die durch ein Komma voneinander getrennt sind. Zum Beispiel schreibt man die Argumente von Ausdrücken als Sequenzen.

Ein doppeltes Blank steht für eine Sequenz, die aus einem oder mehreren Ausdrücken besteht, und **h** steht für eine Sequenz, die aus einem oder mehreren Ausdrücken besteht, wobei jeder dieser Ausdrücke den Kopf **h** hat. Ein Ausdruck, der zu einem Blank paßt, wird auch zu einem doppeltem Blank passen.

Ein dreifaches Blank steht für eine Sequenz, die aus Null oder mehr Ausdrücken besteht, und ___h steht für eine Sequenz, die aus Null oder mehr Ausdrücken besteht, wobei jeder der Ausdrücke den Kopf **h** hat. Ein Ausdruck, der zu einem Blank paßt, wird auch zu einem dreifachen Blank passen, und eine Sequenz, die zu einem Muster aus doppelten Blanks paßt, wird auch zu einem Muster aus dreifachen Blanks passen. Zum Beispiel:

> *In[1]:=* **MatchQ[x^2, __]**
>
> *Out[1]=* True
>
> *In[2]:=* **MatchQ[x^2, ___]**
>
> *Out[2]=* True

Da **x^2** ein Ausdruck ist, paßt er sowohl zu dem Muster „ein oder mehr Ausdrücke" als auch zu dem Muster „Null oder mehr Ausdrücke."

Eine Liste {a, b, c} paßt zu dem Muster _ (ein Ausdruck), aber auch zu List[__] (eine Liste von einem oder mehreren Ausdrücken) und zu List[___] (eine Liste von Null oder mehreren Ausdrücken). Aber die Liste {a, b, c} paßt nicht zu dem Muster List[_] (eine Liste, die aus einem Ausdruck besteht), da beim Mustervergleich eine Sequenz nicht als ein Ausdruck angesehen wird. Im folgenden geben wir einige weitere Beispiele erfolgreicher Mustervergleiche:

```
In[3]:= MatchQ[{a, b, c}, __]
Out[3]= True

In[4]:= MatchQ[{a, b, c}, {___}]
Out[4]= True

In[5]:= MatchQ[{a, b, c}, x_]
Out[5]= True

In[6]:= MatchQ[{a, b, c}, {x___}]
Out[6]= True
```

In den beiden letzten Fällen haben wir die Blanks gekennzeichnet. Dies beeinflußt jedoch nicht den Erfolg oder Mißerfolg des Mustervergleichs. Die Kennzeichnung dient dazu, verschiedene Teile des Ausdrucks zu identifizieren. In MatchQ[{a, b, c}, x_] ist x ein Name für die Liste {a, b, c}, aber in MatchQ[{a, b, c}, {x___}] ist x ein Name für die *Sequenz* a, b, c, was natürlich ein Unterschied ist. Wir werden dies auf Seite 111 näher erläutern.

Schließlich ist zu beachten, daß das, was wir hier über Listen gesagt haben, gültig bleibt, falls man mit irgendwelchen Funktionen arbeitet. Zum Beispiel gibt MatchQ[Plus[a, b, c], Plus[x___]] den Wert True zurück, wobei x ein Name für die Sequenz a, b, c ist.

5.4.4 | Bedingter Mustervergleich

Neben der Möglichkeit, den Kopf eines Ausdrucks vorzugeben, kann man andere Bedingungen an einen Ausdruck stellen, die erfüllt sein müssen, damit ein bestimmtes Muster paßt.

Eine Bewertungsfunktion hinzufügen

Wenn auf die Blanks eines Musters der Ausdruck ?*test* folgt, wobei *test* eine Bewertungsfunktion ist, dann kann der Vergleich nur dann postiv ausfallen, falls *test*, angewandt auf den ganzen Ausdruck, den Wert True zurückgibt. Zum Beispiel können wir eine eingebaute Bewertungsfunktion benutzen:

```
In[1]:= MatchQ[{a, b, c}, _?ListQ]
Out[1]= True
```

```
In[2]:= MatchQ[{a, b, c}, _?NumberQ]
Out[2]= False
```

Wir können auch eine anonyme Bewertungsfunktion benutzen:

```
In[3]:= MatchQ[{a, b, c}, _List?(Length[#] >2&)]
Out[3]= True
```

```
In[4]:= MatchQ[{a, b, c}, _List?(Length[#] > 4&)]
Out[4]= False
```

Man beachte, daß, wenn man eine anonyme Funktion in ?*test* benutzt, es notwendig ist (wegen des Vorrangs, den **Mathematica** der Auswertung verschiedener Größen gibt), die gesamte Funktion, einschließlich &, in Klammern einzuschließen. Wir benutzen *test*, um damit eine Zwangsbedingung an einen gesamten Ausdruck zu stellen.

Eine Bedingung hinzufügen

Wenn auf einen bestimmten Teil eines gekennzeichneten Musters ein Ausdruck wie /; *condition* folgt, wobei *condition* Kennzeichnungen enthält, die im Muster vorkommen, dann erfolgt ein Vergleich nur dann, falls *condition* den Wert **True** zurückgibt. Wir benutzen *condition*, um an gekennzeichnete Teile eines Ausdrucks Einschränkungen zu machen. Die Benutzung von Kennzeichnungen in *condition* dient dazu, die Voraussetzungen einzuengen, unter denen ein Muster paßt. Zum Beispiel:

```
In[5]:= MatchQ[x^2, _^y_ /; EvenQ[y]]
Out[5]= True
```

```
In[6]:= MatchQ[x^2, _^y_ /; OddQ[y]]
Out[6]= False
```

Wir haben oben erwähnt, daß der Vergleich einer Liste wie {a, b, c} mit dem Muster x_ verschieden ist von dem Vergleich der Liste mit {x__}. Der Grund dafür sind die verschiedenen Ausdrücke, die x zugeordnet werden. Wir wollen dies genauer erläutern:

```
In[7]:= MatchQ[{4, 6, 8}, x_ /; Length[x] > 4]
Out[7]= False
```

```
In[8]:= MatchQ[{4, 6, 8}, {x__} /; Length[x] > 4]
        Length::argx:
            Length called with 3 arguments; 1 argument is expected.

Out[8]= False
```

```
In[9]:= MatchQ[{4, 6, 8}, {x__} /; Plus[x] > 10]
Out[9]= True
```

Im ersten Beispiel wird **x** die gesamte Liste {4, 6, 8} zugeordnet; da Length[{4, 6, 8}] nicht größer als 4 ist, verläuft der Vergleich negativ. Im zweiten Beispiel wird **x** die *Sequenz* 4, 6, 8 zugeordnet. Damit lautet die Bedingung Length[4, 6, 8] > 4; aber Length kann nur ein Argument haben, und daher erhalten wir eine Fehlermeldung. Im letzten Beispiel wird **x** wieder 4, 6, 8 zugeordnet, aber die Bedingung, die diesmal gestellt wird, i.e. Plus[4, 6, 8] > 10, ist korrekt formuliert und wahr.

5.4.5 | Alternativen

Der letzte Mustertyp, den wir besprechen, benutzt **Alternativen**. Es handelt sich um ein Muster, das aus verschiedenen unabhängigen Mustern besteht, und es paßt immer dann zu einem Ausdruck, wenn irgendeines der unabhängigen Muster paßt. In solch einem Muster werden die Alternativen durch einen einzelnen senkrechten Strich | voneinander abgetrennt. Im folgenden einige Beispiele:

```
In[1]:= MatchQ[x^2, x^_Real | x^_Integer]
Out[1]= True
```

x^2 paßt zu folgendem Muster: „ein Ausdruck, der entweder das Symbol **x**, potenziert mit einer reellen Zahl, darstellt oder das Symbol **x**, potenziert mit einer ganzen Zahl".

```
In[2]:= MatchQ[x^2, x^(_Real | _Integer)]
Out[2]= True
```

x^2 paßt zu „x potenziert mit einem Ausdruck, der entweder eine reelle oder eine ganze Zahl ist."

Übungen

1. Finden Sie so viele Muster wie möglich, die zu dem Ausdruck $x^3 + yz$ passen. (Anmerkung: Allgemein gilt, wenn man einen Ausdruck nimmt und irgendeinen Teil davon durch _ (oder name_) ersetzt, dann wird das sich ergebende Muster auch zum Ausdruck passen; weiter gilt, wenn h der Kopf dieses Teils ist, dann passen auch die Muster _h und name_h.)

2. Finden Sie so viele Muster wie möglich, die zu dem folgenden Ausdruck passen:

   {5, erina, {}, "give me a break"}

3. Schreiben Sie mit Hilfe der beiden Formen (Bewertungsfunktion und Bedingung) fünf bedingte Muster auf, die zum Ausdruck {4, {a, b}, "g"} passen.

5.5 Das Umschreiben von Termen

Wann immer ein Ausdruck eingegeben wird, findet eine Auswertung statt. Wir geben nun die allgemeine Methode an, nach der **Mathematica** Ausdrücke auswertet (von wenigen Ausnahmen abgesehen):

1. Falls der Ausdruck eine Zahl oder einer Zeichenkette ist, wird er nicht verändert.

2. Falls der Ausdruck ein Symbol ist, wird er bearbeitet, sofern eine geeignete Bearbeitungsregel im globalen Regelfundament vorhanden ist; andernfalls bleibt er unverändert.

3. Falls der Ausdruck weder eine Zahl, noch eine Zeichenkette, noch ein Symbol ist, werden seine Teile in einer bestimmten Reihenfolge ausgewertet.

    (a) Der Kopf des Ausdrucks wird ausgewertet.

    (b) Die Argumente des Ausdrucks werden der Reihenfolge nach ausgewertet. (Es sei denn, der Kopf ist ein Symbol mit einem Hold-Attribut. In diesem Fall werden einige der Argumente nicht ausgewertet; in der ersten Übung, am Ende dieses Abschnitts, wird dieser Fall genauer erläutert).

4. Nachdem der Kopf und die Argumente eines Ausdrucks vollständig ausgewertet worden sind, wird der Ausdruck, der aus dem ausgewerteten Kopf und den ausgewerteten Argumenten besteht, bearbeitet, (nachdem man alle notwendigen Veränderungen an den Argumenten vorgenommen hat, die mit den Attributen des Kopfes zusammenhängen), sofern eine geeignete Bearbeitungsregel im globalen Regelfundament vorhanden ist.

5. Sind die oben aufgezählten Schritte alle ausgeführt, wird der sich ergebende Ausdruck in der gleichen Weise ausgewertet, und dann wird das Resultat dieser zweiten Auswertung ausgewertet, usw., bis keine geeigneten Bearbeitungsregeln mehr da sind.

Der Prozeß, nach dem die Terme in den Schritten 2 und 4 bearbeitet werden, läßt sich auch folgendermaßen beschreiben:

- Mustervergleich zwischen Teilen eines Ausdrucks und der linken Seite einer Bearbeitungsregel.

- Substitution der Werte, die zu gekennzeichneten Blanks im Muster passen, in die rechte Seite der Bearbeitungsregel und anschließende Auswertung.

- Ersetzung des passenden Teil des Ausdrucks durch das ausgewertete Resultat.

Bei der Auswertung werden sowohl die eingebauten als auch die benutzerdefinierten Bearbeitungsregeln benutzt. Gibt es mehr als eine Bearbeitungsregel, die zu einem

Ausdruck paßt, dann wird die Regel, mit der der Term bearbeitet wird, nach folgenden Prioritätskriterien ausgewählt:

- Benutzerdefinierte Regeln werden vor eingebauten Regeln benutzt.

- Eine speziellere Regel wird vor einer allgemeineren Regel benutzt. Eine Regel ist spezieller als eine andere, wenn ihre linke Seite zu weniger Ausdrücken paßt; zum Beispiel ist die Regel `f[0] := ...` spezieller als `f[_] := ...`. Wir werden dies in Kapitel 6 näher erläutern.

Der Auswertungsprozeß kann an einem einfachen Beispiel vorgeführt werden. Zuerst geben wir die `square`-Bearbeitungsregel in das globale Regelfundament ein.

> *In[1]:=* `square[x_?OddQ] := x^2`

Geben wir nun den folgenden Ausdruck ein,

> *In[2]:=* `square[3]`
> *Out[2]=* 9

dann wird die Zahl 9 als Resultat zurückgegeben. Wir können uns nun die Details des obigen Auswertungsprozesses schrittweise anschauen.

1. Der Kopf **Head**, i.e. `square`, wurde zuerst ausgewertet. Das globale Regelfundament wurde nach einer Bearbeitungsregel abgesucht, deren linke Seite das Symbol `square` ist. Da keine passende Bearbeitungsregel gefunden wurde, blieb das Symbol unverändert.

2. Das Argument 3 wurde ausgewertet. Da 3 eine Zahl ist, wurde jedoch nichts verändert.

3. Der Ausdruck `square[3]` wurde ausgewertet. Das globale Regelfundament wurde nach einer Bearbeitungsregel abgesucht, deren linke Seite zu `square[3]` paßt. Es wurde herausgefunden, daß das Muster `square[3]` zu `square[x_?OddQ]` paßt. Daher wurde `x` auf der rechten Seite der Bearbeitungsregel durch 3 ersetzt, d.h. aus `Power[x, 2]` wurde `Power[3, 2]`.

4. `Power[3, 2]` wurde ausgewertet (durch dieselbe allgemeine Prozedur). Das Resultat war 9.

5. Der Wert 9 wurde ausgewertet. Da 9 eine Zahl ist, wurde nichts verändert.

6. Da es keine weiteren passenden Regeln mehr gab, wurde 9 als Endwert zurückgegeben.

Man kann sich diese Schritte auch mit Hilfe der Funktion **Trace** anzeigen lassen, wobei die **TraceOriginal**-Option auf **True** gesetzt wird. Im folgenden geben wir eine editierte Version davon an:

```
{{square[3], {square}, {3},  square[3]},
 {OddQ[3], {OddQ}, {3}, OddQ[3], True}},
 {Power[3, 2], {Power}, {3}, {2}, Power[3, 2],  9}}
```

Zum Schluß sei noch angemerkt, daß die Termbearbeitung dazu benutzt werden kann, um Bearbeitungsregeln während der Auswertung zu erzeugen. In einem Prozeß, der bekannt ist als **dynamisches Programmieren**, wird eine SetDelayed-Funktion definiert, deren rechte Seite eine Set-Funktion mit gleichem Namen ist.

```
f[x_] := f[x] = rs
```

Wenn ein Mustervergleich zwischen einem Ausdruck und dieser Bearbeitungsregel stattfindet, wird durch die Termbearbeitung eine Set-Funktion mit einem bestimmten Argumentswert erzeugt, die nach Auswertung der rechten Seite, eine Bearbeitungsregel wird. Da das globale Regelfundament während der gesamten Auswertungszeit benutzt wird, kann das Abspeichern von Resultaten als Bearbeitungsregeln die Berechnungszeit verkürzen. Wie wir in Abschnitt 7.7 sehen werden, gilt dies insbesondere für rekursive Berechnungen.

Übungen

1. Es gibt eine Funktion, die Thread heißt. Auf den ersten Blick, scheint sie die gleiche Operation wie MapThread durchzuführen.

   ```
   In[1]:= Thread[List[{1, 3, 5}, {2, 4, 6}]]
   Out[1]= {{1, 2}, {3, 4}, {5, 6}}
   ```

   ```
   In[2]:= MapThread[List, {{1, 3, 5}, {2, 4, 6}}]
   Out[2]= {{1, 2}, {3, 4}, {5, 6}}
   ```

   ```
   In[3]:= Thread[Plus[{1, 3, 5}, {2, 4, 6}]]
   Out[3]= {3, 7, 11}
   ```

   ```
   In[4]:= MapThread[Plus, {{1, 3, 5}, {2, 4, 6}}]
   Out[4]= {3, 7, 11}
   ```

   Es gibt aber einen wesentlichen Unterschied zwischen den Operationen, welche diese beiden Funktionen durchführen, den man erkennen kann, wenn man Trace bei beiden Auswertungen benutzt. Man sieht dann, daß das erste Argument von Thread vor seiner Verwendung ausgewertet wird, wogegen das erste Argument von MapThread in seiner nicht ausgewerteten Form verwendet wird.

   In vielen Fällen spielt der Unterschied zwischen diesen beiden Funktionen keine Rolle, und man kann sowohl die eine als auch die andere Funktion benutzen. Aber es gibt Fälle, bei denen der Unterschied wichtig ist.

Übungen (Forts.)

Ein solches Beispiel ist die Bestimmung des Hamming-Abstands, der zu zwei Listen, die nur aus Nullen und Einsen bestehen, die Anzahl der Stellen angibt, an denen sie sich unterscheiden. Wir erhalten ihn, indem wir `MatchQ` auf jedes Paar der sich entsprechenden Elemente der Listen anwenden. Mit Hilfe von `MapThread` erhalten wir:

```
In[5]:= MapThread[MatchQ, {{1, 0, 0, 1, 1}, {0, 1, 0, 1, 0}}]
Out[5]= {False, False, True, True, False}
```

Versuchen wir nun dasselbe mit der `Thread`-Funktion, so werden wir feststellen, daß es nicht funktioniert:

```
In[6]:= Thread[MatchQ[{1, 0, 0, 1, 1}, {0, 1, 0, 1, 0}]]
        Thread::normal:
            Normal expression expected at position 1
                in Thread[False].

Out[6]= Thread[False]
```

Hier ist folgendes passiert: Zuerst wurde `MatchQ[{1, 0, 0, 1, 1}, {0, 1, 0, 1, 0}]` ausgewertet, und zwar mit dem Resultat `False`. Dieses wurde dann an die `Thread`-Funktion übergeben. Die Auswertung des Ausdrucks `Thread[False]` führte dann zu einer Fehlermeldung.

Es gibt eine Möglichkeit, auch `Thread` für die Bestimmung des Hamming-Abstands zu verwenden. Der wesentliche Punkt dabei ist, daß wir die Auswertung des Ausdrucks `MatchQ[{1, 0, 0, 1, 1}, {0, 1, 0, 1, 0}]` verhindern müssen. Dies können wir erreichen, indem wir die `Hold`-Funktion benutzen. Diese bewirkt, daß ein Ausdruck nicht ausgewertet wird:

```
Thread[Hold[MatchQ][{1, 0, 0, 1, 1}, {0, 1, 0, 1, 0}]]
```

Benutzen Sie `Trace`, um zu sehen was passiert, wenn man diesen Ausdruck eingibt. Liegt dann das unausgewertete `Hold[MatchQ]` mit den zusammengefädelten Listen als Argument vor, können wir die Auswertung beenden, indem wir die `ReleaseHold`-Funktion anwenden, um `Hold` vom Ausdruck zu entfernen. Insgesamt erhalten wir:

```
In[7]:= ReleaseHold[Thread[Hold[MatchQ]
            [{1, 0, 0, 1, 1}, {0, 1, 0, 1, 0}]]]
Out[7]= {False, False, True, True, False}
```

Erklären Sie, was während der Auswertung der folgenden Ausdrücke auftritt. Benutzen Sie `Trace`, um ihre Analyse zu bestätigen.

```
In[8]:= ReleaseHold[Thread[Hold[MatchQ[{1, 0, 0, 1, 1},
                                        {0, 1, 0, 1, 0}]]
                ]]
Out[8]= False

In[9]:= Apply[Times, Thread[Plus[{1, 2}, {3, 4}]], 2]
Out[9]= {4, 6}
```

Übungen (Forts.)

```
In[10]:= ReleaseHold[Apply[Times,
                    Thread[Hold[Plus]][{1, 2}, {3, 4}]], 2]]
Out[10]= {3, 8}
```

5.6 Transformationsregeln

Eine Bearbeitungsregel, die im globalen Regelfundament abgespeichert ist, wird von **Mathematica** automatisch benutzt, wann immer sich ein passender Mustervergleich während der Auswertung ergibt. Falls wir den Gebrauch einer Regel auf einen bestimmten Ausdruck beschränken wollen, können wir die **ReplaceAll**-Funktion benutzen. Dabei übergeben wir den Ausdruck als erstes Argument und eine benutzerdefinierte **Rule**- oder **RuleDelayed**-Funktion als zweites Argument. In der Standardeingabeform erscheint die Transformationsregel (oder auch lokale Bearbeitungsregel) sofort nach dem Ausdruck.

ausdruck /. **Rule**[*ls, rs*]

ausdruck /. **RuleDelayed** [*ls, rs*]

Eine Transformationsregel wird auf den Ausdruck, zu dem sie gehört, erst *nach* der Auswertung des Ausdrucks angewandt. Während die linke Seite einer Transformationsregel *immer* vor der Benutzung ausgewertet wird (im Gegensatz zu einer Bearbeitungsregel), können wir, je nachdem ob wir **Rule** oder **RuleDelayed** benutzen, selber bestimmen, ob die rechte Seite einer Regel vor oder nach der Benutzung ausgewertet wird.

Die Standardeingabeform der **Rule**-Funktion lautet

ls -> rs

Benutzt man die **Rule**-Funktion zusammen mit einem Ausdruck, so wird zuerst der Ausdruck ausgewertet. Dann werden *beide*, die linke und die rechte Seite der Regel ausgewertet, ausgenommen die Teile der rechten Seite, deren Auswertung vom **Hold**-Attribut blockiert wird. Schließlich wird die ausgewertete linke Seite der Regel überall dort, wo sie im ausgewerteten Ausdruck erscheint, durch die ausgewertete rechte Seite der Regel ersetzt.

```
In[1]:= Table[x, {5}] /. x -> Random[]
Out[1]= {0.65062, 0.65062, 0.65062, 0.65062, 0.65062}
```

Benutzen wir **Trace**, so können wir sehen, wie die Transformationsregel arbeitet:

```
In[2]:= Trace[Table[x, {5}] /. x -> Random[]]
Out[2]= {{Table[x, {5}], {x, x, x, x, x}},
         {{Random[], 0.067615}, x -> 0.067615, x -> 0.067615},
         {x, x, x, x, x} /. x -> 0.067615,
         {0.067615, 0.067615, 0.067615, 0.067615, 0.067615}}
```

Die Kurzschreibweise fü die **RuleDelayed**-Function lautet:

ls :> rs

Benutzt man die **RuleDelayed**-Funktion zusammen mit einem Ausdruck, wird zuerst der Ausdruck berechnet. Dann erfolgt die Auswertung der linken Seite (aber *nicht* der rechten Seite) der Regel. Danach wird die ausgewertete linke Seite der Regel, überall dort wo sie im ausgewerteten Ausdruck erscheint, durch die unausgewertete rechte Seite der Regel ersetzt. Zum Schluß wird auch diese ausgewertet.

```
In[3]:= Table[x, {5}] /. x :> Random[]
Out[3]= {0.0623977, 0.979749, 0.308262, 0.651423, 0.336169}
```

Benutzen wir **Trace**, so können wir sehen, wie diese Transformationsregel arbeitet.

```
In[4]:= Trace[Table[x, {5}] /. x :> Random[]]
Out[4]= {{Table[x, {5}], {x, x, x, x, x}},
         {x, x, x, x, x} /. x :> Random[],
         {Random[], Random[], Random[], Random[], Random[]},
         {Random[], 0.0575784}, {Random[], 0.0894568},
         {Random[], 0.406118}, {Random[], 0.586872},
         {Random[], 0.970155},
         {0.0575784, 0.0894568, 0.406118, 0.586872, 0.970155}}
```

Der aufmerksame Leser wird vielleicht bemerkt haben, daß der Wert von **x** aus dem ersten **Table**-Ausdruck im zweiten **Table**-Ausdruck nicht vorkommt. Der Grund dafür ist, daß die Transformationsregel **x -> Random[]** nicht in das globale Regelfundament aufgenommen wurde.

Transformationsregeln können mit Hilfe von Symbolen geschrieben werden, wie zum Beispiel in

```
In[5]:= {a, b, c} /. List -> Plus
Out[5]= a + b + c
```

oder mit Hilfe von gekennzeichneten Mustern:

```
In[6]:= {{3, 4}, {7, 2}, {1, 5}} /. {x_, y_} -> {y, x}
Out[6]= {{4, 3}, {2, 7}, {5, 1}}
```

Wir können mehrere Regeln zusammen mit einem Ausdruck verwenden, indem wir sie in einer Liste zusammenfassen:

```
In[7]:= {a, b, c} /. {c->b, b->a}
Out[7]= {a, a, b}
```

Eine Transformationsregel wird nur einmal auf jeden Teil eines Ausdrucks angewandt (im Gegensatz zu einer Bearbeitungsregel). Haben wir mehrere Transformationsregeln, so werden diese parallel benutzt. Daher wird im obigen Beispiel das Symbol c nach b transformiert, aber danach findet keine weitere Umwandlung nach a statt. Will man eine oder mehrere Transformationsregeln wiederholt auf einen Ausdruck anwenden, bis sich dieser Ausdruck nicht weiter verändert, dann muß man die `ReplaceRepeated`-Funktion benutzen.

```
In[8]:= {a, b, c} //. {c->b, b->a}
Out[8]= {a, a, a}
```

Wir wollen die Beschreibung des Auswertungsprozesses von **Mathematica** mit der Demonstration einer anspruchsvollen Bearbeitungsregel abschließen. Diese verwendet fast alles, was wir besprochen haben: Die wiederholte Anwendung von Transformationsregeln mit verzögerter Auswertung, Sequenzen von Mustern und bedingte Mustervergleiche.

Hierzu rufen wir uns die `maxima`-Funktion, die wir im vorhergehenden Kapitel definiert haben, noch einmal ins Gedächtnis zurück. Sie gibt jene Elemente einer Liste von positiven Zahlen zurück, die größer sind als alle vorhergehenden Elemente in der Liste.

```
In[9]:= maxima1[x_List] := Union[Rest[FoldList[Max, 0, x]]]

In[10]:= maxima1[{3, 5, 2, 6, 1, 8, 4, 9, 7}]
Out[10]= {3, 5, 6, 8, 9}
```

Wir können diese Funktion auch mit Hilfe einer mustervergleichenden Transformationsregel aufschreiben.

```
In[11]:= maxima2[x_List] :=
             x //. {a___, b_, c___, d_, e___} /; d <= b :> {a, b, c, e}
```

Diese Transformationsregel funktioniert im wesentlichen folgendermaßen: Sie sucht in der Liste nach zwei Elementen, die durch eine Sequenz von Elementen getrennt sein dürfen, mit der Eigenschaft, daß das zweite Element nicht größer ist als das erste. Dann wird das zweite Element gelöscht. Dieser Prozeß wird sooft wiederholt, bis die verbleibenden Elemente der Größe nach aufsteigend geordnet sind.

```
In[12]:= maxima2[{3, 5, 2, 6, 1, 8, 4, 9, 7}]
Out[12]= {3, 5, 6, 8, 9}
```

1. Wenden Sie **Trace** auf **maxima2** und **maxima1** an, und finden Sie so heraus, warum die funktionale Version viel schneller ist als die mustervergleichende Version der **maxima**-Funktion.

2. Gibt man den folgenden „Compoundausdruck" ein, so wird der Wert 14 zurückgegeben:

   ```
   y = 11; a = 9; (y + 3 /. y->a)
   ```

   Wie sieht die Auswertungssequenz aus? Benutzen Sie die **Trace**-Funktion, um Ihre Antwort zu überprüfen.

3. Verwenden Sie in dem Compoundausdruck aus der vorherigen Übung die Funktionen **Hold** und **ReleaseHold** in einer solchen Weise, daß der Rückgabewert gleich 12 ist.

4. Die Funktionsdefinition **f[x_Plus] := Apply[Times, x]** arbeitet wie folgt:

   ```
   In[1]:= f[a + b + c]
   Out[1]= a b c
   ```

   Die Bearbeitungsregel **g[x_] = x /. Plus[z__] -> Times[z]** funktioniert nicht. Benutzen Sie **Trace**, um zu sehen, warum dies so ist, und ändern Sie danach diese Regel so ab, daß sie die gleiche Operation wie die Funktion **f** ausführt. Hinweis: Die linke Seite der Transformationsregel sollte nicht ausgewertet werden, da sie in ihrer ursprünglichen Form für den Mustervergleich gebraucht wird; und die rechte Seite der Regel sollte erst dann ausgewertet werden, wenn die Regel benutzt worden ist.

5. Erzeugen Sie eine Bearbeitungsregel, die, mit Hilfe der wiederholten Ersetzung, die verschachtelten Listen in der folgenden Liste entschachtelt:

   ```
   In[1]:= unNest[{{a, a, a}, {a}, {{b, b, b}, {b, b}}, {a, a}}]
   Out[1]= {{a, a, a}, {a}, {b, b, b}, {b, b}, {a, a}}
   ```

6. Definieren Sie eine Funktion, die mit Hilfe von wiederholt angewandten Mustervergleichen die Elemente einer Liste aufsummiert.

6 Bedingte Funktionsdefinitionen

Ein wesentlicher Punkt bei Computerprogrammen ist, daß sie Entscheidungen treffen können — ihre Vorgehensweise ist abhängig von den Eigenschaften der Daten, mit denen sie operieren. In diesem Kapitel werden wir zwei verschiedene Methoden besprechen, mit denen man Entscheidungsprozesse in **Mathematica**-Programme einbauen kann: **mehrteilige Definitionen**, bei denen eine Funktion durch mehr als eine Regel definiert wird und **bedingte Funktionen**, die, abhängig von einer Bedingung, einen von mehreren möglichen Werten zurückgeben. Diese Methoden werden die Möglichkeiten, die wir mit **Mathematica** haben, beträchtlich erweitern. Außerdem sind sie ein wichtiger Schritt zum Erlernen der fundamentalen Techniken Rekursion und Iteration.

6.1 Einführung

Betrachten Sie das folgende Problem: Gegeben sei eine Liste L von Zeichen. Ist das erste Zeichen ein „Whitespace" — d.h. ein Leerzeichen oder das Zeichen für Zeilenvorschub — so soll `Rest[L]` zurückgegeben werden; andernfalls soll L zurückgegeben werden:

```
In[1]:= removeWhiteSpace[{"a", "b", "c"}]
Out[1]= {a, b, c}

In[2]:= removeWhiteSpace[{" ", "a", "b", "c"}]
Out[2]= {a, b, c}

In[3]:= removeWhiteSpace[{" ", " ", "a", "b", "c"}]
Out[3]= { , a, b, c}
```

Die eingebauten Funktionen, wie **Map** oder **Fold**, sind bei diesem Problem nicht hilfreich. Eine Antwort findet sich jedoch, wenn auch indirekt, in Kapitel 5. Sie lautet wie folgt: Wir wissen, daß Funktionsdefinitionen in Wirklichkeit nichts anderes als Bearbeitungsregeln sind, daß eine Bearbeitungsregel aus einem *Muster* besteht (auf der linken Seite) und aus einem *Rumpf* (auf der rechten Seite) und daß die Auswertung eines Ausdrucks darin besteht, solche Bearbeitungsregeln auf die Teile eines Ausdrucks anzuwenden, die zum Muster passen.

Dies bedeutet, daß bei der Definition einer Funktion *f mehrere* Regeln angegeben werden können. Damit ist es möglich, *f* in verschiedenen Situationen anzuwenden. So könnten wir etwa folgendes schreiben:

```
f[0] := ...
f[n_Integer] := ...
f[x_Real] := ...
f[{0, 0}] := ...
f[{x_}] := ...
f[z_] := ...
```

Diese Regeln bestimmen den Wert von **f**, je nachdem ob das Argument Null ist, eine ganze Zahl, eine reelle Zahl, eine Liste von zwei Nullen, eine beliebige einelementige Liste oder ein beliebiges Argument. Wie bereits in Kapitel 5 erwähnt, wird immer dann, wenn mehr als eine Regel auf einen Ausdruck angewandt werden kann, die speziellste Regel benutzt (d.h. diejenige, die zu den wenigsten Ausdrücken paßt). Der Ausruck **f[0]** wird also mit der ersten Regel bearbeitet, obwohl auch die zweite und die letzte Regel passen; **f[2]** wird mit der zweiten Regel bearbeitet, obwohl auch die letzte Regel paßt.

Solch eine Definition heißt **mehrteilige Definition**. Mit einer solchen Definition können wir das **removeWhiteSpace**-Problem leicht lösen [1]:

```
removeWhiteSpace[{" ", r___}] := {r}
removeWhiteSpace[{"\n", r___}] := {r}
removeWhiteSpace[L_] := L
```

Lassen Sie uns den Sachverhalt noch einmal zusammenfassen: Die Definition von **removeWhiteSpace** besteht aus drei Regeln. Die erste wird benutzt, wenn die Liste mit einem Leerzeichen beginnt, die zweite, wenn die Liste mit dem Zeichen beginnt, das einem Zeilenvorschub entspricht und die dritte, wenn die Liste mit irgendeinem anderen Argument beginnt. Da **Mathematica** die Regeln vorzieht, die speziellere Muster haben, wird die dritte Regel nur dann benutzt, wenn die Liste nicht mit einem Leerzeichen oder einem Zeilenvorschub-Zeichen beginnt.

Benutzt man die verschiedenen Typen von Mustern, die in Kapitel 5 eingeführt worden sind, dann gibt es verschiedene Möglichkeiten, unser Problem zu lösen. Die dritte Regel bleibt immer gleich, aber es gibt mehrere Wege, die ersten beiden zu verändern, und wenn man möchte, kann man sie sogar zu einer einzigen Regel zusammenzufassen. Im folgenden geben wir einige alternative Definitionen an:

---

1) Wichtige Anmerkung: Zu dem Sequenzmuster ___ oder _ passt eine *Sequenz* und keine Liste (der Unterschied wird auf Seite 109 erklärt). Da das Resultat der Funktion eine Liste sein sollte, müssen wir die **List**-Funktion auf die Sequenz anwenden. Deshalb haben wir „r" auf der rechten Seite in Listenklammern gesetzt. Sie wegzulassen, ist ein verbreiteter Fehler.

```
removeWhiteSpace[{x_, r___} /; x == " "] := {r}
removeWhiteSpace[{x_, r___} /; x == "\n"] := {r}
removeWhiteSpace[L_] := L

removeWhiteSpace[{x_, r___} /; x == " " || x == "\n"] := {r}
removeWhiteSpace[L_] := L
removeWhiteSpace[{" " | "\n", r___}] := {r}
removeWhiteSpace[L_] := L

removeWhiteSpace[{x_, r___} /; MemberQ[{" ", "\n"}, x]] := {r}
removeWhiteSpace[L_] := L

stringMemberQ[str_, ch_] := StringPosition[str, ch] != {}
whiteSpaceQ[ch_] := stringMemberQ[" \n", ch]

removeWhiteSpace[{x_?whiteSpaceQ, r___}] := {r}
removeWhiteSpace[L_] := L

removeWhiteSpace[{x_, r___} /; whiteSpaceQ[x]] := {r}
removeWhiteSpace[L_] := L

removeWhiteSpace[{x_, r___}] := {r} /; whiteSpaceQ[x]
removeWhiteSpace[L_] := L
```

Die letzte dieser Regeln benutzt im wesentlichen nur eine andere Syntax als die davor. Diese andere Syntax — die darin besteht, die Bedingung des Mustervergleichs auf die rechte Seite der Bearbeitungsregel zu setzen — wird in **Mathematica** oft benutzt, da sie, im Gegensatz zur ersteren Syntax, auch schon in früheren Versionen existierte. Die neuere Form sollte benutzt werden, wenn sich die Regel über mehrere Zeilen erstreckt; auf diese Weise kann jemand, der sich die Regel anschaut, sofort erkennen, unter welchen Bedingungen sie angewandt wird. Die ältere Syntax kann benutzt werden, wenn sich die Regel nur über eine oder zwei Zeilen erstreckt.

In einem weiteren Beispiel überprüft die Funktion vowelQ[*ch*], ob das Zeichen (eine einelementige Zeichenkette) *ch* ein kleingeschriebener Vokal ist:

```
vowelQ["a"] := True
vowelQ["e"] := True
vowelQ["i"] := True
vowelQ["o"] := True
vowelQ["u"] := True
vowelQ[c_] := False
```

In einem letzten Beispiel behandeln wir die Funktion `canFollow`$[c_1, c_2]$. Die Funktion gibt den Wert `True` zurück, falls ein englisches Wort existiert, dessen erster Buchstabe c_1 und dessen zweiter Buchstabe c_2 ist.

```
canFollow["a", ch_] := True
canFollow["b", ch_] := True /; stringMemberQ["aeiloruy", ch]
canFollow["c", ch_] := True /; stringMemberQ["aehiloruy", ch]
canFollow["d", ch_] := True /; stringMemberQ["aeioruy", ch]
                       ⋮
canFollow["z", ch_] := True /; stringMemberQ["aeiouy", ch]
canFollow[ch1_, ch2_] := False
```

6.2 Bedingte Funktionen

Mehrteilige Funktionsdefinitionen und Mustervergleiche sind sicherlich sehr nützlich. Es gibt jedoch noch eine andere Methode, die insbesondere bei Problemen, in denen die Muster sehr kompliziert wären, eingesetzt werden sollte. Sie besteht darin, **bedingte Funktionen** zu benutzen, also Funktionen, die, abhängig von einer Bedingung, die Werte verschiedener Ausdrücke zurückgeben. Von diesen ist die `If`-Funktion die einfachste und wichtigste:

`If`[*bedingung*, *ausdr*$_1$, *ausdr*$_2$]

gibt den Wert *ausdr*$_1$ zurück, falls *bedingung* wahr ist, andernfalls wird der Wert von *ausdr*$_2$ zurückgegeben. Zum Beispiel liefert `If`[n > 0, 5, 9] den Wert 5, falls n einen Wert hat, der größer als Null ist, ansonsten wird 9 zurückgeliefert. Der Ausdruck

```
If[lis=={}, lis, Rest[lis]]
```

gibt, nachdem sichergestellt ist, daß diese Liste nicht leer ist, `Rest` von `lis` aus.

Alle Beispiele aus dem vorherigen Abschnitt können mit Hilfe von `If` durch eine *einteilige* Definition ausgedrückt werden. Zum Beispiel:

```
removeWhiteSpace[lis_] :=
    If[stringMemberQ[" \n", First[lis]], Rest[lis], lis]
```

Wir können `If`-Ausdrücke verschachteln, so wie auch andere Funktionsaufrufe. Dies kann ein Vorteil gegenüber den mehrteiligen Funktionsdefinitionen sein. Nehmen wir beispielsweise einmal an, daß wir unser Beispiel `removeWhiteSpace` zu `removeTwoSpaces` abändern wollen: `removeTwoSpaces`[*lis*] gibt *lis* aus, falls es nicht mit einem Leerzeichen oder einem Zeilenvorschub-Zeichen beginnt, `Rest`[*lis*], falls es mit genau einem solchen Zeichen beginnt und `Rest`[`Rest`[*lis*]], falls es mit zwei solchen Zeichen beginnt. Die mehrteilige Definition lautet:

```
removeTwoSpaces[{x_, y_, r___}] :=
        {r} /; whiteSpaceQ[x] && whiteSpaceQ[y]
removeTwoSpaces[{x_, r___}] := {r} /; whiteSpaceQ[x]
removeTwoSpaces[lis_] := lis
```

An dieser Definition ist unelegant und wenig effizient, daß möglicherweise das erste Element von *lis zweimal* überprüft wird. Zum Beispiel benutzt **Mathematica** bei der Auswertung von removeTwoSpaces[{"a", "b"}] die erste (speziellere) Regel und überprüft, ob der Ausdruck whiteSpaceQ["a"] wahr ist; da dies nicht der Fall ist, wird die zweite (weniger spezielle) Regel verwendet, und auch hier wird wieder whiteSpaceQ["a"] ausgewertet; da erneut die Antwort negativ ist, geht **Mathematica** weiter zur dritten (allgemeinsten) Regel, die nun zutrifft. Mit einem If-Ausdruck können wir dieses Effizienzproblem vermeiden:

```
removeTwoSpaces[lis_] :=    If[whiteSpaceQ[First[lis]],
        If[whiteSpaceQ[First[Rest[lis]]],
            Rest[Rest[lis]],
            Rest[lis]],
        lis]
```

Hier wird das erste Element nur einmal überprüft und zwar gleich zu Anfang. Falls sich ergibt, daß das zweite Element kein Leerzeichen ist, so wird Rest[lis] zurückgegeben, ohne daß das erste Element noch einmal überprüft werden muß.

In einem weiteren Beispiel, in dem If verwendet wird, hat die Funktion applyChar eine Liste als einziges Argument. Die Liste sieht dabei wie folgt aus: Ganz vorne steht eines der Zeichen "+", "-", "*" oder "/", und danach kommen Zahlen. applyChar wendet die Funktion, die durch das Zeichen dargestellt wird, auf die restlichen Elemente der Liste an:

```
In[1]:= applyChar[lis_] :=
            Module[{op = First[lis], nums = Rest[lis]},
                If[op == "+", Apply[Plus, nums],
                    If[op == "-", Apply[Minus, nums],
                        If[op == "*", Apply[Times, nums],
                            If[op == "/", Apply[Divide, nums],
                                Print["Bad argument to applyChar"]]]]]]

In[2]:= applyChar[{"+", 1, 2, 3, 4}]
Out[2]= 10
```

(Rufen Sie sich die Module-Funktion ins Gedächtnis zurück, die es uns erlaubt, lokale Variablen einzuführen. In diesem Fall erspart sie uns das mehrmalige Schreiben von First[lis] und Rest[lis].)

Obwohl in dem Argument, also in der Liste, an der ersten Stelle einer der vier Operatoren stehen „muß", ist es empfehlenswert, dies explizit überprüfen zu lassen; andernfalls, d.h. wenn diese Bedingung verletzt ist, können sich unverständliche Resultate ergeben. Wir haben oben die `Print`-Funktion benutzt, die all ihre Argumente (es können beliebig viele sein) ausdruckt und dann in eine neue Zeile springt.

Man beachte, daß im obigen Code der Ausdruck `If` mehrfach verschachtelt vorkommt. Jedes weitere if steht im „False-Teil" des vorhergehenden Ausdrucks. Die Auswertung besteht also aus einer Sequenz von Bewertungsüberprüfungen, die aufhört, wenn eine Bewertung gefunden wird, die wahr ist; dann kann ein Resultat berechnet werden. Eine solche **kaskadenförmige** Sequenz von `If`s kann sehr lang werden, was dazu führt, daß die Einrückung unüberschaubar wird. Daher ist es üblich, die normale Einrückungsregel für `If`-Ausdrücke zu verletzen und die Eingabe folgendermaßen zu gestalten:

$$\texttt{If}[\textit{bedingung}_1,\ \textit{resultat}_1,$$
$$\texttt{If}[\textit{bedingung}_2,\ \textit{resultat}_2,$$
$$\vdots$$
$$\texttt{If}[\textit{bedingung}_n,\ \textit{resultat}_n,$$
$$\textit{bedingung}_{n+1}]\ \dots\ ]]$$

Da nun aber kaskadenartige `If`s sehr oft vorkommen, stellt **Mathematica** einen einfacheren Weg zur Verfügung, um sie aufzuschreiben. Man benutzt die Funktion `Which`, deren allgemeine Form wie folgt lautet:

$$\texttt{Which}[\textit{bedingung}_1,\ \textit{resultat}_1,$$
$$\textit{bedingung}_2,\ \textit{resultat}_2,$$
$$\vdots$$
$$\textit{bedingung}_n,\ \textit{resultat}_n,$$
$$\texttt{True},\ \textit{resultat}_{n+1}]$$

Dieser Ausdruck bewirkt genau das Gleiche, wie der obige kaskadenartige `If`-Ausdruck: Die Bedingungen werden der Reihe nach überprüft, und wenn ein i gefunden wird, für das $\textit{bedingung}_i$ wahr ist, dann gibt der `Which`-Ausdruck das Resultat $\textit{resultat}_i$ zurück. Sollte keine der Bedingungen wahr sein, dann wird die letzte „Bedingung" überprüft, nämlich der Ausdruck `True`, dessen Auswertung immer den Wert `True` liefert, und deshalb wird $\textit{result}_{n+1}$ zurückgegeben.

`applyChar` kann nun in einer übersichtlicheren Form geschrieben werden:

```
applyChar[lis_] :=
    Module[{op = First[lis], nums = Rest[lis]},
           Which[op == "+", Apply[Plus, nums],
                  op == "-", Apply[Minus, nums],
                  op == "*", Apply[Times, nums],
                  op == "/", Apply[Divide, nums],
                  True, Print["Bad argument to applyChar"]]]
```

Die Art und Weise, wie wir das **Which**-Kommando benutzen, ist immer noch sehr speziell, da es aus einer einfachen Sequenz von Vergleichen zwischen einer Variablen und einer Konstanten besteht. Da auch dies des öfteren vorkommt, stellt **Mathematica** wieder eine spezielle Funktion dafür zur Verfügung. Sie wird **Switch** genannt, und ihre allgemeine Form lautet:

$$\text{Switch}[e,\ muster_1,\ resultat_1,$$
$$muster_2,\ resultat_2,$$
$$\vdots$$
$$muster_n,\ resultat_n,$$
$$\_,\ resultat_{n+1}]$$

In diesem Ausdruck wird zuerst e ausgewertet, und dann werden der Reihenfolge nach die Muster überprüft, um festzustellen, ob sie zu e passen; sobald e zu einem Muster $muster_i$ paßt, wird der Wert von $resultat_i$ zurückgegeben. Falls keines der Muster $muster_1$, ..., $muster_n$ passen sollte, kommt das Muster „_" ins Spiel, das auf alles paßt. Falls alle Muster konstant sind, ist der **Switch**-Ausdruck zu folgendem Ausdruck äquivalent:

$$\text{Which}[e\ ==\ muster_1,\ resultat_1,$$
$$e\ ==\ muster_2,\ resultat_2,$$
$$\vdots$$
$$e\ ==\ muster_n,\ resultat_n,$$
$$\text{True},\ muster_{n+1}]$$

Damit sieht unsere endgültige Version von **applyChar** wie folgt aus:

```
applyChar[lis_] :=
    Module[{op = First[lis], nums = Rest[lis]},
           Switch[op, "+", Apply[Plus, nums],
                       "-", Apply[Minus, nums],
                       "*", Apply[Times, nums],
                       "/", Apply[Divide, nums],
                       _, Print["Bad argument to applyChar"]]]
```

Man beachte, daß **Switch** im letzten Fall („**default**"-Fall), das Blankzeichen „_" benutzt, so wie **Which** in diesem Fall den stets wahren **True**-Ausdruck benutzt hat.

Um eine größere Flexibilität zu erreichen, kann man If auch in Verbindung mit den Funktionen höherer Ordnung aus Kapitel 4 benutzen. Zum Beispiel addiert die folgende Funktion die Zahl 1 zu allen Zahlen, die in einer gegebenen Liste vorkommen:

```
incrementNumbers[L_] := Map[If[NumberQ[#], #+1, #]&, L]
```

Die nächste Funktion teilt die Zahl 100 durch alle Zahlen einer gegebenen Zahlenliste, ausgenommen die Nullen:

```
divide100By[L_] := Map[If[#==0, #, 100/#]&, L]
```

Und hier kommt eine Funktion, mit der man Elemente, die mit dem vorhergehenden Element übereinstimmen, entfernen kann, z.B. removeRepetitions[{0, 1, 1, 2, 2, 2, 1, 1}] = {0, 1, 2, 1}:

```
removeRepetitions[L_] :=
    Fold[If[#2==Last[#1], #1, Append[#1, #2]]&, {First[L]}, Rest[L]]
```

6.3 Zusammenfassung der bedingten Anweisungen

Wenn man eine Funktion schreibt, deren Resultatsberechnung von den Werten ihrer Argumente abhängt, dann kann man zwischen folgenden Möglichkeiten wählen:

- Man benutzt eine mehrteilige Definition:

  f[$muster_1$_] /; $bedingung_1$:= rs_1

  $\vdots$

  f[$muster_n$_] /; $bedingung_n$:= rs_n

  Dabei sind die Bedingungen fakultativ, und man kann sie auch hinter die rechten Seiten schreiben.

- Man benutzt eine einteilige Definition, in der ein bedingter Ausdruck vorkommt:

  f[x_] := If[$bedingung_1$, rs_1,

  $\vdots$

  If[$bedingung_n$, rs_n,

  rs_{n+1}] ...]

Im zweiten Fall kann man auch, falls n größer als zwei ist, den äquivalenten Which-Ausdruck verwenden; und wenn alle Bedingungen die Form „x == $const_i$" haben, wobei die Variable x und die Konstanten $const_i$ vorgegeben sind, dann sollte man die Switch-Funktion benutzen.

Das Problem im nächsten Beispiel werden wir lösen, indem wir die Möglichkeiten, die wir in diesem Kapitel kennengelernt haben, auf verschiedene Weise kombinieren.

6.4 Beispiel — Klassifizierung von Punkten

Es ist üblich, Quadranten in der Euklidischen Ebene gegen den Uhrzeigersinn zu numerieren, von Quadrant 1 (x und y sind positiv) bis zu Quadrant 4 (x ist positiv, y ist negativ). Die Funktion `pointLoc[{x, y}]` hat die Aufgabe, Punkte gemäß folgender Tabelle zu klassifizieren:

Punkt	Klassifizierung
$(0, 0)$	0
$y = 0$ (d.h. auf der x-Achse)	-1
$x = 0$ (d.h. auf der y-Achse)	-2
Quadrant 1	1
Quadrant 2	2
Quadrant 3	3
Quadrant 4	4

Wir werden anhand dieses Problems, indem wir verschiedene Lösungen angeben, die wesentlichen Ideen aus diesem Kapitel noch einmal veranschaulichen. Wir werden mehrteilige Funktionsdefinitionen mit Bewertungsfunktionen benutzen, einteilige Definitionen mit `If` und sich darauf beziehenden Befehlen, sowie Kombinationen dieser beiden Möglichkeiten.

In der ersten Lösung, die sich wohl wie von selbst anbietet, gibt es für jeden der obigen Fälle eine eigene Regel:

```
pointLoc[{0, 0}] := 0
pointLoc[{x_, 0}]  := -1
pointLoc[{0, y_}]  := -2
pointLoc[{x_, y_}]   := 1 /; x>0 && y>0
pointLoc[{x_, y_}]   := 2 /; x<0 && y>0
pointLoc[{x_, y_}]   := 3 /; x<0 && y<0
pointLoc[{x_, y_}]   := 4 (* /; x>0 && y<0 *)
```

(Wird ein Punkt gemäß der letzten Regel klassifiziert, ist die zugehörige Bedingung immer erfüllt. Sie muß also nicht extra ausgewertet werden, und daher haben wir sie als Kommentar geschrieben.)

Übersetzen wir dies direkt in eine einteilige Definition, die `If` benutzt, so erhalten wir:

```
pointLoc[{x_, y_}] :=
    If[x == 0 && y == 0, 0,
    If[y == 0, -1,
    If[x == 0, -2,
    If[x > 0 && y > 0, 1,
    If[x < 0 && y > 0, 2,
    If[x < 0 && y < 0, 3, (* x > 0 && y < 0 *) 4]]]]]]
```

In der folgenden, geeigneteren Lösung wird Which benutzt:

```
pointLoc[{x_, y_}] :=
    Which[
            x == 0 && y == 0, 0,
            y == 0, -1,
            x == 0, -2,
            x > 0 && y > 0, 1,
            x < 0 && y > 0, 2,
            x < 0 && y < 0, 3,
            True (* x > 0 && y < 0 *) , 4]
```

Alle bisherigen Lösungen sind mehr oder weniger ineffizient, da Vergleiche eines einzelnen Wertes mit der Zahl Null wiederholt durchgeführt werden. Nehmen wir beispielsweise einmal die letzte Lösung und nehmen an, daß das Argument gleich $(-5, -9)$ ist. Um das Resultat zu erhalten, wird -5 fünfmal mit der Zahl Null verglichen, und -9 wird dreimal mit Null verglichen. Im einzelnen passiert folgendes: (1) x==0 wird ausgewertet; da False herauskommt, wird der zugehörige Ausdruck y==0 nicht ausgewertet. (2) Als nächstes wird in der folgenden Zeile y==0 ausgewertet; (3) da False herauskommt, wird in der dritten Zeile x==0 ausgewertet; (4) da False herauskommt, wird in der nächsten Zeile x>0 ausgewertet; da False herauskommt, wird der zugehörige Ausdruck y>0 nicht ausgewertet. (5) Als nächstes wird in der nächsten Zeile x<0 ausgewertet; (6) da True herauskommt, wird der Vergleich y>0 ausgeführt, bei dem False herauskommt, so daß danach (7) in der nächsten Zeile x<0 ausgewertet wird; (8) da True herauskommt, wird y<0 ausgewertet; da auch hier True herauskommt wird die Antwort 3 zurückgegeben.

Wie können wir dies verbessern? Nun, indem wir bedingte Ausdrücke innerhalb von anderen bedingten Ausdrücken verschachteln. Insbesondere sollten wir, sobald wir herausgefunden haben, ob x kleiner, größer oder gleich Null ist, diese Information benutzen, ohne sie erneut zu überprüfen. Genau dies passiert im folgenden Programm:

```
pointLoc[{x_, y_}] :=
  Which[
          x == 0, If[y == 0, 0, -2],
          x > 0, Which[y > 0, 1,
                         y < 0, 4,
                         True (* y == 0 *), -1],
          True (* x<0 *),
             Which[y < 0, 3,
                      y > 0, 2,
                      True (* y == 0 *), -1]]
```

Lassen sie uns auch diesmal die Vergleiche für $(-5, -9)$ abzählen: (1) `x==0` wird ausgewertet; (2) da `False` herauskommt, wird als nächstes `x>0` ausgewertet; da `False` herauskommt geht es im dritten Zweig von `Which` weiter, dort wird `True` ausgewertet, natürlich mit dem Resultat `True`; (3) dann wird `y<0` ausgewertet; da `True` herauskommt, wird 3 zurückgegeben. Es wurden also nur drei Vergleiche gemacht, was eine wesentliche Verbesserung darstellt.

Wenn man Mustervergleiche benutzt, so wie in der ersten, mehrteiligen Lösung, sind Effizienzbetrachtungen schwieriger anzustellen. Es stimmt nicht, daß **Mathematica** `x` und `y` mit Null zu vergleichen hat, um festzustellen, ob die erste Regel angewandt werden muß; was in Wirklichkeit passiert, ist viel komplizierter. Die Vergleiche, die in den letzten vier Regeln vorkommen, werden jedoch tatsächlich durchgeführt. Also gibt es, selbst wenn wir die ersten drei Regeln nicht berücksichtigen, mit dem Argument $(-5, -9)$ einige zusätzliche Vergleiche. Im einzelnen heißt dies: (1) erst wird der Vergleich `x>0` gemacht; dann (2) `x<0` und (3) `y>0`; dann (4) `x<0` und (5) `y<0`. Dies kann man vermeiden, wenn man bedingte Ausdrücke *innerhalb* der Regeln benutzt.

```
pointLoc[{0, 0}] := 0
pointLoc[{x_, 0}] := -1
pointLoc[{0, y_}] := -2
pointLoc[{x_, y_}] := If[x < 0, 2, 1] /; y > 0
pointLoc[{x_, y_}] := If[x < 0, 3, 4] (* /; y < 0 *)
```

Nun werden keine redundanten Vergleiche mehr durchgeführt. Für das Argument $(-5, -9)$ wird, da $y > 0$ nicht erfüllt ist, die vierte Regel nicht benutzt, d.h. der Vergleich $x > 0$ wird nicht ausgeführt. Insgesamt werden zwei Vergleiche durchgeführt, und einer davon ist der $x < 0$ Vergleich aus der letzten Regel.

Nachdem wir nun all diese Versionen von `pointLoc` geschrieben haben, wollen wir nicht versäumen den Leser an eine der wichtigsten Lebensweisheiten aus dem Bereich der Programmierung zu erinnern: Ihre Zeit ist wertvoller als die Ihres Computers. Solange es keinen wirklichen Grund dafür gibt, sollten Sie sich nicht den Kopf darüber zerbrechen, wie langsam eine Funktion ist. Viel wichtiger ist die Übersichtlichkeit und die Einfachheit des Codes, denn dadurch wird bestimmt, wieviel Zeit es Sie (oder einen anderen Programmierer) kostet, ihn, wenn es nötig wird, zu verändern. Bei `pointLoc` haben wir sogar den glücklichen Fall vorliegen, daß eine Version (die letzte) in beiden Punkten gewinnt; ach, wäre das Programmieren doch immer so!

Schließlich ein technischer, aber gelegentlich wichtiger Punkt: Aus dem folgenden Grund arbeiten nicht alle Versionen von `pointLoc` in genau der gleichen Weise: Die ganze Zahl 0, betrachtet als ein Muster, paßt nicht zur reellen Zahl 0.0, da sie einen anderen Kopf hat. Zum Beispiel wird bei der letzten Version `pointLoc[{0.0, 0.0}]` der Wert 4 ausgegeben. Dagegen würden die einteiligen Versionen, die `If` und `Which` benutzen, 0 ausgeben, da `0.0 == 0` wahr ist. Wie können wir dieses Problem beheben? Es gibt eine Reihe von Möglichkeiten. Ein einfacher Weg besteht darin, die Regeln, in denen Null vorkommt, wie folgt abzuändern:

```
pointLoc[{0 | 0.0, 0 | 0.0}] := 0
pointLoc[{x_, 0 | 0.0}] := -1
pointLoc[{0 | 0.0, y_}] := -2
```

Übungen

1. Schreiben Sie eine Funktion `signum[x]` die, angewandt auf eine ganze Zahl x, entweder −1, 0 oder 1 ausgibt, je nachdem ob x kleiner, gleich oder größer als Null ist. Schreiben Sie drei Versionen: Eine mehrteilige mit drei Regeln; eine einteilige mit `If`; und eine einteilige mit `Which`.

2. Erweitern Sie die Funktion `signum` aus Übung 1, um sie sowohl auf ganze, als auch auf reelle Zahlen anwenden zu können; schreiben Sie wieder drei Versionen (es kann jedoch sein, daß Sie mehr als drei Regeln für die mehrteilige Version brauchen).

3. `swapTwo[L_List]` gibt L zurück, wobei die ersten beiden Elemente vertauscht worden sind; z.B. `swapTwo[{a, b, c, d, e}]` ist gleich `{b, a, c, d, e}`. Falls L weniger als zwei Elemente hat, soll `swapTwo` die Liste einfach zurückgeben. Schreiben Sie eine mehrteilige Version von `swapTwo`, die aus drei Regeln besteht: Eine für leere Listen, eine für einelementige Listen und eine für alle anderen Listen. Schreiben Sie dann eine Version, die mit zwei Regeln auskommt: Eine für Listen der Länge Null oder eins und eine andere für alle längeren Listen.

4. Schreiben Sie `vowelQ` und `canFollow` mit Hilfe von einteiligen Definitionen.

5. Unsere einteilige Definition von `removeTwoSpaces` hat einen Makel: Leere Listen oder einelementige Listen werden nicht bearbeitet. Korrigieren Sie diese Auslassung.

6. Schreiben Sie die folgende Definition um, so daß sie keine bedingten Teile mehr enthält (`/;`). Benutzen Sie statt dessen einen Mustervergleich in der Argumentsliste:

Übungen (Forts.)

```
f[x_, y_] := x[[1]] + y /;
        Head[x] == List && IntegerQ[First[x]] && y == 1
f[x_, y_] := x - y /; IntegerQ[x] && y != 1
```

7. Schreiben Sie eine mehrteilige Version von `applyChar`, indem Sie einen Mustervergleich mit dem ersten Element des Arguments durchführen.

8. Erweitern Sie die Funktion `pointLoc`, so daß man sie in drei Dimensionen benutzen kann. Benutzen Sie die folgende Regel: Der Punkt (x, y, z) wird, falls $z \geq 0$, genauso klassifiziert wie (x, y), wobei Null wie eine positive Zahl behandelt wird (es gibt also nur die Klassifizierungen 1, 2, 3 und 4); falls $z < 0$, wird 4 zur Klassifikation von (x, y) hinzuaddiert (wobei wiederum Null als positive Zahl behandelt wird). Zum Beispiel ist $(1, 0, 1)$ in Oktant 1 und $(0, -3, -3)$ in Oktant 8. `pointLoc` sollte für Punkte in zwei *oder* drei Dimensionen funktionieren.

9. Benutzen Sie `If` in Verbindung mit `Map` oder `Fold`, um die folgenden Funktionen zu definieren:

   (a) Gegeben sei eine Zahlenliste. Alle positiven Zahlen sollen verdoppelt werden, aber die negativen werden nicht verändert.

   (b) `remove3Repetitions` soll sich wie `removeRepetitions` verhalten, mit der Einschränkung, daß aufeinanderfolgende, gleiche Elemente nur dann abgeändert werden, wenn es drei oder mehr sind, und zwar so, daß nur zwei davon stehenbleiben; falls nur zwei aufeinanderfolgende Elemente übereinstimmen, soll nichts passieren. Zum Beispiel: `remove3Repetitions[{0, 1, 1, 2, 2, 2, 1}] = {0, 1, 1, 2, 2, 1}`.

   (c) Die Elemente einer Liste sollen der Reihe nach addiert werden, aber die Summe darf dabei nie Null unterschreiten. Zum Beispiel:

   ```
   In[1]:= positiveSum[{5, 3, -13, 7, -3, 2}]
   Out[1]= 6
   ```

   Da die Addition von -13 dazu führt, daß die Summe die Zahl Null unterschreitet, wird an dieser Stelle die Summe auf Null zurückgesetzt, und die Summation wird von dort aus fortgesetzt.

7 Rekursion

Eine Funktion ist **rekursiv definiert**, wenn sie sich in ihrer Definition selbst aufruft. Auch wenn sich eine solche Definition anscheinend selbst „in den Schwanz beißt", ist in **Mathematica** die Verwendung von Rekursion erlaubt und äußerst nützlich. In der Tat könnten viele der in **Mathematica** eingebauten Operationen, mit Hilfe von Rekursion, auch mit **Mathematica** selbst geschrieben werden. In diesem Kapitel werden wir viele Beispiele für Rekursion kennenlernen und erklären, wie man rekursive Funktionen schreibt.

7.1 Fibonacci-Zahlen

Mathematiker benutzen rekursive Definitionen von mathematischen Größen schon seit Hunderten von Jahren, also schon lange vor dem Computerzeitalter. Ein berühmtes Beispiel ist die Definition einer bestimmten Zahlenfolge, die zum ersten Mal im dreizehnten Jahrhundert von dem italienischen Mathematiker Leonardo Fibonacci untersucht wurde. Die **Fibonacci-Zahlen** wurden seitdem intensiv studiert, und man hat Anwendungsmöglichkeiten in vielen Gebieten gefunden; eine ausführliche Diskussion findet sich in [Knu73].

Man erhält die Fibonacci-Zahlen wie folgt: Zuerst schreibt man die Zahlen 0 und 1 auf; dann schreibt man fortlaufend die Zahlen auf, die sich aus der Addition der beiden zuletzt aufgeschriebenen Zahlen ergeben:

$$
\begin{array}{ccccccccc}
0 & 1 & 1 & 2 & 3 & 5 & 8 & 13 & 21 & \dots \\
F_0 & F_1 & F_2 & F_3 & F_4 & F_5 & F_6 & F_7 & F_8 & \dots
\end{array}
$$

Der „Königsweg" zur Definition dieser Zahlen macht Gebrauch von der Rekursion:

$$
\begin{aligned}
F_0 &= 0 \\
F_1 &= 1 \\
F_n &= F_{n-2} + F_{n-1}, \text{ für } n > 1
\end{aligned}
$$

Diese Folge kann man folgendermaßen, in Form einer Funktion schreiben:

$$
\begin{aligned}
F(0) &= 0 \\
F(1) &= 1 \\
F(n) &= F(n-2) + F(n-1), \text{ für } n > 1
\end{aligned}
$$

In dieser Form können wir die Definition in **Mathematica** eingeben:

```
In[1]:= F[0] := 0

In[2]:= F[1] := 1

In[3]:= F[n_] := F[n-2] + F[n-1] /; n > 1

In[4]:= F[6]
Out[4]= 8

In[5]:= Table[F[i], {i, 0, 8}]
Out[5]= {0, 1, 1, 2, 3, 5, 8, 13, 21}
```

Es ist etwas erstaunlich, daß dies so funktioniert: aber man beachte, daß, wann immer F[n] für ein $n > 1$ ausgerechnet wird, F nur auf Zahlen angewandt wird, *die kleiner als n sind*. Ein Blick auf Trace von F[4] macht dies deutlich. Zum Beispiel zeigen die ersten beiden Zahlen an, daß F[4] umgeschrieben wird zu F[4 - 2] + F[4 - 1], und die um ein Leerzeichen eingerückten Zeilen zeigen die Aufrufe F[2] und F[3]. Die Zeilen, in denen die Aufrufe F[0] und F[1] stehen, haben keine eingerückten Zeilen unter sich, da diese Werte direkt durch eine einzige Bearbeitungsregel, die keine rekursiven Aufrufe enthält, berechnet werden[1]:

```
In[6]:= TracePrint[F[4], F[_Integer] | F[_] + F[_]]
          F[4]
          F[4 - 2] + F[4 - 1]
           F[2]
           F[2 - 2] + F[2 - 1]
            F[0]
            F[1]
           F[3]
           F[3 - 2] + F[3 - 1]
            F[1]
            F[2]
            F[2 - 2] + F[2 - 1]
             F[0]
             F[1]
Out[6]= 3
```

---

1) Eine genauere Erklärung dieser Art des TracePrint-Aufrufs findet sich in Abschnitt 7.9.

Der Schlüssel zum Verständnis der Rekursion ist das folgende Prinzip:

> *Man kann eine Funktion immer dann innerhalb der eigenen Definition aufrufen, wenn sie dort nur auf kleinere Werte angewandt wird.*

Wir werden dieses Prinzip im folgenden wiederholt anwenden.

Es gibt noch einen weiteren wichtigen Punkt, der zu beachten ist: Wenn wir die Funktion auf immer kleinere Werte anwenden, müssen wir irgendwann einen Wert erreichen, dessen Funktionswert *ohne* Rekursion berechnet werden kann. Im Fall der Fibonacci-Zahlen gab es zwei solche Werte, nämlich die Zahlen 0 und 1 — diese Zahlen werden auch **Anfangswerte** genannt.

Die hier gegebene Definition von F ist äußerst uneffizient. Wir werden daher in Abschitt 7.7 noch einmal zu den Fibonacci-Zahlen zurückkehren und besprechen, was man besser machen kann (siehe Übung 2).

Übungen

Bevor Sie die Übungen in diesem Kapitel machen, sollten Sie vielleicht einmal einen Blick in Abschnitt 7.9 werfen; dort werden wir einige typische Programmierfehler besprechen und angeben, wie man solche Fehler in rekursiven Funktionen findet und entfernt („debugging").

1. Finden Sie die Bildungsregeln für die folgenden Zahlenfolgen, und schreiben Sie eine **Mathematica**-Funktion, die den i-ten Wert berechnet:

   (a)
2,	3,	6,	18,	108,	1944,	209952,	$\ldots$
A_0,	A_1,	A_2,	A_3,	A_4,	A_5,	A_6,	$\ldots$

   (b)
0,	1,	-1,	2,	-3,	5,	-8,	13,	-21,	$\ldots$
B_0,	B_1,	B_2,	B_3,	B_4,	B_5,	B_6,	B_7,	B_8,	$\ldots$

   (c)
0,	1,	2,	3,	6,	11,	20,	37,	68,	$\ldots$
C_0,	C_1,	C_2,	C_3,	C_4,	C_5,	C_6,	C_7,	C_8,	$\ldots$

2. Die Zahlen FA_n geben die Anzahl von Additionen an, die während der Berechnung von F[n] ausgeführt werden:

0,	0,	1,	2,	4,	7,	12,	20,	33,$\ldots$
FA_0,	FA_1,	FA_2,	FA_3,	FA_4,	FA_5,	FA_6,	FA_7,	FA_8,	$\ldots$

Übungen (Forts.)

Schreiben Sie eine Funktion FA, so daß FA[n] = FA_n.

3. Für eine gegebene Zahl n wird die Collatz-Folge wie folgt definiert: Die erste Zahl c_0^n ist gleich n. Die nachfolgenden Zahlen c_i^n ergeben sich aus der Zahl c_{i-1}^n nach der folgenden Regel: Wenn die Zahl c_{i-1}^n ungerade ist, gilt $c_i^n = 3c_{i-1}^n + 1$; und wenn sie gerade ist, gilt $c_i^n = c_{i-1}^n/2$. Schreiben Sie eine Funktion c[i_, n_], so daß c[i_, n_]=c_i^n. (Im Zusammenhang mit dieser Folge gibt es ein mathematisches Problem, daß auf den ersten Blick sehr einfach aussieht, in Wirklichkeit jedoch äußerst schwierig ist; siehe hierzu Seite 172.)

7.2 Funktionen, deren Argumente Listen sind

Es gibt einige listenorientierte Funktionen, die man nicht, wie in Kapitel 4, mit eingebauten Operationen definieren kann. Es ist jedoch möglich, sie rekursiv zu definieren. Wir werden dies an einigen einfachen Beispielen illustrieren.

Bei der Besprechung der Fibonacci-Zahlen haben wir angemerkt, daß Rekursion genau dann funktioniert, wenn die Argumente des rekursiven Aufrufs kleiner sind als das ursprüngliche Argument. Das entsprechende gilt auch für Funktionen, deren Argumente Listen sind. So kommt es des öfteren vor, daß als Argument eines rekursiven Aufrufs der **Schwanz** (d.h. Rest) des ursprünglichen Arguments verwendet wird. Ein Beispiel hierfür ist die Funktion length, die wir gleich rekursiv definieren werden. Sie macht das Gleiche wie die eingebaute Funktion Length. (Wir nennen sie length anstatt Length, da Length schreibgeschützt ist.) Die Idee hinter der Definition ist die, daß die Länge einer Liste immer um eins größer ist als die Länge ihres Schwanzes, also:

```
In[1]:= length[lis_] := length[Rest[lis]] + 1
```

Wenden wir nun aber length auf eine Liste an, so erhalten wir eine Fehlermeldung:

```
In[2]:= length[{a, b, c}]
Out[2]= Rest::norest: Cannot take Rest of expression
        {} with length zero.
```

Der hier gemachte Fehler ist vielleicht offensichtlich, aber trotzdem, wird er bei der rekursiven Definition von Funktionen oft gemacht: Die Anfangswerte sind vergessen worden. Für length muß man nur einen Anfangswert angeben, und zwar den für die leere Liste:

```
In[3]:= length[{}] := 0
```

Nun funktioniert length:

```
In[4]:= length[{a, b, c}]
Out[4]= 3
```

In einem weiteren einfachen Beispiel werden wir die Listenelemente aufsummieren (auch hier gibt es eingebaute Operationen, mit denen man diese Aufgabe besser lösen kann). Es gibt verschiedene Möglichkeiten, dies zu tun:

```
sumElts[lis_] := Apply[Plus, lis]
```

```
sumElts[lis_] := Fold[Plus, 0, lis]
```

Da wir Erfahrungen mit rekursiven Funktionen sammeln wollen, geben wir eine einfache rekursive Lösung an:

```
sumElts[{}] := 0
sumElts[{x_, r___}] := x + sumElts[{r}]
```

Auch Funktionen mit mehreren Argumenten können rekursiv definiert werden. Wenn man die Funktion addPairs[L, M] auf zwei Listen gleicher Länge anwendet, gibt sie eine Liste zurück, in der die paarweise gebildeten Summen stehen:

```
In[5]:= addPairs[{1, 2, 3}, {4, 5, 6}]
Out[5]= {5, 7, 9}
```

Bei der folgenden Lösung besteht die Idee darin, addPairs rekursiv auf die Schwänze beider Listen anzuwenden:

```
addPairs[{}, {}] := {}
addPairs[{x1_, r1___}, {x2_, r2___}] :=
           Join[{x1+x2}, addPairs[{r1}, {r2}]]
```

Der rekursive Aufruf muß sich nicht unbedingt auf den Schwanz des ursprünglichen Arguments beziehen. Jede Liste, die kleiner als die ursprüngliche Liste ist, erfüllt den gleichen Zweck. Die Funktion multPairwise multipliziert paarweise die Elemente einer Liste.

```
In[6]:= multPairwise[{3, 9, 17, 2, 6, 60}]
Out[6]= {27, 34, 360}
```

Der rekursive Aufruf bezieht sich hier auf den Schwanz des Schwanzes:

```
multPairwise[{}] := {}
multPairwise[{x_, y_, r___}] := Join[{x y}, multPairwise[{r}]]
```

Als ein letztes „einfaches" Beispiel behandeln wir die Funktion deal, die wir auf Seite 83 definiert haben. deal[n] erzeugt eine Liste, bestehend aus n Spielkarten, die zufällig aus einem Kartenspiel, das aus 52 Karten besteht, gezogen werden (das Kartenspiel ist als Wert von carddeck, einer 52-elementigen Liste, abgespeichert). Diese Funktion können wir etwa folgendermaßen rekursiv definieren:

Null Karten auszuteilen, ist natürlich kein Problem:

```
deal[0] := {}
```

Nehmen wir an, daß wir $n - 1$ Karten ausgeteilt haben; wie kommt man dann an die $n$te Karte? Nun, indem man zufällig eine Karte aus den restlichen $52 - (n - 1) = 53 - n$ Karten zieht. Hierzu wird eine Zufallszahl r, die zwischen 1 und $53 - n$ liegt, gezogen. Dann wird die $r$te Karte entfernt und zur Liste der bereits gezogenen Karten hinzugefügt:

```
deal[n_] :=
    Module[{dealt = deal[n-1]},
            Append[dealt,
                Complement[carddeck, dealt][[Random[Integer, {1, 53-n}]]]]]]
```

Übungen

1. In Kapitel 6 haben wir die Beispiele `removeWhiteSpace` und `removeTwoSpaces` behandelt. Eine naheliegende Verallgemeinerung dieser beiden Funktionen ist die Funktion `removeLeadingSpaces`, die *alle* Leer- und Zeilenvorschub-Zeichen entfernt. Programmieren Sie, mit Hilfe von Rekursion, die Funktion `removeLeadingSpaces`.

2. Schreiben Sie eine Funktion `sumOddElts[L]`, die nur die ungeraden ganzen Zahlen einer Liste L aufsummiert. Dabei kann L sowohl gerade ganze Zahlen enthalten als auch Zahlen, die keine ganzen Zahlen sind. (Benutzen Sie `IntegerQ`, um zu bestimmen, ob ein bestimmtes Element eine ganze Zahl ist.)

3. Schreiben Sie eine Funktion `sumEveryOtherElt[L]`, welche die Zahlen $L[[1]]$, $L[[3]]$, $L[[5]]$, usw. aufsummiert. Jedes dieser Elemente ist eine Zahl. L kann beliebig viele Elemente enthalten.

4. Schreiben Sie eine Funktion `addTriples[L1, L2, L3]`, welche in Analogie zu `addPairs` die sich entsprechenden Elemente von drei gleichlangen Listen aufsummiert.

5. Schreiben Sie eine Funktion `multAllPairs[L]`, welche die aufeinanderfolgenden Paare von ganzen Zahlen multipliziert, die in einer numerischen Liste L stehen:

   `In[1]:= multAllPairs[{3, 9, 17, 2, 6, 60}]`
   `Out[1]= {27, 153, 34, 12, 360}`

6. Schreiben Sie eine Funktion `maxPairs[L, M]`, die man auf gleich lange, numerische Listen L und M anwenden kann. Die Rückgabeliste wird gebildet, indem, von den sich entsprechenden Paaren, jeweils der größere Wert genommen wird.

7. Die Funktion `interleave[L, M]`, die zwei Listen gleicher Länge reißverschlußartig vereint, kann wie folgt definiert werden:

   `interleave[L_, M_] := Flatten[Transpose[{L, M}]]`

   Schreiben Sie eine neue, rekursive Version von `interleave`.

7.3 Rekursiv denken

Wie wir bereits früher erklärt haben, wird der Auswertungsprozeß von **Mathematica** mit Hilfe von Bearbeitungsregeln durchgeführt; dies gilt auch für die Rekursion. Hiervon kann man sich leicht überzeugen, wenn man, so wie oben geschehen, `Trace` oder `TracePrint` benutzt. Allerdings spielt diese Information beim Schreiben rekursiver Funktionen eine untergeordnete Rolle.

Am besten ist es jedoch, wenn Sie sich um den Auswertungsprozeß *überhaupt nicht kümmern*. Gehen Sie einfach davon aus, daß die Funktion, die Sie definiert haben, die richtige Lösung zurückgibt, wenn sie auf einen kleineren Wert angewandt wird. Lassen Sie Ihre Bedenken fallen: Sie werden schon bald erkannt haben, wie einfach Rekursion wirklich ist.

Nehmen wir zum Beispiel die folgende einfache Funktion: `doubleUptoZero[L]`, wobei *L* eine numerische Liste ist, verdoppelt der Reihenfolge nach alle Zahlen aus *L*, bis eine Null auftaucht; alle Zahlen, die nach der Null kommen, werden nicht verändert.

```
In[1]:= doubleUptoZero[{2, 3, 0, 4, 5}]
Out[1]= {4, 6, 0, 4, 5}

In[2]:= doubleUptoZero[{2, 3, 4, 5}]
Out[2]= {4, 6, 8, 10}
```

Lassen Sie uns die der Rekursion zu Grunde liegenden Prinzipien, die wir gerade gelernt haben, anwenden. Gegeben sei eine Liste *L*. *Angenommen*, `doubleUptoZero[Rest[L]]` gibt das richtige Resultat, das wir *R* nennen wollen, zurück. Wie können wir dann `doubleUptoZero[L]` berechnen? Folgende Fälle können eintreten:

1. Falls `First[L]` ungleich Null ist, wird dieser Wert verdoppelt und zur Liste *R* am vorderen Ende hinzugefügt. Dies wird von folgender Regel erledigt:
```
doubleUptoZero[{x_, y___}] :=  Join[{2x}, doubleUptoZero[{y}]] /; x != 0
```

2. Falls `First[L]` gleich Null *ist*, sollten wir den Wert von *R* nicht berücksichtigen, sondern *L* selber zurückgeben:
```
doubleUptoZero[{x_, y___}] := {x, y} /; x == 0
```

3. Falls *L* eine leere Liste ist, wird ein bestimmter Anfangswert zurückgegeben:
```
doubleUptoZero[{}] := {}
```

Und das ist schon alles! Wir können diesen Code noch etwas vereinfachen, indem wir, im Fall, wo der Vergleich `x == 0` vorkommt, ein bestimmtes Muster benutzen. Wir erhalten:

```
doubleUptoZero[{}] := {}
doubleUptoZero[{0, y___}] := {0, y}
doubleUptoZero[{x_, y___}] := Join[{2x}, doubleUptoZero[{y}]]
```

Dabei haben wir die Regeln in einer anderen Reihenfolge aufgelistet: Zuerst kommt die speziellste Regel und zuletzt die allgemeinste (dies ist jedoch nicht unbedingt notwendig). Des weiteren haben wir in der letzten Regel die Überprüfung x != 0 weggelassen, da sie überflüssig ist.

Wir werden uns nun einem anderen, etwas anspruchsvolleren Beispiel zuwenden: der Funktion runEncode, die Daten komprimiert. Hierzu wird eine Methode benutzt, mit der man gewöhnlich große Mengen von Daten komprimiert, die lange Sequenzen jeweils gleicher Werte enthalten. Dies ist beispielsweise bei Videobildern der Fall, die im Computer so dargestellt werden, daß jedem einzelnen Bildschirmpunkt (oder „Pixel") ein Farbwert zugeordnet wird. Da Videobilder oft große einfarbige Flächen enthalten, kann diese Darstellungsform zu Listen führen, bei denen der gleiche Farbwert hunderte oder sogar tausende Male wiederholt wird. Eine solche Sequenz kann man jedoch mit nur zwei Zahlen sehr kompakt darstellen: dem Farbwert und der Anzahl der Wiederholungen.

Die Funktion runEncode komprimiert eine Liste, indem sie die Wiederholungssequenzen auffindet und in Zahlenpaare umformt, welche jeweils das Element und die Anzahl der Wiederholungen angeben:

```
In[1]:= runEncode[{9, 9, 9, 9, 9, 4, 3, 3, 3, 3, 5, 5, 5, 5, 5, 5}]
Out[1]= {{9, 5}, {4, 1}, {3, 4}, {5, 6}}
```

Gegeben sei eine Liste L. *Angenommen*, runEncode[Rest[L]] gibt die komprimierte Form des Schwanzes von L zurück, den wir R nennen wollen. Wie können wir dann, mit Hilfe der Listen L und R, runEncode[L] berechnen? Sei x gleich $L[[1]]$, dann können folgende Fälle eintreten:

1. Falls L nur ein Element hat, ist R gleich {}. Damit haben wir $L = \{x\}$ und runEncode[L] = {{x, 1}}.

2. Falls die Länge von L größer als 1 ist, hat R die Form {{y, k}, ...}. Es gibt nun zwei Fälle

   • $y = x$: Damit haben wir runEncode[L] = {{y, $k+1$}, ...}.

   • $y \neq x$: Damit haben wir runEncode[L] = {{x, 1}, {y, k}, ...}.

Des weiteren werden wir zulassen, daß L gleich der leeren Liste sein darf. Dann erhalten wir folgende Regeln:

```
runEncode[{}] := {}
runEncode[{x_}] := {{x, 1}}
runEncode[{x_, r___}] :=
 Module[{R = runEncode[{r}]},                (* R = {{y, k},...} *)
   Module[{p = First[R], rst = Rest[R]},      (* p = {y, k} *)
     If[x == First[p],                        (* First[p] = y *)
        Join[{{x, p[[2]]+1}}, rst],           (* p[[2]] = k *)
        Join[{{x, 1}}, R]]]]
```

Dies können wir in eine verständlichere Form bringen, wenn wir eine Transformationsregel benutzen; die letzte Regel wird folgendermaßen umgeschrieben:

```
runEncode[{x_, r___}] :=
  runEncode[{r}] /. {{y_, k_}, s___} ->
    If[x==y, {{x, k+1}, s}, {{x, 1}, {y, k}, s}]
```

Frank Zizza vom Willamette-College hat ein Programm für dieses Problem geschrieben, für das er beim Programmierwettbewerb der **Mathematica**-Konferenz von 1990 eine Ehrung erhalten hat. Es benutzt keine Rekursion, sondern führt wiederholt Substitutionen durch:

```
runEncode[L_] := Map[(({#, 1})&, L] //.
  {x___, {y_, i_}, {y_, j_}, z___} -> {x, {y, i+j}, z}
```

Eine sicherlich beeindruckende Lösung, aber unsere rekursive Version ist bei den meisten Beispielen effizienter. Eine andere rekursive Version wurde von Stephen Wolfram angegeben [Wol91, p. 13].

Kommen wir nun zur Funktion maxima (Seite 82), die aus einer Liste von Zahlen eine neue Liste erzeugt, in der die Zahlen stehen, die jeweils größer als alle vorhergehenden sind:

```
In[2]:= maxima[{9, 2, 10, 3, 14, 9}]
Out[2]= {9, 10, 14}
```

Wieder werden wir von der Annahme ausgehen, daß wir bereits für maxima[Rest[L]], ein Resultat ausrechnen können, wobei L irgendeine Liste ist. Wie können wir nun mit Hilfe von maxima[Rest[L]] die Liste maxima[L] berechnen? Die Antwort lautet: Entfernen Sie alle Werte, die nicht größer sind als First[L]; dann stellen Sie First[L] an den Anfang des Resultates. Zur Illustration folgendes Beispiel:

```
In[3]:= maxima[Rest[{9, 2, 10, 3, 14, 9}]]
Out[3]= {2, 10, 14}

In[4]:= Select[%, (#>9)&]
Out[4]= {10, 14}
```

```
In[5]:= Join[{9}, %]
Out[5]= {9, 10, 14}
```

Natürlich dürfen wir den Anfangswert für {} nicht vergessen. Damit haben wir:

```
maxima[{}] := {}
maxima[{x_, r___}] := Join[{x}, Select[maxima[{r}], (#>x)&]]
```

Die Lehre, die wir aus diesem Abschnitt ziehen — und es ist eine sehr wichtige — ist die, daß wir uns nicht darum kümmern, wie rekursive Fälle berechnet werden: *Nehmen Sie einfach an*, daß es funktioniert, und beschäftigen Sie sich nur damit, wie man den Wert, mit Hilfe des Resultats aus dem rekursiven Aufruf, berechnet.

Es gibt auch Probleme, die man mit den in **Mathematica** eingebauten Operationen nicht so leicht lösen kann. Das ist zum Beispiel der Fall, wenn wir es mit Listen verschiedener Länge zu tun haben. Nehmen wir beispielsweise die Funktion interleave2, die wir auf Seite 84 eingeführt haben. Sie vereint zwei Listen im Reißverschlußverfahren, wobei der Rest der längeren Liste an das Ende gehängt wird:

```
In[6]:= interleave2[{a, b, c}, {1, 2, 3, 4, 5}]
Out[6]= {a, 1, b, 2, c, 3, 4, 5}
```

```
In[7]:= interleave2[{a, b, c, d, e, f}, {1, 2, 3}]
Out[7]= {a, 1, b, 2, c, 3, d, e, f}
```

Wir können die der Rekursion zu Grunde liegenden Prinzipien auch auf Funktionen mit zwei Argumenten anwenden: *Angenommen*, die Funktion funktioniert, wenn wir sie auf Argumente anwenden, die *zusammengenommen* kleiner sind als die ursprünglichen Argumente. Dann müssen wir uns nur noch überlegen, wie wir aus dem Resultat des rekursiven Aufrufs das Endresultat erhalten.

Zum Beispiel könnten wir bei der Berechnung von interleave2[*L*, *M*], *annehmen*, daß irgendeine der drei Funktionen interleave2[Rest[*L*], *M*], interleave2[*L*, Rest[*M*]] oder interleave2[Rest[*L*], Rest[*M*]] schon ausgewertet vorliegt. Die drei Funktionen sind für diese Aufgabe unterschiedlich geeignet — deshalb muß man bei Problemen dieser Art etwas nachdenken —, aber trotzdem könnten wir jede davon benutzen.

Nehmen wir nun für einen Moment an, daß die beiden Listen *L* und *M* nicht leer sind. Dann ist interleave2[Rest[*L*], Rest[*M*]] der geeignetste rekursive Aufruf, und zwar aus folgendem Grund: Ist dieser Wert vorgegeben, dann erhalten wir interleave2[*L*, *M*], indem wir einfach First[*L*] und First[*M*], in eben dieser Reihenfolge, voranstellen. Eine Regel der Definition lautet daher wie folgt:

```
interleave2[{x_, r___}, {y_, s___}] := Join[{x, y}, interleave2[{r}, {s}]]
```

Wir sind schon beinahe fertig. Wir müssen nur noch die Anfangswerte vorgeben. Wenn *L* oder *M* die leere Liste ist, haben wir:

```
interleave2[{}, M_] := M
interleave2[L_, {}] := L
```

Damit sind wir fertig. Man beachte, daß auch der Fall, in dem beide Argumente leere Listen sind, korrekt behandelt wird.

Übungen

1. Schreiben Sie eine Funktion `prefixMatch[`*L*, *M*`]`, welche die Anfangssegmente der Listen *L* und *M* findet, die übereinstimmen:

   ```
   In[1]:= prefixMatch[{1, 2, 3, 4}, {1, 2, 5}]
   Out[1]= {1, 2}
   ```

2. Ändern Sie `runEncode` so ab, daß einzeln vorkommende Elemente nicht verändert werden:

   ```
   In[1]:= runEncode2[{9, 9, 9, 4, 3, 3, 5}]
   Out[1]= {{9, 3}, 4, {3, 2}, 5}
   ```

   Für diese Version müssen Sie annehmen, daß das Argument eine Liste von Atomen ist; andernfalls wäre die Ausgabe zweideutig.

3. Eine etwas effizientere Version von `runEncode` benutzt eine Hilfsfunktion, die drei Argumente hat:

   ```
   runEncode[{}] := {}
   runEncode[{x_, r___}] := runEncode[x, 1, {r}]
   ```

   Dabei komprimiert `runEncode[`*x*, *k*, `{`*r*`}]` den Ausdruck $\{\underbrace{x, x, \ldots, x}_{k \text{ times}}, r\}$. Definieren Sie diese dreiargumentige Funktion. (Man beachte, daß es erlaubt ist, Funktionen für eine unterschiedliche Anzahl von Argumenten zu definieren; Regeln, in denen die Funktion `runEncode` mit zwei Argumenten auf der linken Seite erscheint, werden genau dann benutzt, wenn `runEncode` mit zwei Argumenten aufgerufen wird. Dasselbe gilt für die dreiargumentige Version.) Vergleichen Sie mit Hilfe der `Timing`-Funktion die Effizienz dieser Version mit der Effizienz der früheren Version. Verwenden Sie dazu verschiedene Arten von Listen, einschließlich Listen mit vielen kurzen Wiederholungssequenzen, und Listen mit wenigen, aber dafür längeren Wiederholungssequenzen. Um einen Geschwindigkeitsunterschied festzustellen, werden Sie sehr lange Listen benutzen müssen. Erzeugen Sie diese mit Hilfe von `Table`.

4. Auch die Effizienz von `maxima` kann verbessert werden, indem man eine Hilfsfunktion benutzt:

   ```
   maxima[{}] := {}
   maxima[{x_, r___}] := maxima[x, {r}]
   ```

▌ **Übungen (Forts.)**

Der Rückgabewert der zweiargumentigen Version `maxima[x, L]` ist gleich dem Maximum der Liste `Join[{x}, L]`. Definieren Sie diese Funktion. (Hinweis: Der wesentliche Punkt dabei ist, daß `maxima[x, L]` = `maxima[x, Rest[L]]` gilt falls $x \geq$ `First[L]` ist.) Untersuchen Sie, ob diese Version oder die aus dem Text effizienter ist.

5. Schreiben Sie eine Funktion `interleave3`, die drei Listen miteinander vereinigt. Dabei sollen vorne die ersten Elemente der drei Listen stehen, danach kommen die zweiten Elemente, usw.. Die Listen dürfen unterschiedlich lang sein. Ist das Ende einer der drei Listen erreicht, werden die Reste der anderen beiden Listen im Reißverschlußverfahren vereinigt und hinten angehängt. Ist das Ende einer dieser beiden Listen erreicht, wird der Rest der anderen Liste hinten angehängt:

```
In[1]:= interleave3[{a, b}, {c, d, e, f, g}, {h, i, j}]
Out[1]= {a, c, h, b, d, i, e, j, f, g}
```

6. Schreiben Sie eine Funktion `runDecode`, welche die mit `runEncode` codierten Listen wieder decodiert:

```
In[1]:= runDecode[{{9, 5}, {4, 1}, {3, 4}, {5, 6}}]
Out[1]= {9, 9, 9, 9, 9, 4, 3, 3, 3, 3, 5, 5, 5, 5, 5, 5}
```

7. Die Funktion `kSublists[k, L]` erzeugt eine Liste von Unterlisten von L, welche die Länge k haben. Zum Beispiel:

```
In[1]:= L = {a, b, c, d}
```

```
In[2]:= kSublists[2, L]
Out[2]= {{a, b}, {a, c}, {a, d}, {b, c}, {b, d}, {c, d}}
```

Eine Möglichkeit, diese Funktion zu definieren, besteht darin, `kSublists[k, Rest[L]]` mit der Liste zu vereinigen, die sich ergibt, wenn man `First[L]` zu jedem Element der Liste `kSublists[k-1, Rest[L]]` hinzufügt, und zwar von vorne.

```
In[1]:= L1 = kSublists[2, Rest[L]]
Out[1]= {{b, c}, {b, d}, {c, d}}
```

```
In[2]:= kSublists[1, Rest[L]]
Out[2]= {{b}, {c}, {d}}
```

```
In[3]:= Map[(Join[{First[L]}, #])&, %]
Out[3]= {{a, b}, {a, c}, {a, d}}
```

```
In[4]:= Join[%, L1]
Out[4]= {{a, b}, {a, c}, {a, d}, {b, c}, {b, d}, {c, d}}
```

Programmieren Sie `kSublists`.

7.4 Rekursion und Symbolisches Rechnen

In Kapitel 5 haben wir erklärt, daß in **Mathematica** Ausdrücke und Daten ein und dasselbe sind. Der Unterschied zwischen Ausdrücken wie **2 + 3** und **x + y** besteht nur darin, daß im ersten Fall Bearbeitungsregeln existieren und im zweiten Fall nicht. Bei symbolischen Berechnungen werden Ausdrücke in andere Ausdrücke umgewandelt. Die Programmierung symbolischer Berechnungen erfolgt in der üblichen Art und Weise: Man schreibt Bearbeitungsregeln und benutzt lokale Transformationen sowie eingebaute Operationen und Rekursion.

Wir werden symbolisches Rechnen an dem wohl bekanntesten Beispiel für Rekursion – der Differentialrechnung – illustrieren. In jedem einfachen Buch über Differential- und Integralrechnung finden sich Regeln zur Berechnung der Ableitung von Funktionen. Man geht dabei davon aus, daß eine Funktion u als Ausdruck der von einer Variablen x abhängt gegeben ist. Für die Berechnung der Ableitung von u nach x, d.h. $\frac{du}{dx}$ gibt es unter anderem folgende Regeln:

$$\frac{d(c)}{dx} = 0, \text{ falls } c \text{ eine Konstante ist}$$

$$\frac{d(x^n)}{dx} = nx^{n-1}$$

$$\frac{d(u+v)}{dx} = \frac{du}{dx} + \frac{dv}{dx}$$

Den Ausdruck $\frac{du}{dx}$ kann man auch in dem Sinne interpretieren, daß hier eine Funktion $\frac{d}{dx}$ auf einen Ausdruck u angewandt wird. Wir schreiben daher die Regeln wie folgt um:

$$\frac{d}{dx}(c) = 0, \text{ falls } c \text{ eine Konstante ist}$$

$$\frac{d}{dx}(x^n) = nx^{n-1}$$

$$\frac{d}{dx}(u + v) = \frac{d}{dx}(u) + \frac{d}{dx}(v)$$

Nun wird klar, daß $\frac{d}{dx}$ nichts weiter als eine rekursiv definierte Funktion ist, die, angewandt auf Ausdrücke, andere Ausdrücke zurückliefert. Wir können diese Funktion in **Mathematica** wie folgt definieren:

```
In[1]:= ddx[c_] := 0

In[2]:= ddx[x^n_] := n x^(n-1)

In[3]:= ddx[u_ + v_] := ddx[u] + ddx[v]

In[4]:= ddx[x^2 + x^3]
                    2
Out[4]= 2 x + 3 x
```

So weit, so gut! Es gibt dabei jedoch zwei große Probleme, ein großes und ein sehr großes. Das sehr große besteht darin, daß der Rückgabewert dieser Funktion für viele Ausdrücke falsch ist:

In[5]:= **ddx[5 x^3]**

Out[5]= 0

Bei der Definition der Anfangswerte waren wir nicht sorgfältig genug. Die erste Regel sollte nur bei Ausdrücken benutzt werden, die konstant sind. Sie wird aber bei *allen* Ausdücken benutzt, für die keine andere Regel existiert. Dieses Problem ist leicht zu beseitigen. Wir müssen diese Regel durch eine andere ersetzen, die nachprüft, ob das Argument eine Zahl ist:

In[6]:= **ddx[c_] =.**   **(* entferne die Regel ddx[c_] := 0 *)**

In[7]:= **ddx[c_?NumberQ] := 0**

Damit ist zwar der Rückgabewert von **ddx** immer korrekt, aber es gibt etliche Fälle, die durch die Regeln nicht abgedeckt sind:

In[8]:= **ddx[5 x^3]**

$$Out[8]= ddx[5 \ x^3]$$

Wir sollten uns nun zuerst einmal überlegen, welche Fälle wir überhaupt abdecken wollen, d.h. wie sieht die Menge der Ausdrücke aus, die wir mit **ddx** differenzieren wollen? Wir können diese Menge rekursiv definieren:

Die folgenden Ausdrücke sollen mit **ddx** differenziert werden:

- Eine Zahl.

- Die Variable x.

- Die Summe $u + v$, wobei u und v Ausdrücke sind.

- Die Differenz $u - v$ von zwei Ausdrücken.

- Das Produkt $u \ v$ von zwei Ausdrücken.

- Der Quotient $u \ / \ v$ von zwei Ausdrücken.

- Die Potenz $u\char`\^n$ eines Ausdrucks mit einer Zahl.

Lassen Sie uns **ddx** löschen und von vorne anfangen. Wir wollen all die Fälle systematisch behandeln:

```
In[9]:= Clear[ddx]

In[10]:= ddx[c_?NumberQ] := 0

In[11]:= ddx[x] := 1

In[12]:= ddx[u_ + v_] := ddx[u] + ddx[v]

In[13]:= ddx[u_ - v_] := ddx[u] - ddx[v]

In[14]:= ddx[u_ v_] := u ddx[v] + v ddx[u]

In[15]:= ddx[u_ / v_] := (v ddx[u] - u ddx[v]) / v^2

In[16]:= ddx[u_ ^ c_?NumberQ] := c u^(c-1) ddx[u]

In[17]:= ddx[5 x^3]
                2
Out[17]= 15 x
```

Ein interessanter Punkt, den man beachten sollte, ist, daß einer der Fälle, der in der ersten Definition vorkam — nämlich x^n — hier nicht mehr in dieser Form erscheint. Trotzdem wird, wie wir gerade gesehen haben, dieser Fall korrekt behandelt. Mit Hilfe der **Trace**-Funktion können wir den Grund dafür erkennnen:

```
In[18]:= Trace[ddx[x^3], ddx]
              3       3 - 1
Out[18]= {ddx[x ], 3 x      ddx[x], {ddx[x], 1}}
```

In Worten ausgedrückt heißt dies: Der Fall x^n ist in dem allgemeineren Fall u^n (u beliebig) enthalten. Unsere neue Regel funktioniert auch bei komplizierteren Ausdrücken.

```
In[19]:= ddx[(x + 2x^2)^4]
                       2 3
Out[19]= 4 (1 + 4 x) (x + 2 x )
```

Ein weit verbreiteter Fehler besteht darin, Fälle mehrfach abzudecken. Zum Beispiel wird in vielen Büchern der Fall cx^n behandelt, aber auch die Fälle c, x, u^n und uv, die zusammengenommen ebenfalls den Fall cx^n abdecken. Es ist sicherlich kein schwerwiegender Fehler, jedoch würde eine systematischere Behandlung der verschiedenen Fälle die Behandlung von Spezialfällen überflüssig machen; außerdem könnte man sicher sein, daß man keinen Fall vergessen hat.

Schließlich können wir noch durch die Benutzung einfacher algebraischer Identitäten den Code vereinfachen. Zum Beispiel wird, da $u/v = uv^{-1}$, die Quotientenregel bereits durch die Produktregel und die Potenzregel abgedeckt. Ähnliches gilt für $u - v = u + (-1)v$. Wir ändern also die beiden zugehörigen Regeln ab:

```
In[20]:= ddx[u_ - v_] := ddx[u + -1 v]

In[21]:= ddx[u_ / v_] := ddx[u (v^-1)]

In[22]:= ddx[x^2/(x-1)]
```

$IterationLimit::itlim: Iteration limit of 4096 exceeded.

Das heißt, daß **Mathematica** sich in einer Endlosschleife befand. Der Grund dafür ist, daß **Mathematica** eingebaute Regeln hat, mit der Ausdrücke vereinfacht werden. Um zu sehen, was sie bewirkt haben, schauen wir uns die Regeln der Funktion **ddx** an:

```
In[23]:= ?ddx
Out[23]= Global`ddx

        ddx[x] := 1

        ddx[(c_)?NumberQ] := 0

        ddx[(u_) - (v_)] := ddx[u - v]

        ddx[(u_) + (v_)] := ddx[u] + ddx[v]

        ddx[(u_)/(v_)] := ddx[u/v]

        ddx[(u_)*(v_)] := u*ddx[v] + v*ddx[u]

        ddx[(u_)^(c_)?NumberQ] := c*u^(c - 1)*ddx[u]
```

Als wir die neuen Regeln eingegeben haben, hat **Mathematica** *die rechten Seiten umgeschrieben*. Die Regeln lauten danach wie folgt: „Schreibe **ddx**$[u-v]$ um in **ddx**$[u-v]$" und „schreibe **ddx**$[u/v]$ um in **ddx**$[u/v]$". Dies steht im Widerspruch zu der Regel, daß rekursive Aufrufe nur mit *kleineren* Werten gemacht werden können.

Wir sollten vielleicht einfach die Regeln komplett löschen:

```
In[24]:= ddx[u_ - v_] =.

In[25]:= ddx[u_ / v_] =.
```

Nun passiert folgendes:

```
In[26]:= Simplify[ddx[x/(x-1)]]
                     -2
Out[26]= -(-1 + x)
```

Wieder ist es wichtig zu beachten, wie **Mathematica** die eingegebenen Ausdrücke behandelt: Ein Ausdruck der Form u/v wird gelesen als u $(v\text{^}(-1))$ und ein Ausdruck der Form $u-v$ als $u + (-1\ v)$. Die Eingabe von **ddx**$[x/(x-1)]$ wird also von **Mathematica** so gelesen: **ddx[x ((x + -1) ^ -1)]**. Mit Hilfe des Befehls **FullForm** können wir uns dies auch explizit anzeigen lassen:

```
In[27]:= FullForm[Hold[ddx[x/(x-1)]]]

Out[27]//FullForm= Hold[ddx[Times[x, Power[Plus[x, -1], -1]]]]
```

Nun funktionieren auch die von uns definierten Regeln.

Übungen

1. Fügen Sie Regeln für die trigonometrischen Funktionen sin, cos und tan hinzu.

2. Enthält ein Ausdruck neben x noch andere Variablen, verändern sich die Differentiationsregeln bezüglich x nicht. Dies hat zur Folge, daß Ausdrücke, in denen x nicht vorkommt, wie Konstanten behandelt werden. Wir brauchen also eine Regel, die besagt, daß `ddx[u]` = 0, wenn x nirgendwo in u auftaucht. Definieren Sie eine Funktion `nox[e]`, die den Wert **True** zurückgeben soll, wenn **x** nicht in e vorkommt. Schreiben Sie danach eine neue Regel, so daß auch solche Ausdrücke richtig differenziert werden. Sie werden hierzu die Vergleichsfunktion =!=, auch **UnsameQ** genannt, benötigen. Sie überprüft, ob zwei Symbole ungleich sind. Mit dem gewöhnlichen **Unequal**-Vergleich (!=) kann man keine Symbole miteinander vergleichen.

3. Schreiben Sie eine zweiargumentige Version von **ddx**, wobei das zweite Argument angibt, bezüglich welcher Variablen die Ableitung berechnet wird. Die Aufrufe `ddx[u, x]` und `ddx[u]` sind also äquivalent. Um festzustellen, ob eine Variable in einem Ausdruck nicht vorkommt, können Sie die eingebaute Funktion **FreeQ** benutzen.

7.5 Das Gaußsche Eliminationsverfahren

In der Mathematik steht man oft vor dem Problem, ein lineares Gleichungssystem S, der Form

$$
\begin{array}{lllllll}
G_1: & a_{11}x_1 & + & \cdots & + & a_{1n}x_n & = & b_1 \\
G_2: & a_{21}x_1 & + & \cdots & + & a_{2n}x_n & = & b_2 \\
\vdots & \vdots & & & & \vdots & & \vdots \\
G_n: & a_{n1}x_1 & + & \cdots & + & a_{nn}x_n & = & b_n
\end{array}
$$

nach den Werten $x_1, \ldots, x_n$ (auch „Unbekannte" genannt) aufzulösen. Dabei sind a_{ij} und b_i Konstanten.

Mathematica hat eine eingebaute Funktion **LinearSolve**, mit der man in der Regel die richtige Anwort erhält. Zum Beispiel hat das System

$$
\begin{array}{lllll}
x_1 & + & 2x_2 & = & 3 \\
4x_1 & + & 5x_2 & = & 6
\end{array}
$$

die Lösung $x_1 = -1$, $x_2 = 2$. Mit **LinearSolve** können wir dieses Problem folgendermaßen lösen (Matrizen werden in **Mathematica** als Listen von Listen dargestellt, siehe Seite 59):

```
In[1]:= m = {{1, 2}, {4, 5}}
Out[1]= {{1, 2}, {4, 5}}

In[2]:= b = {3, 6}
Out[2]= {3, 6}

In[3]:= LinearSolve[m, b]
Out[3]= {-1, 2}
```

Warum also ein eigenes Programm schreiben? Nun, `LinearSolve` — aber auch jeder andere Algorithmus für dieses Problem — funktioniert nicht immer. Wollen Sie ein System lösen, bei dem diese Funktion versagt, müssen Sie Ihr eigenes Programm schreiben.

Nehmen wir beispielsweise die Hilbert-Matrizen mit Matrixelementen $h_{ij} = \frac{1}{i+j-1}$:

```
In[4]:= m = N[Table[1/(i+j-1), {i, 15}, {j, 15}]];

In[5]:= b = Table[Random[], {15}];

In[6]:= xs = LinearSolve[m, b]
Out[6]= LinearSolve::luc:
            Warning: Result for LinearSolve
              of badly conditioned matrix {<<15>>}
              may contain significant numerical errors.

In[7]:= m.xs - b
Out[7]= {0.131384, -0.863848, -0.0793633, 0.428853, ...}
```

In dieser Liste sollten eigentlich überall Nullen stehen.

In diesem Abschnitt werden wir eine einfache und klassische Methode vorstellen, mit der man lineare Gleichungssysteme auflösen kann. Sie wird Gaußsches Eliminationsverfahren genannt. Leider versagt auch diese Methode bei der Hilbert-Matrix. Wir werden aber auf dieses Problem in Kapitel 9 zurückkommen und zeigen, wie eine Variante dieser Methode zum Erfolg führt. Davor, d.h. in Kapitel 8, werden wir das Gaußsche Verfahren noch einmal mit iterativen Methoden programmieren.

Schauen Sie sich noch einmal das System an, mit dem wir angefangen haben. Nach dem Rekursionsprinzip nehmen wir an, daß wir bereits „kleinere" Systeme — insbesondere Systeme, die aus $n-1$ Gleichungen mit $n-1$ Unbekannten bestehen — auflösen können. Die Standardfrage lautet nun wieder: Wie kann man die Tatsache, daß man kleinere Systeme lösen kann, dazu verwenden, um obiges System zu lösen?

Die Idee des Gaußschen Eliminationsverfahrens besteht darin, x_1 aus den Gleichungen $G_2, \ldots, G_n$ zu *eliminieren*. Zum Beispiel können wir x_1 so aus G_2 eliminieren:

1. Wir multiplizieren G_1 mit $\frac{a_{21}}{a_{11}}$:

$$(\frac{a_{21}}{a_{11}})(a_{11}x_1 + a_{12}x_2 + \cdots + a_{1n}x_n) = (\frac{a_{21}}{a_{11}})b_1$$

Diese Gleichung kann man vereinfachen:

$$a_{21}x_1 + (\frac{a_{21}}{a_{11}})a_{12}x_2 + \cdots + (\frac{a_{21}}{a_{11}})a_{1n}x_n = (\frac{a_{21}}{a_{11}})b_1$$

2. Nun ziehen wir die Gleichung von G_2 ab:

$$
\begin{array}{ccccccccc}
a_{21}x_1 & + & a_{22}x_2 & + & \cdots & + & a_{2n}x_n & = & b_2 \\
-(\quad a_{21}x_1 & + & (\frac{a_{21}}{a_{11}})a_{12}x_2 & + & \cdots & + & (\frac{a_{21}}{a_{11}})a_{1n}x_n & = & (\frac{a_{21}}{a_{11}})b_1 \quad)
\end{array}
$$

$$(a_{22} - (\tfrac{a_{21}}{a_{11}})a_{12})x_2 + \cdots + (a_{2n} - (\tfrac{a_{21}}{a_{11}})a_{1n})x_n = b_2 - (\tfrac{a_{21}}{a_{11}})b_1$$

Damit haben wir eine Gleichung, die nur noch $n-1$ Variablen enthält. Wir werden dies nun für alle anderen Gleichungen wiederholen: Wir transformieren G_i, für alle i von 2 bis n, nach $G_i' = G_i - (\frac{a_{i1}}{a_{11}})G_1$. Das neue Gleichungssystem werden wir S' nennen.

Wir sind beinahe fertig: Die Lösung des Systems S', d.h. die Werte der Variablen $x_2, \ldots, x_n$, können wir rekursiv bestimmen. Der Wert für x_1 ergibt sich dann wie folgt:

$$x_1 = \frac{b_1 - (a_{12}x_2 + \cdots + a_{1n}x_n)}{a_{11}}$$

Bisher haben wir das Gleichungssystem durch eine $n \times n$ Koeffizientenmatrix und einen Vektor b_i dargestellt. Es ist jedoch vorteilhaft, wenn man das gesamte System durch eine $(n+1) \times n$ Matrix (**erweiterte Matrix** genannt) darstellt. Dabei wird der Vektor b_i als letzte Spalte zur Matrix hinzugefügt. Wir definieren nun eine Funktion solve[S], wobei S die eben besprochene $(n+1) \times n$ Matrix darstellt, die eine Liste mit den Werten der n Unbekannten $x_1, \ldots, x_n$ zurückgibt. Hat man den Algorithmus erst einmal verstanden, besteht das Programmieren nur noch aus der richtigen Aneinanderreihung von Befehlen zur Listenmanipulation:

```
solve[S_] :=
  Module[{El = First[S],
     x2toxn = solve[elimx1[S]]},
     Module[{b1 = Last[El],
       a11 = First[El],
       a12toa1n = Drop[Rest[El], -1]},
       Join[{(b1 - a12toa1n . x2toxn) / a11}, x2toxn]]]
```

Wir müssen auch noch die Funktion elimx1[S] definieren, die das kleinere System erzeugen soll. Aber vorher legen wir den Anfangswert fest. Der Fall $n = 1$ (d.h., $a_{11}x_1 = b_1$) bereitet keine Schwierigkeiten:

```
solve[{{a11_, b1_}}] := {b1/a11}
```

Im Eliminationsprozeß wird wieder jede Zeile der Matrix, d.h.

$$a_{i1}, \ a_{i2}, \ \ldots, \ a_{in}, \ b_i$$

transformiert in:

$$a_{i2} - (\frac{a_{i1}}{a_{11}})a_{12}, \quad \cdots, \quad a_{in} - (\frac{a_{i1}}{a_{11}})a_{1n}, \quad b_i - (\frac{a_{i1}}{a_{11}})b_1$$

Der Code dazu lautet so:

```
elimx1[S_] := Map[subtractE1[S[[1]], #]&, Rest[S]]


subtractE1[E1_, Ei_] :=      Module[{z = Ei[[1]]/E1[[1]]},
                        Module[{newE1 = z * Rest[E1]},
                                   Rest[Ei] - newE1]]
```

Damit sind wir fertig. Die Funktion **solve** arbeitet korrekt:

In[8]:= **solve[{{1, 2, 3}, {4, 5, 6}}]**
Out[8]= {-1, 2}

Übungen

1. Aus verschiedenen Gründen funktioniert das Gaußsche Eliminationsverfahren nicht immer. Wir hatten bereits erwähnt, daß die Hilbert-Matrix nicht korrekt behandelt wird, aber der Grund dafür, den wir in Abschnitt 9.4.2 angeben werden, ist nicht so leicht zu erkennen. Ein anderer Grund, warum das Verfahren nicht funktioniert, kann darin bestehen, daß das System keine eindeutige Lösung hat. Zum Beispiel:

$$\begin{array}{rcrcl} x_1 & + & x_2 & = & 0 \\ 2x_1 & + & 2x_2 & = & 0 \end{array}$$

Die beiden Gleichungen sind linear abhängig und enthalten daher nicht genügend Information, um x_1 and x_2 eindeutig zu bestimmen. Es ist also prinzipiell nicht möglich, dieses System zu lösen, ganz gleich welchen Algorithmus man benutzt.

Ein weiteres Problem, das wir jedoch lösen können, tritt bei folgendem System zu Tage:

$$\begin{array}{rcrcrcl} x_1 & + & x_2 & + & x_3 & = & 1 \\ x_1 & + & x_2 & + & 2x_3 & = & 2 \\ x_1 & + & 2x_2 & + & 2x_3 & = & 1 \end{array}$$

Mit dem Eliminationsverfahren erhalten wir das folgende kleinere System:

$$\begin{array}{rcrcl} & & x_3 & = & 1 \\ x_2 & + & x_3 & = & 0 \end{array}$$

Übungen (Forts.)

Mit dem Aufruf `solve[{{0, 0, 1}, {1, 1, 0}}]` sollten wir die Lösung dieses Systems erhalten. Es ist offensichtlich, daß eine solche Lösung existiert, aber trotzdem wird `solve` sie nicht finden. Bei der Elimination von x_2 wird der neue Koeffizient von x_3 berechnet, d.h. $1 - (\frac{1}{0})1$; eine Division durch Null ist aber nicht erlaubt.

Dieses Problem kann leicht gelöst werden, wenn man bedenkt, daß durch die Vertauschung von Gleichungen in einem Gleichungssystem die Lösung nicht verändert wird. Das obige System ist also äquivalent zu folgendem System:

$$x_2 + x_3 = 0$$
$$x_3 = 1$$

Diese Gleichungen kann man nun mit `solve` leicht auflösen.

Ändern Sie `solve` so ab, daß die Zeilen des Arguments umgeordnet werden, so daß a_{11} ungleich Null ist. (Falls in *jeder* Zeile das erste Element gleich Null ist, kann das System nicht gelöst werden.) Den Prozess, die Gleichungen umzuordnen, nennt man **Pivotisierung**.

2. Ändern Sie die Funktion `solve` so ab, daß sie ähnlich wie `LinearSolve` zwei Argumente hat: die quadratische Koeffizientenmatrix $A = (a_{ij})$ und den Vektor $B = (b_i)$. Nennen Sie diese Funktion `solve2`.

3. Man nennt eine Matrix A **obere Dreiecksmatrix**, wenn alle Elemente unterhalb der Diagonalen gleich Null sind (formal ausgedrückt lautet dies: $a_{ij} = 0$ für alle $i > j$). Definieren Sie eine Funktion `solveUpper`, welche die gleichen Argumente wie die Funktion `solve2` aus Übung 2 besitzt. Dabei soll jedoch A eine obere Dreiecksmatrix sein. (Diese Funktion ist viel leichter als `solve` zu programmieren, da man keine Variablen eliminieren muß.) Definieren Sie danach die Funktion `solveLower`, welche die gleichen Argumente hat, nur daß jetzt die Matrix A eine **untere Dreiecksmatrix** ist (*oberhalb* der Diagonalen stehen Nullen). `solveLower` sollte wie folgt arbeiten: Zuerst wird A in eine obere Dreiecksmatrix umgewandelt, und dann wird `solveUpper` aufgerufen.

4. Angenommen, wir könnten eine untere und eine obere Dreiecksmatrix finden, wir nennen Sie L und U, so daß $A = LU$. Dann könnten wir für jeden Vektor B `solve2[A, B]` leicht ausrechnen: Wir müßten nur `solveUpper[U, solveLower[L, B]]` berechnen. (Man beachte, daß ein Vektor X genau dann eine Lösung des ursprünglichen Systems ist, wenn $AX = B$ ist. Daraus folgt, daß $LUX = B$ ist, und das bedeutet, daß ein Vektor Y existiert, so daß $LY = B$ und $UX = Y$ ist; `solveLower[L, B]` ist Y, und `solveUpper[U, Y]` ist X.)

Können wir eine solche Zerlegung für eine quadratische Matrix A finden, dann können wir die Gleichung $AX = B$ für beliebiges B leicht auflösen. Das Auffinden einer solchen **LU-Zerlegung** von A entspricht im wesentlichen dem Gaußschen Eliminationsverfahren. Wir wollen dies genauer untersuchen. Sei A' die kleinere Matrix, die wir aus dem Eliminationsverfahren erhalten (d.h. die Koeffizienten des Systems S'). Lassen Sie uns annehmen, daß $A' = L'U'$ ist, wobei L' eine

Übungen (Forts.)

untere Dreiecksmatrix ist und U' eine obere Dreiecksmatrix (so können L' und U' rekursiv berechnet werden). Damit können wir nun die beiden Matrizen U und L bilden:

- U ergibt sich wie folgt: Der erste Zeilenvektor ist gleich dem ersten Zeilenvektor von A, der erste Spaltenvektor wird mit Nullen aufgefüllt, U' wird als Untermatrix eingefügt:

$$U = \begin{bmatrix} a_{11} & a_{12} & \dots & a_{1n} \\ 0 & & & \\ \vdots & & U' & \\ 0 & & & \end{bmatrix}$$

  U ist natürlich eine obere Dreiecksmatrix.

- L ergibt sich wie folgt: Der erste Zeilenvektor ist gleich dem Vektor $(1, 0, 0, \dots, 0)$, der erste Spaltenvektor wird mit dem Quotienten a_{i1}/a_{11} aus dem Eliminationsverfahren aufgefüllt, L' wird als Untermatrix eingefügt:

$$L = \begin{bmatrix} 1 & 0 & \dots & 0 \\ a_{21}/a_{11} & & & \\ \vdots & & L' & \\ a_{n1}/a_{11} & & & \end{bmatrix}$$

Falls diese Konstruktion durchführbar ist, kann man zeigen, daß $LU = A$ gilt (die Konstruktion ist immer dann durchführbar, wenn auch **solve** korrekt arbeitet).

Schreiben Sie zwei Programmversionen für die LU-Zerlegung:

(a) **LUdecomp1**$[A]$ gibt die beiden Matrizen L und U zurück, d.h. es wird eine Liste zurückgegeben, welche die beiden Matrizen enthält.

(b) **LUdecomp2**$[A]$ gibt eine Matrix zurück, welche die beiden Matrizen L und U enthält, d.h. $(L - I) + U$, wobei I die Einheitsmatrix ist. Mit anderen Worten: Lassen Sie die Diagonalelemente von L weg (sie sind alle gleich 1) und bilden Sie aus den restlichen Elementen von L und den Elementen von U eine Matrix. Die Elemente von L stehen dabei unterhalb der Diagonalen und die Elemente von U oberhalb.

7.6 Binärbäume

Mathematica-Ausdrücke kann man in Form von Bäumen, die von oben nach unten wachsen, visualisieren. Zum Beispiel erhalten wir für `f[x, y + 1]`:

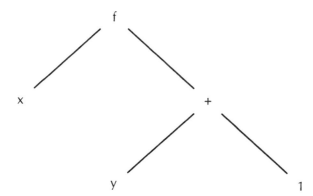

Solche Strukturen nennt man **Bäume** (sie werden immer von oben nach unten gezeichnet). In der Programmierung sind sie von großem Nutzen. In diesem Abschnitt werden wir untersuchen, wie man Bäume in **Mathematica** darstellen kann. Des weiteren werden wir einige fundamentale Funktionen schreiben, mit denen man Bäume bearbeiten kann. Schließlich besprechen wir eine bekannte Anwendung, den Huffmanschen Codierungsbaum.

Zuerst jedoch einige Anmerkungen zur Terminologie: Bäume bestehen aus **Knoten**, die eine **Kennzeichnung** haben (im obigen Beispiel sind dies die Symbole `f`, `x`, `+`, `y` und `1`) und einer gewissen Anzahl von „**Kindern**", die selber Knoten sind (z.B. sind die Knoten `x` und `+` die Kinder des Knoten `f`). Hat ein Knoten keine Kinder, wird er **Blatt** genannt, andernfalls ist er ein **innerer Knoten**. Der oberste Knoten des Baumes wird **Wurzel** genannt. Im obigen Beispiel sind `f` und `+` die inneren Knoten, und der Knoten `f` ist die Wurzel.

Im folgenden werden wir uns mit sogenannten **Binärbäumen** beschäftigen. Dies sind Bäume, in denen jeder innere Knoten zwei Kinder hat, die **linkes Kind** und **rechtes Kind** genannt werden.

Unser Hauptinteresse gilt Bäumen, die mit Datenwerten, wie Zahlen und Zeichenketten, gekennzeichnet sind. Der einfachste Weg, Bäume in **Mathematica** darzustellen, besteht darin, Listen zu benutzen: Ein innerer Knoten wird durch eine 3-elementige Liste dargestellt, welche die Kennzeichnung des Knotens und seine zwei Kinder enthält; ein Blattknoten wird durch eine 1-elementige Liste dargestellt, welche die Kennzeichnung enthält. Hierzu ein Beispiel. Der Baum

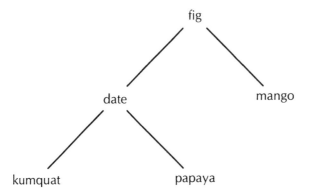

wird durch folgende Liste dargestellt:

```
{"fig", {"date", {"kumquat"}, {"papaya"}}, {"mango"}}
```

Fast alle Algorithmen, mit denen man Bäume bearbeiten kann, sind rekursiv. Dies liegt daran, daß das *Absuchen* eines Baumes ein rekursiver Prozeß ist. Nehmen wir beispielsweise an, daß wir einen Baum von Zeichenketten haben (so wie bei obigem Früchtebaum) und daß wir die alphabetisch kleinste Zeichenkette finden wollen (d.h. die Zeichenkette, die gemäß der lexikographischen Ordnung an erster Stelle steht):

```
In[1]:= fruittree = {"fig", {"date", {"kumquat"}, {"papaya"}}, {"mango"}}
```

```
In[2]:= minInTree[fruittree]
Out[2]= date
```

Auch hier sollten wir uns nicht damit beschäftigen, wie eine solche Funktion im Detail funktioniert. Wir sollten uns einfach die Frage stellen: Gegeben sei zu einem Knoten die kleinste Zeichenkette aus der Menge aller seiner Kinder, wie können wir dann das Minimum für den gesamten Baum finden? Nun, wir nehmen das Minimum aus der Kennzeichnung des einen Knotens und dem (rekursiv berechneten) kleinsten Kind. Der einfachste Weg, das Minimum aus einer Menge von Zeichenketten zu finden, besteht darin, sie zu sortieren und dann das erste Element zu nehmen. Also:

```
minInTree[{lab_}] := lab
minInTree[{lab_, lc_, rc_}] :=
    Sort[{lab, minInTree[lc], minInTree[rc]}][[1]]
```

Als nächstes schreiben wir eine Funktion, welche die „Höhe" eines Baumes berechnet, d.h. den Abstand von der Wurzel bis zum äußersten Blattknoten:

```
height[{lab_}] := 0
height[{lab_, lc_, rc_}] := 1 + Max[height[lc], height[rc]]
```

Es wäre schön, wenn man Bäume etwas übersichtlicher als Listen darstellen könnte. In Kapitel 10 (Seite 259) werden wir untersuchen, wie man Bäume grafisch am besten darstellt. Hier geben wir uns erst einmal damit zufrieden, die einzelnen Wörter einzurücken:

```
In[3]:= printTree[fruittree]
Out[3]= fig
           date
              kumquat
              papaya
           mango
```

Hierfür brauchen wir eine Hilfsfunktion: printTree[*t*, *k*] druckt *t* in eingerückter Form, wobei angenommen wird, daß *t* in der *k*ten Ebene des Baumes steht. Dabei haben wir willkürlich festgelegt, daß jede Ebene des Baumes um drei Leerzeichen eingerückt wird.

```
printTree[t_] := printTree[t, 0]


printTree[{lab_}, k_] := printIndented[lab, 3k]
printTree[{lab_, lc_, rc_}, k_] :=
      (printIndented[lab, 3k]; Map[(printTree[#, k+1])&, {lc, rc}];)
printIndented[x_, spaces_] :=
      Print[Apply[StringJoin, Table[" ", {spaces}]], x]
```

Übungen

1. Angenommen, Sie haben einen Baum, der aus Zahlen besteht. Schreiben Sie eine Funktion, die all diese Zahlen aufaddiert:

```
In[1]:= numbertree = {4, {5}, {6, {7}, {9, {10}, {11}}}}
```

```
In[2]:= sumNodes[numbertree]
Out[2]= 52
```

2. Nehmen Sie nun an, daß der Baum aus Zeichenketten besteht. Schreiben Sie eine Funktion, welche die Zeichenketten verkettet, und zwar in der Reihenfolge von oben nach unten und dann von links nach rechts:

```
In[1]:= catNodes[fruittree]
Out[1]= figdatekumquatpapayamango
```

3. Man sagt, daß ein Baum **ausbalanciert** ist, wenn sich, für jeden Knoten die Höhen der jeweiligen Kinder um nicht mehr als eins unterscheiden, d.h. die Höhendifferenz zwischen dem größten und dem kleinsten Kind ist Null oder Eins. (**fruittree** ist ausbalanciert, aber **numbertree** aus Übung 1 ist es nicht.) Beachten Sie, daß die Bedingung nicht nur für die Wurzel, sondern für *alle* Knoten erfüllt sein muß. Folgende Funktion überprüft z.B., ob ein Baum ausbalanciert ist:

Übungen (Forts.)

```
balanced[{_}] := True
balanced[{_, lc_, rc_}] :=
    balanced[lc] && balanced[rc] &&
                Abs[height[lc] - height[rc]] <= 1
```

Die hier verwendete Methode ist jedoch sehr uneffektiv, da ständig die Höhe der Unterbäume berechnet werden muß. So werden zuerst die Höhen von beiden Kindern der Wurzel miteinander verglichen (in dieser Berechnung kommt, bis auf die Wurzel, jeder Knoten des Baumes vor), und dann wird `balanced` auf eben diese beiden Kinder angewandt, was zur Folge hat, daß die Höhe *ihrer* Kinder (also die Höhe der Enkel der Wurzel) *ein zweites Mal* ausgerechnet wird.

Umgehen Sie diesen Aufwand, indem Sie eine Funktion `balancedHeight[t]` definieren, die eine 2-elementige Liste zurückgibt: das erste Element ist die Höhe t, und das zweite Element ist ein Boolescher Wert, der angibt, ob t ausbalanciert ist oder nicht. Nun kann `balanced` wie folgt definiert werden:

```
balanced[t_] := balancedHeight[t][[2]]
```

4. Die Funktion `listLevel[n, t]` gibt eine Liste aller Kennzeichnungen zurück, die in einem Baum t in der n-ten Ebene stehen. Die Wurzel liegt in der Ebene 0, die Kinder der Wurzel in der Ebene 1, die Enkel der Wurzel in der Ebene 2, usw.:

```
In[1]:= listLevel[2, numbertree]
Out[1]= {7, 9}
```

Programmieren Sie `listLevel`.

5. In nicht binären Bäumen können Knoten eine beliebige (aber endliche) Anzahl von Kindern haben. Stellen Sie einen solchen Baum durch eine Liste dar, welche die Wurzel und die Kinder enthält. Zum Beispiel kann der folgende Baum

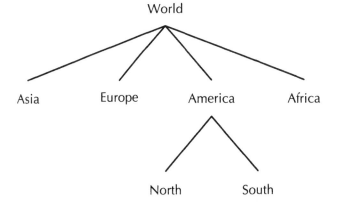

wie folgt dargestellt werden:

```
{World, {Asia}, {Europe}, {America, {North}, {South}}, {Africa}}
```

Schreiben Sie Funktionen `minInTree`, `height` und `printTree`, die man auch auf nicht binäre Bäume anwenden kann:

7.6.1 | Huffmansche Codierung

Texte — d.h. Zeichenlisten — werden in Computern in Form von **Bitketten** dargestellt, d.h. durch Sequenzen, die aus den Zahlen 0 und 1 bestehen. Insbesondere in der Datenübertragung, wenn große Datenmengen vorliegen, ist es wichtig, die Anzahl der Bits, die den Text darstellen, zu minimieren.

Aus Gründen der Einfachheit werden Zeichenketten fast immer so codiert, daß alle Zeichen durch Bitketten der gleichen Länge dargestellt werden. Der gebräuchlichste Code mit dieser Eigenschaft ist der ASCII-Code, den wir in Abschnitt 3.7 besprochen hatten. Jedem Zeichen wird eine Zahl zugeordnet, die durch 8 Bits dargestellt werden kann. In der folgenden Tabelle finden Sie einige Zeichen aus der Tabelle von Seite 72, zusammen mit dem 8-Bit Code:

ASCII-Code		
Zeichen	**Dezimal**	**Binär, 8-Bit**
A	65	01000001
B	66	01000010
E	69	01000101
H	72	01001000
N	78	01001110
O	79	01001111
S	83	01010011
T	84	01010100
(Leerzeichen)	32	00100000

So wird beispielsweise die Zeichenkette

```
HONEST ABE
```

wie folgt dargestellt:

```
01001000010011110100111001000101010100011
01010100001000000100000101000010010001010
```

Diese Darstellung ist jedoch alles andere als kompakt. Sogenannte **Codes mit variabler Länge** sind oftmals besser geeignet. Zeichen, die öfter vorkommen, werden dabei durch kürzere Bitketten dargestellt (so, wie der Morse-Code die kürzeste Codierung — bestehend aus einem Punkt — für den Buchstaben verwendet, der im Englischen am häufigsten vorkommt, nämlich *e*). Gegeben sei eine Liste von Zeichen und ihre relativen Häufigkeiten, dann ist der kompakteste Code, der diese Häufigkeiten berücksichtigt, der sogenannte **Huffmansche Code**. David Huffman hat diesen Code gefunden und gezeigt, wie man ihn mit Hilfe eines Baums darstellen kann. (mehr Details finden sich in [Knu73] und [Sed88]). Im folgenden werden wir erklären, was Huffmansche Kodierungsbäume sind, und wir werden sie dazu benutzen, um Zeichenketten zu (de)kodieren. Danach werden wir zeigen, wie man solche Bäume konstruiert.

Einfach ausgedrückt ist ein Huffmanscher Kodierungsbaum ein Binärbaum, bei dem die Blattknoten mit Zeichen gekennzeichnet werden. In Abbildung 7.1 finden Sie ein Beispiel. Beachten Sie, daß das Leerzeichen (b) im Baum als normales Zeichen erscheint (so wie im ASCII-Code).

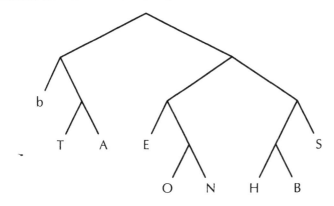

Abbildung 7.1: Ein Huffmanscher Kodierungsbaum

Dieser Baum kann nun dazu benutzt werden, den Code eines Zeichens zu finden. Dies funktioniert wie folgt: Suchen Sie nach dem Zeichen im Baum, und schreiben Sie die Zweigsequenz auf, die von der Wurzel zu diesem Zeichen führt. Zum Beispiel ergibt sich für H: rechter Zweig, dann rechts, dann links und noch einmal links. Ersetzen wir nun rechts durch 1 und links durch 0, dann erhalten wir für H den Code 1100. Im folgenden finden Sie die Codes all der Zeichen, die im Baum vorkommen:

Zeichen	Code	Zeichen	Code	Zeichen	Code
b	00	E	100	O	1010
A	011	H	1100	S	111
B	1101	N	1011	T	010

Beachten Sie, daß die Zeichen, die am häufigsten vorkommen, den kürzesten Code haben. Das Leerzeichen beispielsweise — das sehr oft vorkommt — wird mit zwei Bits kodiert. (Eine Kodierung aller Buchstaben des Alphabets würde zu einem sehr großen Baum führen, und somit hätten viele Buchstaben einen längeren Code.)

Mit dieser Codierung erhalten wir für HONEST ABE:

110010101011100111010000111101100

Um möglichst schnell herauszufinden, wo ein bestimmtes Zeichen im Baum steht, werden wir weitere Information einfügen: Wir werden jeden inneren Knoten mit einer Menge von Zeichen kennzeichnen; diese Menge enthält all jene Zeichen, die in den Blättern unterhalb des Knotens vorkommen. In Abbildung 7.2 ist dies grafisch dargestellt. Nun können wir zwei Programme schreiben: eines zum Codieren von Zeichenketten und eines zum Decodieren von Bitketten. Dabei werden wir den Baum aus Abbildung 7.2 mit der Liste **Htree** darstellen:

```
In[1]:= Htree = {" ABEHONST", {" AT", {" "}, {"AT", {"T"}, {"A"}}},
                {"BEHONS", {"EON", {"E"}, {"ON", {"O"}, {"N"}}},
                {"BHS", {"BH", {"H"}, {"B"}}, {"S"}}}}

Out[1]= { ABEHONST, { AT, { }, {AT, {T}, {A}}},

>   {BEHONS,{EON,{E},{ON,{O},{N}}},{BHS,{BH,{H},{B}},{S}}}}
```

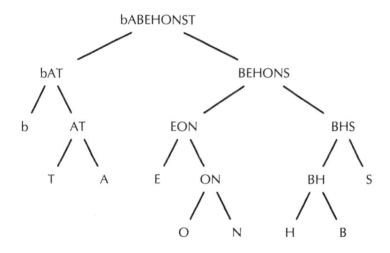

Abbildung 7.2: Ein Huffmanscher Kodierungsbaum mit „innerer" Kennzeichnung.

Wir werden uns zuerst mit der Codierung von Zeichenketten beschäftigen. Hierfür brauchen wir eine Funktion, welche die Bitkette, die ein einzelnes Zeichen codiert, zurückgibt. Mit dieser Funktion — wir werden sie **encodeChar** nennen — kann man dann leicht eine ganze Zeichenkette codieren:

```
In[2]:= encodeString[str_] :=
            Flatten[Map[encodeChar, Characters[str]]]


In[3]:= encodeString["HONEST ABE"]
Out[3]= {1,1,0,0,1,0,1,0,1,0,1,1,1,0,0,1,1,
          1,0,1,0,0,0,0,1,1,1,1,0,1,1,0,0}
```

Wie kann man nun eine einzelnes Zeichen kodieren? Die Methode dazu ist im wesentlichen rekursiv: Zuerst muß man herausfinden, ob das Zeichen im linken oder im rechten Unterbaum vorkommt, dann wird rekursiv der Code in diesem Unterbaum gesucht; immer wenn das Zeichen links steht, fügt man eine 0 hinzu, und wenn es rechts steht eine 1. Nehmen wir wieder H als Beispiel: Aus Htree geht hervor, daß H im rechten Unterbaum steht; innerhalb dieses Unterbaums ist der entsprechende Code gleich 100 (rechts, links, links); da nun H im rechten Unterbaum ist, fügen wir von vorne eine 1 hinzu; damit erhalten wir 1100.

Die folgende Funktion encodeChar hat zwei Argumente, und zwar das zu kodierende Zeichen und den Huffmanschen Baum:

```
encodeChar[c_, {_, lc_, rc_}] :=
    If[stringMemberQ[First[lc], c],          (* if c in left subtree *)
        Join[{0}, encodeChar[c, lc]],        (* prepend 0 *)
        Join[{1}, encodeChar[c, rc]]]        (* otherwise prepend 1 *)
```

Wir brauchen noch einen Anfangswert, der immer dann benutzt wird, wenn man ein Blatt erreicht; falls sich das Zeichen im Baum befindet — wovon wir im folgenden ausgehen —, *muß* es mit der Kennzeichnung dieses Blatts übereinstimmen. Wir müssen also nichts überprüfen:

```
encodeChar[_, {_}] := {}
```

Schließlich definieren wir noch eine 1-argumentige Version von encodeChar, in der Htree benutzt wird:

```
encodeChar[c_] := encodeChar[c, Htree]
```

Das Decodieren von Botschaften funktioniert ähnlich. Wir werden dem Baum entsprechend der Bitliste folgen, bis wir ein Blatt erreichen. Das dort stehende Zeichen wird aufgeschrieben, und danach kehren wir zur Wurzel zurück und fahren solange fort, bis wir das Ende der Bitliste erreicht haben. Auch die Decodierungsfunktion hat zwei Argumente: die Bitliste und den Baum. Es gibt zwei Fälle: Befinden wir uns an einem Blatt, haben wir das Ende der Bitkette des kodierten Zeichens erreicht; andernfalls gehen wir in Richtung des linken oder rechten Unterbaums, je nachdem welchen Wert das nächste Bit hat:

```
decode[code_, {ch_}] :=               (* leaf node - label is character *)
    StringJoin[ch, decode[code, Htree]]
decode[{0, r___}, {_, lc_, _}] := decode[{r}, lc]
decode[{1, r___}, {_, _, rc_}] := decode[{r}, rc]
decode[{}, _] := ""
```

Nun definieren wir wieder die 1-argumentige Version:

```
decode[code_] := decode[code, Htree]
```

Es gibt einen wichtigen Punkt, der hierbei zu beachten ist: Bei Huffmanschen Kodierungen weiß man immer, wann ein Zeichen zu Ende ist. Aber woher? Die Funktion **decode** unterteilt den Code und ordnet den einzelnen Teilen ein Zeichen zu. Woher wissen wir nun aber, daß dies der einzige Weg ist?

Die Lösung des Rätsels besteht darin, daß die Huffmanschen Kodierungen eine sehr interessante Eigenschaft haben: Hängen wir an den Code eines Zeichens weitere Bits, so kann sich daraus niemals der Code eines anderen Zeichens ergeben. Zum Beispiel ist das Leerzeichen das einzige Zeichen, dessen Codierung mit der Bitkette „00" anfängt, und nur die Kodierung des Zeichens E beginnt mit „100". Es ist diese Eigenschaft, die dafür sorgt, daß unser Decodierungsalgorithmus die *eindeutige* Lösung findet.

Zum Schluß werden wir noch erklären, wie man Huffmansche Bäume konstruiert. Dies ist sehr einfach — und nicht wirklich rekursiv —, und deshalb werden wir nur die Methode beschreiben und das Programmieren dem Leser überlassen (siehe Übungen).

Die Kodierung der Zeichen sollte in Übereinstimmung mit den *Häufigkeiten* der Zeichen erfolgen. Zum Beispiel könnten wir die Häufigkeiten der Zeichen, die in unserem Beispiel vorkommen, bestimmen, indem wir nachzählen, wie oft sie in einem längeren englischen Text vorkommen:

Zeichen	Häufigkeit
Leerzeichen	6
E	5
S, T, A	3
H, O, N	2
B	1

Lassen Sie uns nun annehmen, daß wir eine Liste von Zeichen zusammen mit ihren Häufigkeiten haben. Der Algorithmus wird leichter zu programmieren sein, wenn man sich vorstellt, daß wir eine Liste von *Bäumen* vorliegen haben, wobei jeder dieser Bäume nur aus einem einzigen Knoten besteht, der gekennzeichnet ist mit dem Buchstaben und seiner Häufigkeit:

```
{ {{{b}, 6}}, {{{A}, 3}}, {{{B}, 1}}, {{{E}, 5}}, ...}
```

In dieser Baumliste wird die Häufigkeit eines Zeichens auch als *Gewicht* des zugehörigen Knotens bezeichnet. Wir werden nun aus diesen einknotigen Bäumen größere Bäume bauen, und zwar so lange, bis alle in einem einzigen großen Baum vereint sind. Um dies zu erreichen, werden wir die folgende Operation wiederholt auf die Baumliste anwenden:

> Angenommen, `t1 = {{c11, w1}, ...}` und `t2 = {{c12, w2}, ...}` sind die Bäume aus der Baumliste, die die niedrigsten Gewichte haben (und `w1` und `w2` sind am niedrigsten), dann werden wir sie aus der Liste entfernen und durch den einzelnen Baum `t = {{Join[c11, c12], w1+w2}, t1, t2}` ersetzen.

Durch diese Operation wird die Anzahl der Bäume in der Liste, immer um eins verringert. Wenn nur noch ein Baum in der Liste steht, dann ist genau dieser der Huffmansche Kodierungsbaum (für unsere Zeichenliste). Oder vielmehr, er ist *ein* Huffmanscher Kodierungsbaum: Der Algorithmus legt nämlich den Baum nicht eindeutig fest; gibt es mehr als zwei Bäume mit minimalem Gewicht, dann steht uns frei, welche zwei wir zuerst vereinigen; haben wir dann zwei Bäume ausgewählt, können wir ihre Reihenfolge vertauschen. Huffman hat bewiesen, daß alle Bäume, die als Endresultat herauskommen können, zu gleich kompakten Darstellungen der Bitketten führen.

Wir wollen nun diese ganze Prozedur im Detail an unserem obigen Beispiel vorführen. Da es leichter zu lesen ist, werden wir die Bäume zeichnen, anstatt sie in der Listennotation wiederzugeben.

1. Wir fangen an mit:

{   b,6   A,3   B,1   E,5   H,2   N,2   O,2   S,3   T,3   }

2. Dann vereinigen wir `H` und `B` (wir hätten auch `N` oder `O` anstelle von `H` nehmen können):

{   b,6   A,3   BH,3   E,5   N,2   O,2   S,3   T,3   }

                              /\
                            H B

Wir haben die Gewichte an den Knoten `H` und `B` weggelassen, da sie für den Algorithmus nicht mehr gebraucht werden.

3. Als nächstes nehmen wir `N` und `O` (die Reihenfolge ist dabei beliebig):

{   b,6   A,3   BH,3   E,5   NO,4   S,3   T,3   }

4. Wir haben vier Bäume mit dem Gewicht 3. Wir wählen (willkürlich) **T** und **A** aus:

{   b,6   BH,3   E,5   NO,4   S,3   AT,6   }

5. Nun vereinigen wir den Baum **BH** mit dem Baum **S**:

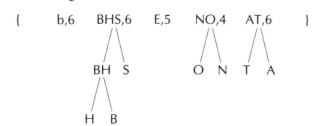

{   b,6   BHS,6   E,5   NO,4   AT,6   }

6. **E** wird mit **NO** vereinigt:

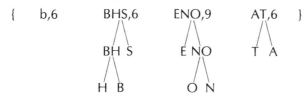

{   b,6   BHS,6   ENO,9   AT,6   }

7. **b** wird mit **AT** vereinigt:

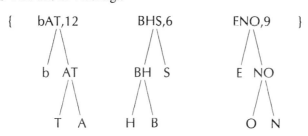

{   bAT,12   BHS,6   FNO,9   }

8. BHS wird mit ENO vereinigt:

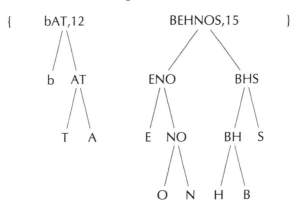

Zum Schluß vereinigen wir die letzten beiden Bäume, womit wir den Baum aus Abbildung 7.2 erhalten.

Übungen

1. Programmieren Sie eine Funktion, die den Huffmanschen Kodierungsbaum, so wie im letzten Abschnitt dargestellt, konstruiert.

2. Schreiben Sie eine effizientere Version von encodeString: Aus einem gegebenen Baum soll eine Tabelle, in der sämtliche Kodierungen stehen, erzeugt werden; ein Zeichen wird dann kodiert, indem man seinen Kodierungswert in der Tabelle nachliest. Diese Tabelle kann in Form einer Liste von Bearbeitungsregeln dargestellt werden (z.B. "a" -> {0, 1, 1}). Man kann sie auf die Zeichenliste anwenden, indem man ReplaceAll (/.) eingibt.

7.7 Dynamisches Programmieren

In Abschnitt 5.5 haben wir „dynamisches Programmieren" als eine Methode beschrieben, mit der man Bearbeitungsregeln *dynamisch* zum globalen Regelfundament hinzufügen kann, d.h. während ein Programm läuft. Eine bekannte Anwendung hierfür ist die Beschleunigung der Berechnung der Fibonacci-Zahlen.

Die Funktion F, die wir in Abschnitt 7.1 definiert haben, ist zwar einfach, aber sehr ineffizient. Schauen Sie sich beispielsweise einmal die folgende Tabelle an, in der aufgelistet ist, wieviel Additionen durchgeführt werden müssen, um F[n] für verschiedene Werte von n zu berechnen (dies sind die Werte FA_n aus Übung 2 von Seite 137):

n	5	10	15	20	25
$F[n]$	5	55	610	6765	75025
Anzahl der Additionen	7	88	986	10945	121392

Der Grund, warum der Rechenaufwand so groß ist, ist offensichtlich: Bei der Berechnung von $F[n]$ wird für einige Zahlen $m < n$ der Wert $F[m]$ mehrmals berechnet. Zum Beispiel wird $F[n-2]$ zweimal berechnet (es wird sowohl von $F[n]$ als auch von $F[n-1]$ aufgerufen), $F[n-3]$ wird dreimal berechnet und $F[n-4]$ fünfmal. Diese andauernden Neuberechnungen können verhindert werden, indem man die einmal berechneten Werte abspeichert — d.h. durch dynamisches Programmieren.

Die folgende Definition der Funktion FF entspricht im wesentlichen der Definition von F. Allerdings wird die Regel $FF[n] = F_n$, wenn der Wert zum erstenmal berechnet wird, zum globalen Regelfundament hinzugefügt. Da **Mathematica** immer die speziellste Regel anwendet, wird bei zukünftigen Aufrufen von FF[n] die neue Regel benutzt und nicht die alte, allgemeinere Regel. Für jedes n wird FF[n] also nur einmal *berechnet*. Bei späteren Aufrufen wird der Wert dem globalen Regelfundament entnommen.

```
In[1]:= FF[0] := 0

In[2]:= FF[1] := 1

In[3]:= FF[n_] := (FF[n] = FF[n-2] + FF[n-1])
```

Mit Hilfe der Funktion Trace können wir die Berechnung von FF[4] mit der Berechnung auf Seite 136 vergleichen. Diesmal wird FF[2] nur einmal ausgewertet. Beim zweiten Aufruf wird die entsprechende Bearbeitungsregel benutzt.

```
In[4]:= TracePrint[FF[4], FF[_Integer] | (FF[_] = FF[_] + FF[_])]
          FF[4]
          FF[4] = FF[4 - 2] + FF[4 - 1]
            FF[2]
            FF[2] = FF[2 - 2] + FF[2 - 1]
              FF[0]
              FF[1]
            FF[2]
          FF[3]
          FF[3] = FF[3 - 2] + FF[3 - 1]
            FF[1]
            FF[2]
          FF[3]
        FF[4]

Out[4]= 3
```

Eine andere Möglichkeit zu verstehen, was genau passiert ist, besteht darin, sich das globale Regelfundament *nach* der Auswertung von **FF[4]** anzuschauen:

```
In[5]:= ?FF
Global`FF

FF[0]  :=  0

FF[1]  :=  1

FF[2]  =  1

FF[3]  =  2

FF[4]  =  3

FF[n_]  :=  FF[n]  =  FF[n - 2]  +  FF[n - 1]
```

Der Rechenaufwand dieser Version von **F** ist deutlich geringer:

n	5	10	15	20	25
Anzahl der Additionen in **FF**$[n]$	4	9	14	19	24

Dabei ist zu beachten, daß diese Additionen nur beim ersten Aufruf von **FF**$[n]$ durchgeführt werden. Ruft man **FF**$[n]$ danach noch einmal auf, wird der Rückgabewert einfach dem globalen Regelfundament entnommen.

Die Methode des dynamischen Programmierens kann sehr nützlich sein, aber man sollte sie mit Sorgfalt benutzen. Der Speicherbedarf kann sehr hoch werden, wenn zu viele neue Regeln aufgenommen werden.

Übungen

1. Dynamisch zu programmieren, ist eine Möglichkeit, um **F** zu beschleunigen, eine andere besteht darin, einen neuen Algorithmus zu benutzen. Mit den folgenden Identitäten kann ein Algorithmus gebildet werden, der wesentlich effizienter arbeitet als **F**:

$$F_{2n} = 2F_{n-1}F_n + F_n^2, \quad \text{für } n \geq 1$$

$$F_{2n+1} = F_{n+1}^2 + F_n^2, \qquad \text{für } n \geq 1$$

Programmieren Sie **F** neu, und benutzen Sie dabei diese Identitäten.

2. Man kann den Code zur Berechnung der Fibonacci-Zahlen noch einmal beschleunigen, indem man dynamisch programmiert. Tun Sie dies! Konstruieren Sie für beide Programme, die Sie gerade geschrieben haben, Tabellen analog zu denen im Text, in denen die Anzahl der Additionen stehen, die für verschiedene n durchgeführt werden.

Übungen (Forts.)

3. Auch die Berechnung der Collatz-Zahlen c_i^n aus Übung 3 in Abschnitt 7.1 kann beschleunigt werden, indem man dynamisch programmiert. Programmieren Sie die Funktion c in dieser Weise und vergleichen Sie deren Geschwindigkeit mit der Geschwindigkeit der ursprünglichen Lösung.

7.8 Funktionen höherer Ordnung und Rekursion

Viele der eingebauten Funktionen, die wir in Kapitel 4 besprochen haben, können wir auch selbst, mit Hilfe von Rekursion programmieren (unsere eigenen Versionen werden wahrscheinlich langsamer laufen).

Ein einfaches Beispiel ist die Funktion Map. Da sie das Attribut **Protected** besitzt, wird **Mathematica** uns nicht erlauben, daß wir ihr neue Regeln zuordnen. Daher nennen wir unsere Version map. map$[f, L]$ wendet f auf jedes Element von L an. Dies ist eine einfache Rekursion, die auf den Schwanz von L zurückgreift: Angenommen, map$[f, $ Rest$[L]]$ funktioniert, dann erhält man map$[f, L]$ einfach dadurch, indem man f [First$[L]$] von vorne hinzufügt:

```
In[1]:= map[f_, {}] := {}
```

```
In[2]:= map[f_, {x_, y___}] := Join[{f[x]}, map[f, {y}]]
```

Lassen Sie uns an einem einfachen Beispiel überprüfen, ob map auch korrekt arbeitet:

```
In[3]:= map[Cos, {1, 2, 3}]
Out[3]= {Cos[1], Cos[2], Cos[3]}
```

Das Argument dieser Funktion ist wiederum eine *Funktion*. In Kapitel 4 hatten wir eine Reihe von Funktionen mit dieser Eigenschaft kennengelernt. Dies ist das erste Mal, daß wir eine *benutzerdefinierte* Funktion höherer Ordnung geschrieben haben.

Wir werden noch ein Beispiel für die rekursive Definition einer eingebauten Funktion angeben. In den Übungen werden Sie dann weitere Funktionen selber programmieren.

Der Funktionsaufruf **Nest**$[f, x, n]$ (Seite 69) bewirkt, daß f n-mal auf x angewendet wird. Der Rekursionsparameter ist offensichtlich n:

```
nest[f_, x_, 0] := x
nest[f_, x_, n_] := f[nest[f, x, n-1]]
```

Bevor wir das Thema wechseln, möchten wir noch ein Beispiel angeben, das man am besten dadurch lösen kann, daß man eine eigene Funktion höherer Ordnung schreibt: Gegeben sei eine Funktion f, deren Argument und Rückgabewert jeweils eine ganze Zahl zwischen 1 und 1000 ist. Wir fragen uns nun, wie oft kann man im Durchschnitt f auf sich selbst anwenden, bis sich die Funktionswerte wiederholen? Sei n_1 eine Zahl aus diesem

Bereich, dann bilden wir die folgende Sequenz: n_1, $n_2 = f[n_1]$, $n_3 = f[n_2]$, ... Man kann das Problem nun wie folgt formulieren: Welches ist im Durchschnitt das kleinste i, so daß $n_i = n_j$ für ein $j < i$? Lassen Sie uns annehmen, daß die Berechnung von f mit einem sehr hohen Rechenaufwand verbunden ist. Wir werden daher den gesuchten Durchschnittswert nur näherungsweise bestimmen: Hierzu ziehen wir zufällig 10 Zahlen, die wir jeweils als Startwert für obige Sequenz benutzen. Diese Methode, die man auch als *„Random Sampling"* bezeichnet, wird in vielen Gebieten, in denen Daten statistisch ausgewertet werden, benutzt.

Hätten wir eine Funktion `repeatCount[n]`, die unser Problem für ein bestimmtes n löst, könnten wir den gesuchten Durchschnittswert wie folgt bestimmen:

```
Sum[repeatCount[Random[Integer, {1, 1000}]], {10}] / 10
```

Wie kann man aber die Funktion `repeatCount` programmieren? Nun, als Funktion höherer Ordnung:

```
repeat[f_, L_, pred_] := L /; pred[Drop[L, -1], Last[L]]
repeat[f_, L_, pred_] := repeat[f, Append[L, f[Last[L]]], pred]
```

Die Funktion `repeat` hat als Argument eine Liste, und sie wendet f wiederholt auf das letzte Element dieser Liste an. Dabei wird nach jeder Anwendung der sich ergebende Wert an das Ende der Liste gesetzt, und zwar so lange, bis die Bewertungsfunktion `pred` den Wert `True` liefert. `repeatCount` erhalten wir nun wie folgt:

```
repeatCount[f_, n_] := repeat[f, {n}, MemberQ]
```

Zum Abschluß noch ein Beispiel:

```
In[4]:= plus4mod20[x_] := Mod[x+4, 20]

In[5]:= repeatCount[plus4mod20, 0]
Out[5]= {0, 4, 8, 12, 16, 0}
```

Übungen

1. Definieren Sie die Funktionen `Fold`, `FoldList` und `NestList` rekursiv.

2. Wir kommen noch einmal zur Collatz-Sequenz zurück, die wir in Übung 3 auf Seite 138 besprochen haben. Man vermutet schon seit längerer Zeit, daß die Zahlenliste c_i^n für alle $n \geq 1$ eine 1 enthält. So einfach diese Vermutung auch klingen mag, bis heute ist es nicht gelungen, sie zu beweisen. Wir werden sie hier mit Hilfe des Computers überprüfen. Programmieren Sie dazu eine Funktion `tryC[n_]`, welche eine Liste mit den Werten c_0^n, c_1^n, ..., c_k^n zurückgibt, so daß $c_k^n = 1$ (aber $c_j^n \neq 1$, falls $j < k$). Benutzen Sie dabei die Funktion `repeat`. (Falls die Collatz-Vermutung falsch ist, besteht die Gefahr, daß die Funktion für immer weiter rech-

Übungen (Forts.)

net. Aber seien Sie nicht besorgt: Die Vermutung ist wahr für alle $n < 10^{15}$. Weitere Informationen finden Sie in [Lag85] und [Var91, Chapter 7].)

3. In Kapitel 3 hatten wir uns mit Zufallsbewegungen auf 2-dimensionalen Gittern beschäftigt (z.B. auf Seite 59). Schreiben Sie mit Hilfe von **repeat** eine Funktion **landMineWalk[]**, welche eine Zufallsbewegegung erzeugt, die aufhört, wenn man an einen Punkt kommt, an dem man schon einmal gewesen ist. Diese Funktion hat keine Argumente, und sie erzeugt, beginnend mit $(0, 0)$, eine Liste von Punkten, die die Zufallsbewegung darstellen.

4. Ein Schwachpunkt der in **Mathematica** eingebauten Operationen besteht darin, daß sie mit Listen verschiedener Länge Probleme haben. Zum Beispiel kann **Plus** überhaupt nicht auf Listen verschiedener Länge angewandt werden:

```
In[1]:= {1, 2, 3} + {4, 5, 6, 7, 8}
Thread::tdlen: Objects of unequal length in
    {1, 2, 3} + {4, 5, 6, 7} cannot be combined.
```

Aus diesem Grund haben wir die Funktion **interleave2** nicht einfach mit eingebauten Funktionen schreiben können.

Man kann dieses Problem lösen, indem man eigene Funktionen höherer Ordnung schreibt. Definieren Sie **map2** so, daß **map2[f, g, L, M]** die Funktion f solange auf Paare von Elementen aus L und M anwendet, bis das Ende einer der Listen erreicht ist. Auf die Listen, die dann übrigbleiben, wird die Funktion g angewandt. Zum Beispiel:

```
In[2]:= map2[Plus, Join, {1, 2, 3}, {4, 5, 6, 7, 8}]
Out[2]= {5, 7, 9, 7, 8}
```

```
In[3]:= map2[Plus, ({})&, {1, 2, 3}, {4, 5, 6, 7, 8}]
Out[3]= {5, 7, 9}
```

```
In[4]:= map2[{#1, #2}&, Join, {1, 2, 3}, {a, b, c, d, e}]
Out[4]= {{1, a}, {2, b}, {3, c}, d, e}
```

(Der letzte Ausdruck stimmt, bis auf eine Entschachtelung, mit dem Ausdruck **interleave2[{1, 2, 3}, {a, b, c, d, e}]** überein.) Programmieren Sie **map2**.

7.9 Debugging

Wann immer Sie ein Programm schreiben, werden Sie einen großen Teil Ihrer Zeit mit **Debugging** verbringen — also damit, herauszufinden warum das Programm nicht richtig arbeitet. In diesem Abschnitt werden wir einige Tips zum Thema Debugging geben, und wir werden einige der am häufigsten vorkommenden Fehler vorstellen.

7.9.1 │ Auswertungen mit Trace sichtbar machen

Wir haben die beiden Funktionen **Trace** und **TracePrint** bereits kennengelernt. Sie sind besonders dann sehr nützlich, wenn man weiß, wie ihr zweites Argument zu handhaben ist. Es gibt verschiedene Formen, in denen es vorkommen kann:

1) Ist es ein Symbol, werden nur jene Teile der Auswertung angezeigt, in denen die zu diesem Symbol gehörenden Bearbeitungsregeln benutzt werden.

2) Ist es ein Muster, werden nur die Zeilen der Auswertung ausgegeben, die zu diesem Muster passen; ein Beispiel hierzu haben wir in Abschnitt 7.1 gesehen.

3) Ist es eine Transformationsregel, wird, falls das Muster zu einer Auswertungszeile paßt, zuerst die Regel angewandt und dann diese Zeile ausgedruckt.

Lassen Sie uns beispielsweise einmal die Funktion **TracePrint** auf **F[2]** anwenden. In diesem Abschnitt werden wir die Funktion **TracePrint** benutzen, aber alles, was wir sagen, gilt genauso für die Funktion **Trace**:

```
In[1]:= Trace[F[2]]
Out[1]= {F[2], {{2 > 1, True}, RuleCondition[Print[2];
        F[2 - 2] + F[2 - 1], True],
        Print[2]; F[2 - 2] + F[2 - 1]},
        Print[2]; F[2 - 2] + F[2 - 1],
        {Print[2], Null},
        {{{2 - 2, -2 + 2, 0}, F[0], 0},
        {{2 - 1, -1 + 2, 1}, F[1], 1},
        0 + 1, 1}, 1}
```

Sie werden sicherlich zustimmen, daß der größte Teil davon nicht sehr interessant ist. Wir sollten uns auf die Ausgabe jener Teile beschränken, in denen die Regel **F** angewendet wird. Dazu werden wir **F** als zweites Argument an **Trace** übergeben:

```
In[2]:= Trace[F[2], F]
Out[2]= {F[2], Print[2]; F[2 - 2] + F[2 - 1], {{F[0], 0}, {F[1], 1}}}
```

Noch besser ist es, wenn wir das Muster **F[_]** verwenden. Dadurch werden alle Auswertungszeilen mit der Form **F[**_something_**]** ausgegeben:

```
In[3]:= TracePrint[F[2], F[_]]
        F[2]
         F[2 - 2]
         F[0]
         F[2 - 1]
         F[1]

Out[3]= 1
```

In dem Beispiel aus Abschnitt 7.1 wird ein Muster benutzt, durch das alle Auswertungszeilen ausgegeben werden, in denen entweder **F** auf eine ganze Zahl angewandt wird oder die rechte Seite der Rekursionsregel benutzt wird. Mit Hilfe einer Transformationsregel können wir uns die Argumente der verschiedenen Aufrufe anzeigen lassen:

```
In[4]:= TracePrint[F[2], F[n_Integer] -> n]
           2
             0
             1


Out[4]= 1
```

7.9.2 | Variablen ausdrucken

Die klassische Debuggingmethode, die in allen Programmiersprachen benutzt wird, besteht darin, **Print**-Befehle in das Programm mit einzubauen, so daß man erkennen kann, wo gerade etwas berechnet wird und welche Werte die dort stehenden Variablen haben. Beachten Sie, daß wenn *ausdr* irgendein Ausdruck ist, der Compoundausdruck (**Print**[...]; *ausdr*) den gleichen Wert hat wie *ausdr*. Damit können wir **Print**-Befehle in das Programm einbauen, ohne die Arbeitsweise des Programms zu verändern. Am häufigsten wird **Print** eingesetzt, um sich die Werte von Funktionsargumenten anzuschauen. Ändert man die Regel **f[x_]** := *ausdr* in **f[x_]** := (**Print[x]**; *ausdr*), wird bei jedem Aufruf das Argument ausgedruckt:

```
In[1]:= F[n_] := (Print[n]; F[n-2] + F[n-1]) /; n > 1

In[2]:= F[4]
           4
           2
           3
           2


Out[2]= 3
```

Hat man mehrere **Print**-Befehle, kann es nützlich sein, auch die Regel, die gerade angewendet wird auszugeben:

```
f[x_, y_] := (Print["Rule 1: ", x, y]; e)
```

7.9.3 | Häufig vorkommende Fehler

Viele Fehler, die gemacht werden, sind offensichtlich. Zum Beispiel wird man Fehlermeldungen wie die folgende sehr oft erhalten:

Part::partw: Part *i* of *L* does not exist.

Dabei ist *i* eine ganze Zahl und *L* eine Liste. Diese Meldung wird ausgegeben, wenn man versucht, einen Teil aus einem Audruck herauszuziehen, der darin gar nicht vorkommt, z.B. wenn man das erste Element einer leeren Liste anfordert. Dieser Fehler kommt in verschiedenen Variationen vor. So kann es zum Beispiel passieren, daß man einen falschen Index angibt (z.B. ein Blank vergißt). Für alle Fälle gilt jedoch, daß man durch Einfügen eines Print-Befehls ziemlich schnell erkennt, was wirklich vor sich geht.

Es kommt auch des öfteren vor, daß anstatt eines Wertes ein ganzer Ausdruck zurückgegeben wird — manchmal sogar der gleiche Ausdruck, den man eingegeben hat:

```
In[1]:= f[n] := Table[i, {i, -n, n}]

In[2]:= f[10]
Out[2]= f[10]
```

Wo liegt das Problem? Nun, beim Argument n von f fehlt das Blank. **Mathematica** interpretiert die linke Seite als ein Muster, das zum Ausdruck f[n] paßt. Für f[10] existiert daher keine Bearbeitungsregel, und **Mathematica** gibt einfach den gleichen Ausdruck zurück — es wird noch nicht einmal bemerkt, daß ein Fehler aufgetreten ist!

In einem anderen häufig vorkommenden Fall werden nicht genügend viele Argumente an die Funktion übergeben:

```
In[3]:= f[{x_, r___}, y_] := If[x<0, {y, f[{r}]}, f[{r}]]

In[4]:= f[{}, _] := {}

In[5]:= f[{-5, 4, 17}, -1]
Out[5]= {-1, f[{4, 17}]}
```

Manchmal werden auch zu viele Argumente übergeben:

```
In[6]:= g[{x_, r___}, y_] := If[x<0, {y, g[r, y]}, g[r, y]]

In[7]:= g[{}, _] := {}

In[8]:= g[{-5, 4, 17, 12, 21}, -1]
Out[8]= {-1, g[4, 17, 12, 21, -1]}
```

Im ersten Beispiel wurde die rekursive Funktion f mit nur einem Argument aufgerufen, und für diesen Fall existieren keine Bearbeitungsregeln. Im zweiten haben wir vergessen, r im rekursiven Aufruf in Listenklammern einzuschließen, so daß die einzelnen Elemente von **r** als Argumente an **g** übergeben wurden, d.h. es wurden zu viele Argumente übergeben.

Ein anderer Fehler, der häufig vorkommt, besteht darin, das Programm in eine Endlosschleife zu schicken. Ist Ihnen dies beim Lösen der Übungen dieses Kapitels passiert, dann hat aller Wahrscheinlichkeit nach die von Ihnen definierte Funktion rekursive Aufrufe gemacht, ohne zu einem Ende zu kommen. In diesem Fall wird die Berechnung abgebrochen, wenn die in **Mathematica** eingebaute Schranke für die maximal erlaubte Anzahl rekursiver Aufrufe erreicht ist.

Diese Zahl ist in der Variablen **$RecursionLimit** abgespeichert:

In[9]:= **h[x_] := h[x-1] + h[x+1]**

In[10]:= **h[0] := 0**

In[11]:= **h[1]**
$RecursionLimit::reclim: Recursion depth of 256 exceeded.

Eine solche Fehlermeldung existiert auch für **$IterationLimit**. Ein Beispiel findet sich auf Seite 150.

In beiden Fällen kann es aber auch passieren, daß **Mathematica** die Berechnung nicht abbricht und daß immer wieder diese Fehlermeldung ausgegeben wird. Wenn dies passiert, muß man das Programm von der Tastatur aus abbrechen, so wie wir es auf Seite 6 beschrieben haben. Es kann vorkommen, daß Sie die Rekursionsgrenze erhöhen müssen. Dies können Sie erreichen, indem Sie **$RecursionLimit** eine grössere Zahl zuweisen.

Wenn Sie die Übungen des nächsten Kapitels bearbeiten, kann es vorkommen, daß Sie, obwohl Sie keine rekursiven Aufrufe machen, in eine Endlosschleife kommen, die dann entweder gar keine Fehlermeldung ausgibt, oder eine, die besagt, daß **$IterationLimit** überschritten wurde. Brechen Sie in diesem Fall das Programm von der Tastatur aus ab. Sie können dann **$IterationLimit** erhöhen, sollten dies aber nur tun, wenn Sie sich sicher sind, daß kein Fehler vorliegt.

8 Iteration

Dieses Buch unterscheidet sich von anderen Büchern, die eine Einführung in konventionelle Programmiersprachen geben. Zum einen beschäftigt sich der gesamte erste Teil des Buches mit eingebauten Operationen, die auf die verschiedenen Datentypen von **Mathematica** wirken; im Gegensatz dazu stehen bei konventionellen Programmiersprachen nur wenige einfache eingebaute Datentypen und Operationen zur Verfügung. Ein zweiter, wichtigerer Punkt ist, daß wir uns in diesem Buch vor allem mit dem Programmieren von Funktionalen, mit Bearbeitungsregeln und mit Rekursion beschäftigt haben. Dies sind die typischen Methoden, die man benutzt, wenn man mit **Mathematica** programmiert. In anderen Programmiersprachen hingegen spielt die **Iteration** eine ganz wesentliche Rolle. Dabei werden die Variablen und Arrays in einem Wiederholungsprozeß so lange modifiziert, bis sie die richtigen Werte haben. Diese Methode kann auch vorteilhaft in **Mathematica** eingesetzt werden, und in dem nun folgenden Kapitel werden wir erklären, wie dies gemacht wird.

8.1 Newtons Iterationsverfahren

Einer der bekanntesten Algorithmen ist das Newtonsche Iterationsverfahren, mit dem man die Nullstellen einer Funktion finden kann. In unserem ersten Beispiel werden wir dieses klassische Iterationsverfahren vorstellen.

Wie schon bei einigen der Beispiele, die wir am Anfang des Kapitels 7 besprochen haben, kann man auch hier das Problem mit **Mathematica** sehr leicht lösen: Man benutzt einfach die eingebaute Funktion FindRoot. In diesem Abschnitt werden wir die verschiedenen Iterationsverfahren unter anderem an der Funktion $x^2 - 50$ überprüfen, deren Nullstellen natürlich durch die Quadratwurzeln von 50 gegeben sind:

```
In[1]:= FindRoot[x^2 - 50 == 0, {x, 50}]
Out[1]= {x -> 7.07107}
```

Dabei ist die Zahl 50, die in dem Ausdruck {x, 50} vorkommt, unser Startwert.

Warum ist es nun überhaupt notwendig zu lernen, wie man ein eigenes Programm zur Suche nach Nullstellen schreibt? Nun, aus dem gleichen Grund, aus dem Sie in Kapitel 7.5 gelernt haben, wie man lineare Gleichungssysteme auflöst: Die eingebauten Operationen funktionieren nicht immer, und die einzige Möglichkeit das Problem dann zu lösen, besteht darin, ein eigenes Programm zu schreiben. Nehmen wir beispielsweise die Funktion $f(x) = x^{\frac{1}{3}}$:

```
In[2]:= FindRoot[x^(1/3) == 0, {x, .1}]

        FindRoot::cvnwt:
                Newton´s method failed to converge to the prescribed
                accuracy after 15 iterations.
Out[2]= {x -> -0.000195312}
```

Lernen wir nun, wie man richtig programmiert, können wir einfach ein eigenes Nullstellensuchprogramm schreiben, das dieses Problem löst. Wir werden in Abschnitt 9.4.1 darauf zurückkommen.

Angenommen, wir haben eine Funktion f und sind in der Lage, die Ableitung f' zu berechnen. Dann funktioniert das Newtonsche Iterationsverfahren wie folgt:

- Zuerst müssen wir einen Anfangswert a_0 angeben, der möglichst in der Nähe der Nullstelle liegen sollte.

- Danach berechnen wir gemäß der Regel

$$a_{i+1} = a_i - \frac{f(a_i)}{f'(a_i)}$$

immer bessere Näherungswerte a_1, a_2, ..., bis wir fertig sind (was dies genau bedeutet, wird später erklärt).

In Figur 8.1 haben wir dieses Verfahren grafisch dargestellt. Unter den dort gegebenen Umständen konvergiert die Folge a_i gegen die Nullstelle. Bevor wir darauf eingehen, wann man die Iteration abbrechen kann, noch ein Beispiel: Die Ableitung der Funktion $f(x) = x^2 - 50$ ist $f'(x) = 2x$. Diesen Fall, haben wir in Abbildung 8.2 dargestellt, wobei wir die Zahl 50 als Anfangswert gewählt haben.

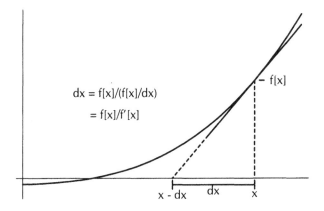

Abbildung 8.1: Graphische Darstellung des Newtonschen Iterationsverfahrens .

```
In[3]:= f[x_] := x^2 - 50
```

```
In[4]:= a0 = 50
Out[4]= 50
```

```
In[5]:= a1 = N[a0 - f[a0] / f´[a0]]
Out[5]= 25.5
```

```
In[6]:= a2 = N[a1 - f[a1] / f´[a1]]
Out[6]= 13.7304
```

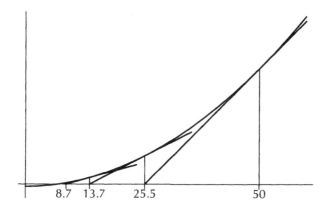

Abbildung 8.2: Das Newtonsche Iterationsverfahren für $f(x) = x^2 - 50$.

```
In[7]:= a3 = N[a2- f[a2] / f´[a2]]
Out[7]= 8.68597
```

```
In[8]:= a4 = N[a3 - f[a3] / f´[a3]]
Out[8]= 7.22119
```

```
In[9]:= a5 = N[a4 - f[a4] / f´[a4]]
Out[9]= 7.07263
```

Wie man sieht, nähern sich die Werte der Quadratwurzel von 50, die ungefähr gleich 7.07107 ist. (Wie wir auf Seite 32 erläutert haben, ist in **Mathematica** f´[x] eine spezielle Schreibweise für **Derivative[1][f][x]**, und dieser Ausdruck liefert, falls **Mathematica** ihn berechnen kann, die erste Ableitung von **f**.)

Ein offenes Problem ist noch, nach welchen Kriterien wir festlegen, wann wir mit einem bestimmten Näherungswert zufrieden sind. Zunächst noch eine Anmerkung: Wo wir auch abbrechen, nehmen wir z.B. a_5, die Werte, die vorher berechnet wurden, werden nicht mehr benötigt. Im obigen Beispiel wäre es also nicht notwendig gewesen, immer neue Namen einzuführen:

```
In[10]:= a = 50
Out[10]= 50

In[11]:= a = N[a - f[a] / f´[a]]
Out[11]= 25.5

In[12]:= a = N[a - f[a] / f´[a]]
Out[12]= 13.7304

In[13]:= a = N[a- f[a] / f´[a]]
Out[13]= 8.68597

In[14]:= a = N[a - f[a] / f´[a]]
Out[14]= 7.22119

In[15]:= a = N[a - f[a] / f´[a]]
Out[15]= 7.07263
```

Wir können etwas Schreibarbeit einsparen, indem wir folgende Funktion definieren:

```
In[16]:= next[x_, fun_] := N[x - fun[x] / fun´[x]]

In[17]:= a = 50
Out[17]= 50

In[18]:= a = next[a, f]
Out[18]= 25.5

In[19]:= a = next[a, f]
Out[19]= 13.7304

In[20]:= a = next[a, f]
Out[20]= 8.68597

In[21]:= a = next[a, f]
Out[21]= 7.22119

In[22]:= a = next[a, f]
Out[22]= 7.07263
```

Nun zurück zur Frage, wann man die Berechnung abbrechen sollte. Eine einfache Antwort lautet: beim zehnten Näherungswert. Diesen erhält man wie folgt:

```
Do[a = next[a, f], {10}]
```

Unter normalen Umständen wertet Do[*ausdr*$_1$, {*ausdr*$_2$}] *ausdr*$_1$ insgesamt *ausdr*$_2$-mal aus. In unserem Fall können wir daher folgendes eingeben:

```
In[23]:= a = 50; Do[a = next[a, f], {10}]

In[24]:= a
Out[24]= 7.07107
```

Beachten Sie, daß die Do-Schleife keinen Rückgabewert hat (etwas genauer sollten wir sagen, daß der Rückgabewert gleich dem Wert Null ist, und dieser wird, weil er uninteressant ist, nicht ausgedruckt). Der wichtige Punkt hier ist, daß die Do-Schleife der Variablen a einen Wert zuweist, der eine gute Näherung für die Quadratwurzel von 50 ist.

Do hat die gleichen Argumente wie Table (Seite 56 und Exercise 3). Die Argumentliste kann also wie folgt aussehen:

Do[*ausdr*, { *i*, *imin*, *imax*, *di*}]

In dieser Schleife wird *ausdr* mit der Variablen *i*, wiederholt ausgewertet. Dabei durchläuft *i* die Werte *imin*, *imin+di*, usw., ohne jedoch *imax* zu überschreiten. (Die Anzahl der Schleifendurchläufe ist also gleich $|(imax - imin)/di|$.) Wenn man *di* wegläßt, wird automatisch angenommen, daß dieser Wert gleich 1 ist. Gibt man nur *i* und *imax* an, wird angenommen, daß sowohl *imin* als auch *di* gleich 1 sind. So können wir uns beispielsweise folgendermaßen die Anzahl der Iterationsschritte und den jeweils zugehörigen Näherungswert ausgeben lassen:

```
In[25]:= a = 50

In[26]:= Do[a = next[a, f];
           Print["Näherung ", i, ": ", a],
         {i, 1, 10}]


    Näherung 1: 25.5
    Näherung 2: 13.7304
    Näherung 3: 8.68597
    Näherung 4: 7.22119
    Näherung 5: 7.07263
    Näherung 6: 7.07107
    Näherung 7: 7.07107
    Näherung 8: 7.07107
    Näherung 9: 7.07107
    Näherung 10: 7.07107
```

1. Berechnen Sie gleichzeitig die Wurzeln von 50 und 60, also mit einer einzigen Do-Schleife.

2. Vergleichen Sie die Do-Schleife mit Nest (Seite 69). Berechnen Sie hierzu die Wurzel von 50 mit Nest und lösen Sie Übung 1 mit nur *einem* Nest-Aufruf.

3. Do und Table sind sich sehr ähnlich. Man könnte in etwa sagen, daß Table sich zu Do verhält, wie NestList zu Nest. Ersetzen Sie in Ihrer Lösung von Übung 1 Do durch Table. Was erhalten Sie?

4. Berechnen Sie die Fibonacci-Zahlen iterativ. Sie werden dafür zwei Variablen brauchen, nennen wir sie diese und vorige, in denen die letzten beiden Fibonacci-Zahlen abgespeichert sind. Nach i Iterationen haben diese und vorige jeweils die Werte F_i und F_{i-1}.

8.1.1 | While-Schleifen

Die Frage, wann man die Iteration abbrechen kann, ist von großer Bedeutung. Für die Funktion $f(x) = x^2 - 50$ reichten 10 Iterationsschritte aus, aber schon im folgenden Beispiel ist dies nicht mehr der Fall:

```
In[1]:= g[x_] := x - Sin[x]
```

Eine Wurzel der Funktion ist die Zahl 0:

```
In[2]:= g[0]
Out[2]= 0
```

Aber nach 10 Iterationsschritten mit Newtons Algorithmus sind wir noch weit davon entfernt:

```
In[3]:= a = 1.0; Do[a = next[a, g], {10}]
```

```
In[4]:= a
Out[4]= 0.0168228
```

Nach 25 Iterationsschritten sieht die Sache schon besser aus:

```
In[5]:= a = 1.0; Do[a = next[a, g], {25}]
```

```
In[6]:= a
Out[6]= 0.0000384172
```

In Wirklichkeit ist die notwendige Anzahl von Iterationsschritten von Funktion zu Funktion verschieden. Wir müssen so lange iterieren, bis der Näherungswert nahe genug an der Wurzel ist. Aber wie finden wir dies heraus? Auf diese Frage gibt es verschiedene Antworten, und welche davon die beste ist, hängt von der speziellen Situation ab, in der man sich befindet. Zum Beispiel ist eine der leichteren Antworten die, daß man eine sehr kleine Zahl ϵ auswählt, und so lange iteriert, bis $|f(a_i)| < \epsilon$.

Aber wie können wir eine Schleife schreiben, die genau dann anhält, wenn diese Bedingung erfüllt ist? In der Do-Schleife wird die Anzahl der Iterationsschritte gleich zu Beginn festgelegt. Zur Lösung dieses Problems führen wir eine neue Funktion ein. Sie heißt While-Funktion und hat folgende Form:

```
While[bedi, ausdr]
```

Das erste Argument ist eine **Bedingung**, das zweite ein **Rumpf**. Die Funktion arbeitet folgendermaßen: Zuerst wird die Bedingung ausgewertet. Ist sie erfüllt, wird der Rumpf ausgewertet und dann wieder die Bedingung. Ist sie wieder erfüllt, werden der Rumpf und die Bedingung erneut ausgewertet. Dies wird so lange fortgesetzt, bis die Bedingung nicht mehr erfüllt ist, d.h. bis sie den Wert False zurückgibt. Man beachte, daß wenn der Test schon beim erstenmal falsch ist, der Rumpf keinmal ausgewertet wird. Er kann aber auch einmal oder tausendmal ausgewertet werden.

Genau so etwas brauchen wir: Wenn der Iterationswert noch zu weit von der Wurzel entfernt ist, wird ein neuer berechnet und erneut überprüft.

```
In[7]:= epsilon = .001

In[8]:= a = 50; While[Abs[f[a]] > epsilon, a = next[a, f]]

In[9]:= a
Out[9]= 7.07107
```

Es ist kompakter, wenn man dies alles in einer Funktion zusammenschreibt:

```
In[10]:= findRoot[fun_, init_, eps_] :=
            Module[{a = init},
                While[ Abs[fun[a]] > eps,
                    a = N[a - fun[a] / fun'[a]]
                    ];
                a]


In[11]:= findRoot[f, 50, .001]
Out[11]= 7.07107
```

Der letzte Iterationswert wird nicht mehr in einer globalen Variablen abgespeichert. Stattdessen ist er der Rückgabewert der Funktion. (Eine Erklärung, warum wir die lokale Variable a eingeführt haben, findet sich am Ende dieses Unterabschnitts.)

Lassen Sie uns noch etwas bei diesem Beispiel bleiben. Angenommen, wir würden uns dafür interessieren, wieviele Iterationsschritte bis zum Auffinden der Lösung gemacht worden sind. Dann könnten wir etwa einen Print-Befehl einfügen, der bei jedem Schleifendurchlauf den Wert von a ausgibt:

```
In[12]:= findRoot[fun_, init_, eps_] :=
            Module[{a = init},
                While[ Abs[fun[a]] > eps,
                    Print["a = ", a];
                    a = N[a - fun[a] / fun´[a]]
                    ];
                a]
```

```
In[13]:= findRoot[f, 50, 0.001]
        a = 50
        a = 25.5
        a = 13.7304
        a = 8.68597
        a = 7.22119
        a = 7.07263
```

Out[13]= 7.07107

Zählt man die Zeilen, stellt man fest, daß 6 Iterationschritte durchgeführt worden sind (beachten Sie, daß der Wert von a jeweils *vor* der Auswertung des Rumpfes ausgegeben worden ist).

Es wäre sicherlich besser, wenn die Funktion diese Zahl selber berechnen und auch zurückgeben würde.

```
In[14]:= findRoot[fun_, init_, eps_] :=
            Module[{a = init, count = 0},
                While[ Abs[fun[a]] > eps,
                    count = count + 1;
                    a = N[a - fun[a] / fun´[a]]
                    ];
                {a, count}]
```

```
In[15]:= findRoot[f, 50, 0.001]
Out[15]= {7.07107, 6}
```

In allen Versionen von **findRoot** wurde f[a] bei jedem Iterationschritt zweimal berechnet, einmal in der Bedingung und einmal im Rumpf. Diese Aufrufe von **f** können sehr viel Zeit in Anspruch nehmen, und sie sollten daher minimiert werden. Wir werden daher eine neue Version schreiben, in der f[a] bei jedem Iterationschritt nur noch einmal berechnet wird.

Hierzu werden wir die lokale Variable `funa` einführen, in der *immer* `fun[a]` für das jeweils aktuelle `a`, abgespeichert ist. Dies erreichen wir, indem wir diese Variable immer dann neu berechnen, wenn `a` ein neuer Wert zugewiesen wird:

```
findRoot[fun_, init_, eps_] :=
    Module[{a = init, funa = fun[init]},
            While[ Abs[funa] > eps,
                        a = N[a - funa / fun´[a]];
                        funa = fun[a]
                    ];
        a]
```

In all unseren Beispielen haben wir mit Hilfe von `Module` eine lokale Variable definiert, der dann im Rumpf von `While` verschiedene Werte zugewiesen wurden. Damit haben wir einen Fehler umgangen, der häufig gemacht wird, nämlich *zu versuchen, dem Argument einer Funktion, einen Wert zuzuweisen*. So funktioniert beispielsweise die folgende Version von `findRoot` nicht:

```
In[16]:= findRoot[fun_, x_, eps_] :=
            (While[ Abs[fun[x]] > eps,
                        x = N[x - fun[x] / fun´[x]]
                    ];
            x)
```

```
In[17]:= findRoot[Sin, .1, .01]
Set::setraw: Cannot assign to raw object 0.1.
```

```
In[18]:= TracePrint[ findRoot[Sin, .1, .01], findRoot]
```

$$\text{While}[\text{Abs}[\text{Sin}[0.1]] > 0.01, \ 0.1 = \text{N}[0.1 - \frac{\text{Sin}[0.1]}{\text{Sin}´[0.1]}]]; \ 0.1$$

Was genau passiert ist, kann man mit Hilfe von `Trace` erkennen (wir haben jedoch nur die erste Zeile wiedergegeben). Die Variable `x`, die im Rumpf von `findRoot` vorkommt, wird durch `.1` ersetzt — was in Ordnung ist —, und dadurch wird ein Ausdruck der Form `0.1 =` *something* erzeugt — was nicht mehr in Ordnung ist. Dieses Problem könnte man mit Hilfe des `HoldFirst`-Attributs umgehen (mehr dazu auf Seite 195), aber es ist besser, lokale Variablen einzuführen. So vermeidet man, daß Variablen nach einem Funktionsaufruf auf einmal einen anderen Wert haben.

1. Ein anderes Abbruchskriterium besteht darin, die Nullstellensuche zu stoppen, wenn $|a_i - a_{i+1}| < \epsilon$ — d.h., wenn zwei aufeinanderfolgende Iterationswerte sehr nahe beieinander liegen. Dahinter steckt die Idee, daß sich in der Nähe der Wurzel die Iterationswerte nicht mehr sehr verbessern. Die Schwierigkeit beim Programmieren dieses Kriteriums besteht darin, daß man die letzten *zwei* Iterationswerte abspeichern muß. (Wie bei der iterativen Berechnung der Fibonacci-Zahlen in Übung 4 auf Seite 184.) Programmieren Sie **findRoot**, gemäß diesem Abbruchskriterium.

2. Ändern Sie irgendeine der Versionen von **findRoot** so ab, daß eine *Liste* mit allen Iterationswerten zurückgegeben wird:

   In[1]:= **findRoot[f, 50, 0.001]**
   Out[1]= {50, 25.5, 13.7304, 8.68597, 7.22119, 7.07263, 7.07107}

3. Wenn man nur einen Anfangswert vorgibt, ist die Gefahr groß, daß dieser ungeeignet ist. Ändern Sie deshalb **findRoot** so ab, daß man dem Argument eine *Liste* von Anfangswerten übergeben kann, die alle gleichzeitig iteriert werden sollen, bis die Iteration für einen Wert konvergiert. Diese eine Lösung soll dann zurückgegeben werden.

4. Eine weitere Methode zum Auffinden der Nullstellen von Funktionen, ist die Intervallhalbierungsmethode. Gegeben sei eine stetige Funktion $f(x)$ und zwei reelle Zahlen a und b, mit $f(a) < 0$ und $f(b) > 0$, dann folgt aus dem Zwischenwertsatz, daß f zwischen a und b eine Nullstelle haben muß. Ist nun der Funktionswert von f in der Intervallmitte $f((a + b)/2)$ kleiner als Null, dann befindet sich die Nullstelle zwischen $(a + b)/2$ und b; ist er dagegen größer als Null, befindet sie sich zwischen a und $(a+b)/2$. Diese Intervallhalbierung wird nun so lange wiederholt, bis man sich der Nullstelle hinreichend genähert hat.

   Schreiben Sie eine Funktion **bisect**[*f, a, b, eps*], welche mit Hilfe des Intervallhalbierungsverfahrens die Nullstelle einer Funktion f mit einer Genauigkeit von *eps* findet. Dabei müssen die beiden Anfangswerte a und b die Bedingung $f(a) \cdot f(b) < 0$ erfüllen.

8.2 Vektoren und Matrizen

Vektoren und Matrizen spielen fast überall in der Mathematik eine wichtige Rolle, z.B. werden viele fundamentale Algorithmen mit ihrer Hilfe formuliert. In Kapitel 3 haben wir erläutert, daß in **Mathematica** Vektoren als Listen und Matrizen als verschachtelte Listen dargestellt werden. In Abschnitt 7.5 haben wir gezeigt, wie man lineare Gleichungssysteme rekursiv löst.

Ein Problem das Sie gelegentlich in Mathematikbüchern finden werden, und das wir hier noch nicht besprochen haben sind Algorithmen, in denen die Werte, die in Arrays stehen, während der Berechnung *abgeändert* werden.

Betrachten Sie beispielsweise das Problem aus Übung 6 von Seite 64. Gegeben ist ein Vektor P, der eine Permutation der Zahlen von 1 bis n enthält und ein Vektor S der Länge n. Sie müssen nun einen Vektor T der Länge n erzeugen, so daß für alle k zwischen 1 und n die Gleichung T[[P[[k]]]] = S[[k]] gilt:

```
In[1]:= permute[{"a", "b", "c", "d"}, {3, 2, 4, 1}]
Out[1]= {d, b, a, c}
```

Eine Lösung, die allerdings sehr anspruchsvoll ist und die Funktionale benutzt, findet sich auf Seite 64. Man kann das Problem auch einfacher lösen:

1. Die Liste T, welche die Länge n hat, wird überall mit Nullen initialisiert.

2. Für alle i von 1 bis n, werden folgende zwei Schritte durchgeführt:

   (a) p = P[[i]].

   (b) (Element Nummer p von T) = S[[i]].

3. T wird als Resultat zurückgegeben.

Diese Schritte bereiten, bis auf 2(b), keine Probleme: Wir wissen, wie man T initialisiert, wie man Schleifen mit einer Schleifenvariablen i schreibt und wie man T zurückgeben kann. Damit erhalten wir für die gesuchte Funktion folgenden Entwurf:

```
permute[S_, P_] :=
    Module[{T = Table[0, {Length[S]}], p},
            Do[ p = P[[i]];
                (Element Nummer p von T) = S[[i]],
                {i, Length[[S]]}];
            T]
```

Wie können wir nun das Element Nummer p von T verändern? **Mathematica** stellt hierfür eine Methode zur Verfügung, mit der man T direkt abändern kann: die **Zuweisung an eine Listenkomponente**. Die Syntax hierzu lautet folgendermaßen:

```
T[[ausdr₁]] = ausdr₂
```

Schritt 2b läßt sich also so realisieren:

```
T[[p]] = S[[i]]
```

und wir erhalten folgendes Programm:

```
permute[S_, P_] :=
    Module[{T = Table[0, {Length[S]}], p},
                Do[ p = P[[i]];
                    T[[p]] = S[[i]],
                {i, Length[S]}];
            T]
```

8.2.1 | Zuweisung an eine Listenkomponente

Die Möglichkeit, Elemente von Listen zu verändern, ist so nützlich, daß wir sie etwas genauer untersuchen werden. Die allgemeine Syntax zur Änderung einer Liste lautet:

name[[„*ganze-Zahl-wertiger" Ausdruck*]] =
ausdruck

Dabei entspricht *name* dem Namen der Liste. Die Auswertung des „*ganze-Zahl-wertigen"* *Ausdrucks* muß zu einem erlaubten Index führen, d.h. zu einer Zahl, deren absoluter Wert kleiner oder gleich der Listenlänge ist. Die Zuweisung gibt den Wert von *ausdruck* zurück (dies passiert bei Zuweisungen immer), und verändert dabei die Liste *name*.

```
In[1]:= L = {0, 1, 2, 3, 4}
Out[1]= {0, 1, 2, 3, 4}

In[2]:= L[[1]] = 10
Out[2]= 10

In[3]:= L
Out[3]= {10, 1, 2, 3, 4}
```

Auch die Komponenten von verschachtelten Listen können verändert werden:

name[[*ganze-Zahl-ausdr*$_1$,
ganze-Zahl-ausdr$_2$]] = *ausdruck*

Dabei sind *ganze-Zahl-ausdr*$_1$ und *ganze-Zahl-ausdr*$_2$ Ausdrücke, deren Auswertung jeweils eine ganze Zahl ergibt. *ganze-Zahl-ausdr*$_1$ gibt an, welche Unterliste von *name* ausgewählt wird und *ganze-Zahl-ausdr*$_2$, welches Element aus dieser Unterliste:

```
In[4]:= A = {{1, 2, 3}, {4, 5, 6}}

In[5]:= A[[2, 3]] = 20
Out[5]= 20

In[6]:= A
Out[6]= {{1, 2, 3}, {4, 5, 20}}
```

Man beachte, daß bei der Zuweisung von einer Arrayvariablen an eine andere eine Kopie der ersten gemacht wird. Veränderungen von Komponenten in einem dieser Arrays beeinflußen daher nicht das andere Array.

```
In[7]:= B = A
Out[7]= {{1, 2, 3}, {4, 5, 20}}

In[8]:= B[[1, 2]] = 30
Out[8]= 30

In[9]:= B
Out[9]= {{1, 30, 3}, {4, 5, 20}}

In[10]:= A
Out[10]= {{1, 2, 3}, {4, 5, 20}}

In[11]:= A[[2, 1]] = 40
Out[11]= 40

In[12]:= B
Out[12]= {{1, 30, 3}, {4, 5, 20}}
```

8.2.2 | Primzahlen finden

Einer der ältesten Algorithmen überhaupt, ist das „Sieb des Eratosthenes", benannt nach dem berühmten griechischen Astronom Eratosthenes (ca. 276–ca. 194 B.C.). Man kann damit alle Primzahlen finden, die kleiner als eine vorgegebene Zahl n sind. Die Besonderheit dieses Algorithmus ist die, daß man damit Primzahlen finden kann, ohne irgendwelche Divisionen auszuführen; vor der Einführung des Arabischen Zahlensystems brauchte man für diese mathematische Operation sehr viel Geschick und Geduld. Die einzigen Operationen, die man durchführen muß, sind Addition und die Zuweisung an Komponenten.

Der Algorithmus arbeitet folgendermaßen:

1. Sei **primes** eine Liste, die alle ganzen Zahlen zwischen 1 und n enthält.

2. Sei **p** = 2.

3. Wiederholen Sie die folgenden Schritte bis **p** = $n + 1$:

    (a) Streichen Sie ab der Position 2p jeden p-ten Wert von **primes** weg, d.h. weisen Sie den Positionen 2p, 3p, ... von **primes** eine 1 zu.

    (b) Erhöhen Sie p um 1, bis **primes[[p]]** nicht mehr gleich 1 ist (oder bis p = $n + 1$).

4. Die von 1 verschiedenen Zahlen in **primes** sind dann genau all die Primzahlen, die kleiner oder gleich *n* sind.

Um dies besser zu verstehen, werden wir uns die Primzahlenliste für den Fall *n* = 12 nach fünf Iterationen anschauen. Unter einer „Iteration" verstehen wir dabei eine vollständige Abarbeitung der Schritte 3a und 3b:

Anfangszustand: primes = {1, 2, 3, 4, 5, 6, 7, 8, 9, 10, 11, 12}, p=2
                                         ↑

nach der ersten Iteration: primes = {1, 2, 3, 1, 5, 1, 7, 1, 9, 1, 11, 1}, p=3
                                               ↑

nach der zweiten Iteration: primes = {1, 2, 3, 1, 5, 1, 7, 1, 1, 1, 11, 1}, p=5
                                                  ↑

nach der dritten Iteration: primes = {1, 2, 3, 1, 5, 1, 7, 1, 1, 1, 11, 1}, p=7
                                                     ↑

nach der vierten Iteration: primes = {1, 2, 3, 1, 5, 1, 7, 1, 1, 1, 11, 1}, p=11
                                                        ↑

nach der fünften Iteration: primes = {1, 2, 3, 1, 5, 1, 7, 1, 1, 1, 11, 1}, p=13

(Beachten Sie, daß es zwei Möglichkeiten gibt, das Programm zu verbessern: (1) Das Wegstreichen kann an der Position p^2 beginnen, da **2p**, **3p**, ..., **(p-1)p** bereits weggestrichen sind. (2) Aus dem gleichen Grund kann man die Iterationen stoppen, sobald **p** größer als $\sqrt{n}$ ist. Wir werden die Programmierung dieser Verbesserungen dem Leser als Übung überlassen.)

Nur in Schritt 3a werden Zuweisungen an Komponenten durchgeführt. Alle anderen Schritte sind leicht zu programmieren:

```
primes[n_] :=
    Module[{primes = Range[n], p = 2},
            While[p!=n+1,
            streichen Sie jeden p-ten Wert in primes weg;
                p = p + 1;
                While[ p!=n+1 && primes[[p]]==1, p = p+1]
                ];
            Select[primes, (# != 1)&]]
```

Schritt 3a kann durch eine einfache Schleife mit einer Komponentenzuweisung, programmiert werden:

```
Do[ primes[[i]] = 1, {i, 2p, n, p} ]
```

Mit Hilfe der **Print**-Funktion können wir sehen, wie unser Programm den Algorithmus abarbeitet:

```
primes2[n_] :=
    Module[{primes = Table[i, {i, 1, n}], p = 2},
            Print["Initially: primes = ", primes, ", p = ", p];
            While[ p!= n+1,
                    Do[ primes[[i]] = 1, {i, 2p, n, p} ];
                    p = p + 1;
                    While[ p!=n+1 && primes[[p]]==1, p = p+1];
                    Print["In loop: primes = ", primes, ", p = ", p];
                    ];
            Select[primes, (# != 1)&]]
```

In[1]:= **primes2[12]**

```
        Anfangszustand:
        primes = {1, 2, 3, 4, 5, 6, 7, 8, 9, 10, 11, 12}, p = 2
        Nach der Schleife:
        primes = {1, 2, 3, 1, 5, 1, 7, 1, 9, 1, 11, 1}, p = 3
        Nach der Schleife:
        primes = {1, 2, 3, 1, 5, 1, 7, 1, 1, 1, 11, 1}, p = 5
        Nach der Schleife:
```
Out[1]= primes = {1, 2, 3, 1, 5, 1, 7, 1, 1, 1, 11, 1}, p = 7
```
        Nach der Schleife:
        primes = {1, 2, 3, 1, 5, 1, 7, 1, 1, 1, 11, 1}, p = 11
        Nach der Schleife:
        primes = {1, 2, 3, 1, 5, 1, 7, 1, 1, 1, 11, 1}, p = 13

        {2, 3, 5, 7, 11}
```

Übungen

1. Programmieren Sie die folgenden Funktionen (die jeweils Vektoren oder Matrizen zurückgeben), indem Sie eine neue Liste erzeugen und wie bei **permute** die Elemente in sie hineinschreiben:

   (a) **reverse**[V], wobei V ein Vektor ist.

   (b) **transpose**[A], wobei A eine Matrix ist.

   (c) **rotateRight**[V, n], wobei V ein Vektor ist und n eine (positive oder negative) ganze Zahl.

   (d) **rotateRows** – man könnte diese Funktion etwa wie folgt definieren:
   ```
   rotateRows[A_] :=
       Map[(rotateRight[A[[#]], #-1])&, Range[1, Length[A]]]
   ```

Übungen (Forts.)

Das heißt, die i-te Zeile von **A**, wird um $i - 1$ Plätze nach rechts rotiert.

(e) `rotateRowsByS` – diese Funktion könnte folgendermaßen definiert werden:
```
rotateRowsByS[A_, S_] /; Length[A] == Length[S] :=
   Map[(rotateRight[A[[#]], S[[#]]])&, Range[1, Length[A]]]
```

Das heißt, die i-te Zeile von **A**, wird um **S**$[[i]]$ Plätze rotiert.

(f) Die Funktion `compress`$[L, B]$, wobei L und B Listen gleicher Länge sind und B nur Boolsche Werte enthält (**False** und **True**), wählt aus L all diejenigen Elemente heraus, deren entsprechender Gegenwert in B gleich **True** ist. So ergibt sich beispielsweise aus `compress`$[\{a, b, c, d, e\}, \{$**True**, **True**, **False**, **False**, **True**$\}]$ die Liste $\{a, b, e\}$. Um zu wissen, wie groß die zu erzeugende Liste ist, muß man zuerst nachzählen, wie oft der Wert **True** in B vorkommt.

(g) Modifizieren Sie `sieve`, indem Sie den letzten Aufruf von **Select** entfernen und stattdessen eine Liste mit geeigneter Länge erzeugen, in welche die Primzahlen aus `primes` hineingeschrieben werden sollen.

8.3 Arrays an Funktionen übergeben

In unserem nächsten Algorithmus — Gaußsches Eliminationsverfahren mit Iteration — werden wir ein Array als Argument an eine Funktion übergeben, und die Funktion wird dieses Array abändern. Die Übergabe *alleine* bereitet keine Schwierigkeiten. Aber wenn das Array von der Funktion verändert wird, sind einige Hürden zu überwinden. Den Grund dafür kann man an folgendem Beispiel erkennen:

```
sqrElement[L_, i_] := L[[i]] = L[[i]]^2
```

`sqrElement` sollte das Quadrat von `L[[i]]` bilden. Lassen Sie es uns ausprobieren:

```
In[1]:= x = {0, 10, 20}

In[2]:= sqrElement[x, 3]
        Part:: setps: {0, 10, 20} in assignment of part
        is not a symbol
Out[2]= 400

In[3]:= TracePrint[sqrElement[x, 3], sqrElement]

        sqrElement
        sqrElement[{0, 10, 20}, 3]

        {0, 10, 20}[[3]] = {0, 10, 20}[[3]]²
```

Derselbe Fehler kam schon auf Seite 187 vor. Immer dann, wenn wir versuchen, eine Liste an eine Funktion zu übergeben und Zuweisungen an Komponenten vorzunehmen, werden wir Probleme bekommen. Die Lösung von Seite 187, nämlich lokale Variablen einzuführen, ist hier nicht zu empfehlen, da wir dann bei jedem Funktionsaufruf ein ganzes Array kopieren müssten — also ein ziemlich aufwendiges Verfahren. Stattdessen ist es besser, `sqrElement` mit dem `HoldFirst`-Attribut zu belegen. Damit wird **Mathematica** angewiesen, das erste Argument von `sqrElement` nicht auszuwerten, und die Auswertung des Rumpfs `sqrElement` führt zu dem Ausdruck „`x[[3]] = x[[3]]^2`'", der keine Probleme bereitet:

```
In[4]:= SetAttributes[sqrElement, HoldFirst]
```

```
In[5]:= sqrElement[x, 3]
Out[5]= 400
```

```
In[6]:= x
Out[6]= {0, 10, 400}
```

Bei dieser Vorgehensweise ist darauf zu achten, daß wir den *Namen* einer Liste an die Funktion übergeben und nicht die Liste selber. Sonst haben wir wieder das gleiche Problem:

```
In[7]:= sqrElement[{5, 10, 15, 20}, 2]
Part:: setps: {5, 10, 15, 20} in assignment of part
is not a symbol.
```

Zum Schluß sollten Sie noch beachten, daß durch `HoldFirst` nur das *erste* Argument unausgewertet bleibt, d.h. nur beim ersten Argument der Funktion darf man an Komponenten etwas zuweisen. In Funktionen, in denen zwei Arrays abgeändert werden müssen, sollten Sie das Attribut `HoldAll` verwenden.

Übungen

1. Definieren Sie eine Funktion `swap[`V`,` i`,` j`]`, welche die Elemente i und j eines Vektors V austauscht. Ist beispielsweise `v = {a, b, c, d}`, dann sollte nach der Auswertung von `swap[v, 2, 4]`, der Vektor `v` gleich `{a, d, c, b}` sein.

2. Definieren Sie eine Funktion `reverseInPlace[`V`]`, welche die Elemente in einer Liste umdreht. Erzeugen Sie dafür keine neue Liste, sondern verwenden Sie `Swap`, um die Elemente auszutauschen.

8.4 Noch einmal zum Gaußschen Eliminationsverfahren

In Abschnitt 7.5 hatten wir das Gaußsche Eliminationsverfahren besprochen. Obwohl es in sehr natürlicher Weise rekursiv formuliert werden kann, ist es nicht weiter schwer, eine iterative Variante zu programmieren. Der entscheidende Punkt ist der, daß man nach einer Elimination die ursprüngliche Matrix nicht mehr braucht. Wir können Sie daher *verändern*, indem wir sie durch die transformierte Matrix ersetzen. Anders ausgedrückt heißt dies, daß wir die Matrix *an Ort und Stelle* verändern können.

Der Entwurf für die iterative Version sieht folgendermaßen aus:

```
SetAttributes[{solveI, elimInPlace}, HoldFirst]


solveI[S_] :=
    Module[{xs = {}, n = Length[S]},
                Do[elimInPlace[S, i], {i, 1, n-1}];
                    Do[PrependTo[xs, soln[S, i, xs]], {i, n, 1, -1}];
        xs]
```

Wir haben die neue Funktion `solveI` genannt (I steht dabei für „iterativ"), um sie von der rekursiven Version `solve` unterscheiden zu können.

Die Funktion `elimInPlace` *verändert* ihr Argument, indem das Eliminationsverfahren bezüglich der i-ten Zeile angewandt wird. Die Matrix, die nach dem Aufruf von `elimInPlace[S, 1]`, von `elimx1[S]` (Seite 154) erzeugt wird und die das System S' darstellt, hat daher die Elemente $S[[2, 2]], \ldots, S[[n, n+1]]$; Sowohl $S[[1, 1]], \ldots,$ $S[[1, n+1]]$ als auch $S[[2, 1]], \ldots, S[[n, 1]]$ werden nicht verändert. Fangen wir zum Beispiel mit folgendem S an:

$$\begin{pmatrix} a_{11} & a_{12} & \cdots & a_{1n} & b_1 \\ a_{21} & a_{22} & \cdots & a_{2n} & b_2 \\ \vdots & \vdots & \ddots & \vdots & \vdots \\ a_{n1} & a_{n2} & \cdots & a_{nn} & b_n \end{pmatrix}$$

Nach dem Aufruf von `elimInPlace[S, 1]` sieht S folgendermaßen aus:

$$\begin{pmatrix} a_{11} & a_{12} & \cdots & a_{1n} & b_1 \\ a_{21} & a'_{22} & \cdots & a'_{2n} & b'_2 \\ \vdots & \vdots & \ddots & \vdots & \vdots \\ a_{n1} & a'_{n2} & \cdots & a'_{nn} & b'_n \end{pmatrix}$$

Der Aufruf von `elimx1[S]` liefert folgende Matrix:

$$\begin{pmatrix} a'_{22} & \cdots & a'_{2n} & b'_2 \\ \vdots & \ddots & \vdots & \vdots \\ a'_{n2} & \cdots & a'_{nn} & b'_n \end{pmatrix}$$

Rufen wir nun hintereinander die Ausdrücke elimInPlace[S, 1], elimInPlace[S, 2], ..., elimInPlace[S, $n-1$] auf, erhalten wir für S :

$$\begin{pmatrix} a_{11} & \cdots & & a_{1n} & b_1 \\ & a'_{22} & \cdots & a'_{2n} & b'_2 \\ & & a''_{33} & \cdots & a''_{3n} & b''_3 \\ & & & \ddots & \vdots & \vdots \\ & & & & a_{nn}^{(n-1)} & b_n^{(n-1)} \end{pmatrix}$$

Die nicht explizit gezeigten Positionen sind irrelevant. Durch „Rücksubstitution" können wir nach $x_1, \ldots, x_n$ auflösen.

$$x_n \quad = \quad \text{S}[[n, n+1]] \quad / \quad \text{S}[[n, n]]$$
$$x_{n-1} \quad = \quad (\text{S}[[n-1, n+1]] - x_n \, \text{S}[[n-1, n]]) \, / \, \text{S}[[n-1, n-1]]$$

Die anderen Werte ergeben sich analog. Das Programm sieht nun wie folgt aus:

```
elimInPlace[S_, i_] :=
    Module[{m, n = Length[S]},
                Do[m = S[[j, i]] / S[[i, i]];
                    Do[ S[[j, k]] -= m*S[[i, k]],
                        {k, i+1, n+1}],
                {j, i+1, n}]]
```

Wir können seine Arbeitsweise genau verfolgen, wenn wir uns nach jedem Aufruf von elimInPlace, S ausdrucken lassen.

```
In[1]:= solveI[S_] :=
            Module[{xs = {}, n = Length[S]},
                    Do[elimInPlace[S, i];
                        Print[MatrixForm[S]]; Print["\n"],
                        {i, 1, n-1}];
                    Do[PrependTo[xs, soln[S, i, xs]], {i, n, 1, -1}];
                    xs]


In[2]:= m = {{2, 3, 5, 7}, {3, 5, 7, 11}, {5, 7, 11, 13}}
Out[2]= {{2, 3, 5, 7}, {3, 5, 7, 11}, {5, 7, 11, 13}}
```

```
In[3]:= solveI[m]
```

```
2            3            5            7


             1            1            1
             --          -- (--)       --
3            2            2            2


             1            3            9
           -- (--)      -- (--)      -- (--)
5            2            2            2



2            3            5            7


             1            1            1
             --          -- (--)       --
3            2            2            2


             1
           -- (--)
5            2          -- 2           4
```

```
Out[3]= {-6, 3, 2}
```

Schließlich berechnet die Funktion soln[S, i, xs] den Wert von x_i, vorausgesetzt, daß xs eine Liste der Werte $\{x_{i+1}, \ldots, x_n\}$ ist. Die Berechnung hier ist vollkommen analog zu der, die am Ende von **solve** vorkam (Seite 154):

```
soln[S_, i_, xs_] :=
    Module[{r = 0, n = Length[S]},
           Do[r = r + S[[i, k]] * xs[[k-i]], {k, i+1, n}];
           (S[[i, n+1]] - r) / S[[i, i]] ]
```

Der Algorithmus ist im wesentlichen der gleiche wie beim rekursiven Programm. Er kann genau die gleichen Matrizen behandeln, was bedeutet, daß auch hier bei der Hilbert-Matrix Probleme auftreten werden. Im nächsten Kapitel werden wir den Algorithmus so abändern, daß auch einige der bisherigen Problemfälle damit gelöst werden können.

1. In Übung 1 auf Seite 154 haben wir ein Problem beschrieben, das auch in `solveI` auftritt. Auch hier ist es möglich, dieses Problem durch Pivotisierung zu lösen. Implementieren Sie diese Methode in `solveI`.

2. In Übung 4 auf Seite 155 haben wir die LU-Zerlegung eingeführt. Die Matrix S, die wir nach all den Aufrufen von `elimInPlace` erhalten (d.h. die ersten n Spalten von S), entspricht genau der Matrix, die wir in Teil (b) der Aufgabe beschrieben haben. Ändern Sie `solveI` so ab (es sind geringfügige Veränderungen), daß Sie die Funktion `LUdecompI` erhalten.

3. Das Problem aus Übung 1 auf Seite 154 kann auch mit Hilfe der LU-Zerlegung behandelt werden. Die Lösung mit Hilfe der Pivotisierung haben wir in Abschnitt 7.5 nicht explizit besprochen, da die Einbindung dieser Methode in die rekursive Version von `LUdecomp` kompliziert ist. Es ist dagegen sehr leicht, sie in `LUdecompI` einzubinden. Die Idee ist die folgende: Sind Sie beim i-ten Schritt — d.h. bei der Untermatrix von S, deren obere linke Ecke bei S_{ii} liegt — und haben Sie sich entschieden, die Zeilen i und j zu vertauschen, dann tun Sie dies *vollständig*, d.h. vertauschen Sie nicht nur die Teile, die in der Untermatrix stehen. Programmieren Sie dies.

9 Numerik

Von den vielen Datentypen, die in **Mathematica** vorhanden sind — Zahlen, Zeichenketten, Symbole, Listen —, sind Zahlen wohl die vertrautesten. Es gibt wiederum etliche verschiedene Zahlentypen in **Mathematica** und eine Reihe von Möglichkeiten, mit diesen Zahlen zu arbeiten. Am wichtigsten ist wohl, daß man mit Zahlen beliebiger Größe arbeiten kann und dies mit beliebiger Präzision. In diesem Kapitel werden wir uns mit verschiedenen Aspekten bezüglich des Rechnens mit Zahlen beschäftigen, und wir werden erläutern, welche Punkte man beachten muß, wenn man Zahlen in Programmen benutzt.

9.1 Zahlentypen

9.1.1 | Ganze und Rationale Zahlen

In **Mathematica** gibt es vier verschiedene Arten von Zahlen — ganze, rationale, reelle und komplexe. Ganze Zahlen geben einen bestimmten Wert exakt wieder, und sie werden ohne Dezimalpunkt dargestellt. Auch rationale Zahlen geben einen bestimmten Wert exakt wieder, und sie sind als Quotient zweier ganzer Zahlen darstellbar.

```
In[1]:= 3/27
        1
Out[1]= -
        9
```

Am obigen Beispiel kann man sehen, daß **Mathematica** rationale Zahlen vereinfacht, indem gemeinsame Teiler von Nenner und Zähler weggekürzt werden. Dabei bleibt die exakte Darstellung erhalten.

Mit Hilfe der **Head**-Funktion kann man herausfinden, mit welchem Zahlentyp man es gerade zu tun hat. **FullForm** zeigt an, wie Objekte in **Mathematica** intern dargestellt werden:

```
In[2]:= {Head[1/9], FullForm[1/9]}
Out[2]= {Rational, Rational[1, 9]}
```

Im Gegensatz zu Programmiersprachen wie C oder Pascal, in denen Berechnungen mit ganzen Zahlen auf 16 oder 32 Bits [1] beschränkt sind, kann man in **Mathematica** mit ganzen und rationalen Zahlen beliebiger Größe rechnen. Das hat damit zu tun, daß alle ganzen und rationalen Zahlen als *exakt* angesehen werden. Mit Hilfe der Funktion `Precision` können wir uns dies anzeigen lassen:

```
In[3]:= {Precision[7], Precision[1/9]}
Out[3]= {Infinity, Infinity}
```

Die *Präzision* von Zahlen, mit denen man in **Mathematica** arbeitet, hängt davon ab, welchen Zahlentyp man benutzt. In der Regel wird als Präzision einer reellen Zahl x die Anzahl der signifikanten Dezimalziffern von x betrachtet. Dies hängt mit der Gesamtzahl der Dezimalziffern, die man braucht, um die Zahl wiederzugeben, zusammen:

```
In[4]:= Precision[92.2226669991111111111122]
Out[4]= 24
```

Im Gegensatz zu reellen Zahlen sind ganze und rationale Zahlen in **Mathematica** exakt. Ihre Präzision ist also immer höher als die von irgendeiner angenäherten Zahl. Eine Zahl mit unendlicher Präzision darzustellen, wäre gleichbedeutend damit, sie exakt darzustellen. Diese Unterscheidung erlaubt es **Mathematica**, exakte Zahlen anders zu behandeln als angenäherte. Die Wirklichkeit sieht jedoch noch etwas komplizierter aus! Es gibt nämlich in **Mathematica** zwei verschiedene Arten von ganzen Zahlen. Werden zwei ganze Zahlen addiert, etwa $3 + 6$, überprüft **Mathematica**, ob die Zahlen als **ganze Maschinenzahlen** addiert werden können. Ganze Maschinenzahlen werden durch eine bestimmte Anzahl von Bits dargestellt und haben daher eine maximale Größe. Auf vielen Systemen beträgt diese Größe 32 Bits, und damit können ganze Zahlen in dem Bereich von $-2,147,483,648$ bis $2,147,483,647$ dargestellt werden. Für arithmetische Operationen mit ganzen Zahlen, die in diesem Bereich liegen, verwendet der Computer eingebaute Routinen (in Form von Hardware oder Microcode). Liegen dagegen die ganzen Zahlen nicht in dem Maschinenbereich, müssen die Operationen mit Hilfe von Programmen durchgeführt werden, was natürlich wesentlich weniger effizient ist.

Sind beide zu addierenden Zahlen Maschinenzahlen und stellt **Mathematica** fest, daß ihre Summe auch eine Maschinenzahl ist, wird die Addition auf der eben beschriebenen unteren Ebene durchgeführt.

Überschreitet dagegen eine der beiden ganzen Zahlen oder ihre Summe die Maschinengröße, werden die arithmetischen Operationen mit bestimmten Algorithmen durchgeführt. Solche Zahlen bezeichnet man auch als **ganze Zahlen mit erweiterter Präzision**.

---

[1] Daher kann man nur mit ganzen Zahlen, bis zu einer Größe von 2^{16} (bei 16 Bit) oder 2^{32} (bei 32-bit) rechnen.

```
In[5]:= 2^256 + 2^1024
Out[5]= 17976931348623159077293051907890247336179769789423065721\
         7343008115773267580550096313270847732240753602112011381\
         7987139335765878976881441662249284743063947412437776781\
         9342486548527630221960124609411945308295208500576883811\
         5068234246288158970519977814343258692149569327420609321\
         17230604120280344292940337537353777152
```

Rationale Zahlen werden analog zu **ganzen Zahlen** behandelt. Der Grund dafür ist, daß eine rationale Zahl a/b einem Paar von ganzen Zahlen entspricht – man erinnere sich an die Darstellung `Rational[a, b]`. Daher benutzen Algorithmen für exakte, rationale Arithmetik für viele ihrer Berechnungen Arithmetik mit ganzen Zahlen (sowohl auf der unteren, als auch auf der erweiterten Ebene).

Wenn wir überprüfen, ob eine rationale Zahl zu einem Muster paßt, ist es wichtig, darauf zu achten, daß diese Zahl durch ein Paar von ganzen Zahlen dargestellt wird. Zum Beispiel wird die rationale Zahl nicht zu dem Muster `a_/b_` passen:

```
In[6]:= 3/4 /. x_/y_ -> {x, y}
        3
Out[6]= -
        4
```

Ein Mustervergleich mit `p_Rational` oder `Rational[x_, y_]` verläuft dagegen positiv:

```
In[7]:= 3/4 /. Rational[x_, y_] -> {x, y}
Out[7]= {3, 4}

In[8]:= 3/4 /. p_Rational -> {Numerator[p], Denominator[p]}
Out[8]= {3, 4}
```

9.1.2 | Reelle Zahlen

Reelle Zahlen (oft auch „Fließpunktzahlen"genannt) enthalten einen Dezimalpunkt, und obwohl sie eine beliebige Anzahl von Stellen haben können, werden sie nicht als exakt angesehen.

```
In[1]:= {Head[1.61803], Precision[1.61803]}
Out[1]= {Real, 16}
```

In Analogie zu den ganzen Zahlen benutzt **Mathematica** auch bei den reellen Zahlen verschiedene interne Algorithmen, abhängig davon, wie hoch die Präzision ist. Reelle Zahlen, mit denen man auf Hardwareebene arbeiten kann, werden auch als **reelle Zahlen mit fester Präzision** bezeichnet. Typischerweise hat eine solche Zahl ein Präzision von 16 Dezimalziffern. Die Anzahl der Ziffern, die eine Maschine für reelle Zahlen mit fester Präzision benutzt, steht in der Systemvariablen `$MachinePrecision`:

In[2]:= **$MachinePrecision**
Out[2]= 16

Wann immer möglich, werden arithmetische Operationen mit reellen Zahlen mit Maschinenpräzision durchgeführt.

In[3]:= **Precision[1.23]**
Out[3]= 16

Dieses Resultat, das auf den ersten Blick etwas komisch aussehen mag, ist eine Konsequenz der internen Darstellung von reellen Zahlen in **Mathematica**. Daß die Präzision 16 ist (auf einem Computer mit $MachinePrecision=16), bedeutet, daß die Zahl 1.23 als eine reelle Zahl mit Maschinenpräzision angesehen wird. Daher kann **Mathematica** arithmetische Berechnungen mit Hilfe der effizienten, maschinennahen Arithmetikroutinen durchführen. Um aus 1.23 eine Maschinenzahl zu machen, erweitert **Mathematica** diese Zahl so lange mit Nullen, bis sie die erforderlichen 16 signifikanten Ziffern hat. Um festzustellen, ob eine Zahl einer Maschinenzahl entspricht, kann man folgendes eingeben:

In[4]:= **MachinePrecisionQ[1.23]**
Out[4]= True

Kommen bei der Berechnung irgendwelcher Ausdrücke Maschinenzahlen vor, wird in der Regel die gesamte Berechnung mit Maschinenpräzision durchgeführt.

In[5]:= **2.0^100**
Out[5]= $1.26765 \ 10^{30}$

In[6]:= **Precision[%]**
Out[6]= 16

Beachten Sie, daß von einer Maschinenzahl vorgabemäßig nur 6 Stellen angezeigt werden. Geben Sie nur den angezeigten Teil des Wertes neu ein, erhalten Sie einen anderen Wert.

In[7]:= **pi = N[Pi]**
Out[7]= 3.14159

In[8]:= **pi - %**
Out[8]= 0.

In[9]:= **pi - 3.14159**
Out[9]= $2.65359 \ 10^{-6}$

Auf jedem Computer gibt es eine Grenze für die Größe einer Zahl mit Maschinenpräzision:

In[10]:= **{$MaxMachineNumber, $MinMachineNumber}**
Out[10]= $\{1.79769 \ 10^{308}, \ 1.11254 \ 10^{-308}\}$

Trotzdem kann man auch mit Zahlen arbeiten, die nicht in diesem Bereich liegen. Diese werden auch als *reelle Zahlen mit beliebiger Präzision* bezeichnet und die Arithmetik für solche Zahlen als **Fließpunktarithmetik mit beliebiger Präzision** oder **Arithmetik mit erweiterter Präzision**. Haben wir zum Beispiel einen Computer, dessen Maschinenpräzision gleich 16 ist, werden Berechnungen, in denen reelle Zahlen mit mehr als 16 signifikanten Stellen vorkommen, mit Hilfe von Algorithmen durchgeführt, die eine erweiterte Präzision haben. (Diese letzte Behauptung ist nicht ganz richtig. In Abschnitt 9.1.4 werden wir sehen, wie **Mathematica** Ausdrücke behandelt, die Zahlen mit verschiedener Genauigkeit enthalten.)

Eingebaute Konstanten werden von **Mathematica** nicht wie reelle Zahlen behandelt.

```
In[11]:= {Head[Pi], NumberQ[Pi]}
Out[11]= {Symbol, False}
```

Der letzte Punkt ist besonders dann wichtig, wenn wir die eingebauten Konstanten wie zum Beispiel von Symbolen wie Pi oder E, in Funktionen verwenden wollen, deren Argument eine reelle Zahl erwartet.

```
In[12]:= Random[Real, {-Pi, Pi}]
         Random::randn: Range specification {-Pi, Pi}
           in Random[Real, {-Pi, Pi}]is not a valid number
           or pair of numbers.

Out[12]= Random[Real, {-Pi, Pi}]

In[13]:= Random[Real, N[{Pi, -Pi}]]
Out[13]= -0.763591
```

Der Grund für dieses Verhalten hat etwas damit zu tun, wie **Mathematica** Symbole in Algorithmen verarbeitet. Die unterschiedliche Behandlung von Symbolen wie Pi verglichen mit irgendwelchen anderen Zahlen, führt in vielen Fällen zu effizienteren Algorithmen. Außerdem kann man dadurch exakte Resultate erhalten:

```
In[14]:= 1/Sin[N[Pi]]
                    15
Out[14]= 8.16589 10

In[15]:= 1/Sin[Pi]
                                      1
         Power::infy: Infinite expression - encountered.
                                      0

Out[15]= ComplexInfinity
```

9.1.3 | Komplexe Zahlen

Komplexe Zahlen haben die Form $a + bi$, wobei a und b irgendwelche Zahlen sind — ganze, rationale oder reelle. **Mathematica** stellt $\sqrt{-1}$ durch das Symbol I dar.

Mathematica betrachtet komplexe Zahlen als einen eigenständigen Datentyp, der verschieden ist vom Typ der ganzen oder reellen Zahlen:

```
In[1]:= z = 3 + 4 I
Out[1]= 3 + 4 I

In[2]:= Head[z]
Out[2]= Complex
```

Wir können komplexe Zahlen miteinander addieren oder voneinander subtrahieren:

```
In[3]:= z + (2 - I)
Out[3]= 5 + 3 I
```

Wir können uns den Real- und den Imaginärteil ausgeben lassen:

```
In[4]:= Re[z]
Out[4]= 3

In[5]:= Im[z]
Out[5]= 4
```

Auch das Konjugierte und der Absolutbetrag können berechnet werden:

```
In[6]:= Conjugate[z]
Out[6]= 3 - 4 I

In[7]:= Abs[z]
Out[7]= 5
```

Der Absolutbetrag einer komplexen Zahl entspricht dem Abstand dieser Zahl zum Ursprung der komplexen Ebene. Den Phasenwinkel erhält man wie folgt:

```
In[8]:= Arg[4 I]
Out[8]= Pi
        ──
         2
```

Alle diese Eigenschaften komplexer Zahlen können in der komplexen Ebene folgendermaßen dargestellt werden:

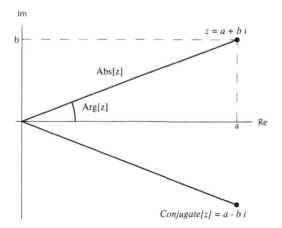

Abbildung 9.1: Geometrische Darstelllung von komplexen
Zahlen in der Ebene.

Aus Gründen, die mit dem Vergleichen von Mustern zusammenhängen, sind komplexe Zahlen rationalen Zahlen sehr ähnlich. $x\_ + I\ y\_$ wird zu keiner komplexen Zahl passen. Eine komplexe Zahl $a + b\ I$ wird von vielen Operationen wie ein einzelnes Objekt behandelt, und sie wird abgespeichert in der Form `Complex[a, b]`. Für einen Mustervergleich mit einer komplexen Zahl `z` sollte man daher auf der rechten Seite irgendeiner Regel, die man definieren will, `Complex[x_, y_]` (oder `z_Complex` und `Re[z]` und `Im[z]`) benutzen.

9.1.4 | Das Rechnen mit verschiedenen Zahlentypen

Führt man Berechnungen mit Zahlen durch, versucht **Mathematica** mit dem allgemeinsten Zahlentyp zu arbeiten, der im zu berechnenden Ausdruck vorkommt. Addiert man beispielsweise zwei rationale Zahlen, so ist auch die Summe eine rationale Zahl, es sei denn, sie kann auf eine ganze Zahl reduziert werden:

```
In[1]:= 34/21 + 2/11
```
$$Out[1] = \frac{416}{231}$$

```
In[2]:= 3/4 + 9/4
Out[2]= 3
```

Ist aber einer der Terme eine reelle Zahl, werden alle Berechnungen mit Hilfe der reellwertigen Arithmetik durchgeführt:

```
In[3]:= Precision[10^100 + 1.3]
Out[3]= 16
```

Dabei ist ein Punkt zu beachten: Kommt ein `Symbol` im zu berechnenden Ausdruck vor, transformiert **Mathematica** dieses Symbol nicht in eine Maschinenzahl. Die Möglichkeit *symbolische* Berechnungen durchzuführen, ist eine sehr wichtige Eigenschaft, die **Mathematica** von den meisten anderen Programmiersprachen abhebt:

```
In[4]:= 1 + 2.1 + Pi
Out[4]= 3.1 + Pi

In[5]:= Expand[(a + b - 7.1)(c - d + EulerGamma)]
Out[5]= {-5.1 c + a c + 5.1 d - a d - 5.1 EulerGamma +
        a EulerGamma, -4.1 c + a c + 4.1 d - a d -
        4.1 EulerGamma + a EulerGamma}
```

Multipliziert man zwei angenäherte Zahlen, die eine erweiterte Präzision haben, dann hat das Resultat die kleinere der beiden Präzisionen:

```
In[6]:= Precision[N[Sqrt[2], 50] * N[Sqrt[3], 80]]
Out[6]= 50
```

Allgemein gilt, daß die Präzision des Produkts zweier Zahlen immer gleich dem Minimum der Präzisionen der beiden Faktoren ist. Insbesondere gilt dies, wenn einer der Faktoren eine reelle Zahl mit Maschinenpräzision ist und der andere eine reelle Zahl mit erweiterter Präzision.

```
In[7]:= a = N[2];

In[8]:= b = N[2^99, 30];

In[9]:= {Precision[a], Precision[b], Precision[a b]}
Out[9]= {16, 30, 16}
```

Bei der Addition von reellen Zahlen kommt es auf die sogenannte *Genauigkeit* (in Englisch: Accuracy) an. In **Mathematica** gibt die Funktion `Accuracy` an, wieviele signifikante Stellen auf der rechten Seite des Dezimalpunkts stehen. Für eine reelle Zahl mit Maschinenpräzision ist diese Zahl gleich dem Wert von `$MachinePrecision`.

```
In[10]:= {Accuracy[1.23], Accuracy[12.5]}
Out[10]= {16, 15}
```

Das letzte Resultat sieht etwas merkwürdig aus, aber es ist eine Konsequenz aus der Art und Weise, wie **Mathematica** die Genauigkeit (und die Präzision) berechnet. Die Zahlen werden binär abgespeichert, und ihre Genauigkeit und Präzision werden dann auf die jeweils nächstliegende *Dezimalzahl* gerundet. In dem Beispiel `Accuracy[12.5]` wird die Zahl wie eine reelle Maschinenzahl behandelt, aber bei der Transformation von der binären in die Dezimaldarstellung wird gerundet, und dadurch geht eine Ziffer an Genauigkeit verloren.

So wie die Präzision bei der Multiplikation ist die Genauigkeit bei der Addition gleich dem Minimum der Genauigkeiten der beiden Summanden.

```
In[11]:= Accuracy[1.23 + 12.3]
Out[11]= 15
```

Wenn man unvorsichtig ist, kann dieser letzte Punkt zu unerwarteten Resultaten führen:

```
In[12]:= 1.0 + 10^(-25)
Out[12]= 1.
```

```
In[13]:= Accuracy[%]
Out[13]= 16
```

Die Zahl 1.0 ist eine Maschinenzahl, und daher wurde diese Berechnung mit Maschinengenauigkeit durchgeführt. Die 1 in der 25-ten Dezimalstelle auf der rechten Seite des Dezimalpunkts ging daher bei der Rundung verloren.

9.1.5 | Ziffern- und Zahlenbasen

Eine Liste mit den Ziffern einer Zahl kann man mit Hilfe der Befehle IntegerDigits und RealDigits erhalten:

```
In[1]:= x = IntegerDigits[1293]
Out[1]= {1, 2, 9, 3}
```

Wir könnten all diese Ziffern quadrieren,

```
In[2]:= x^2
Out[2]= {1, 4, 81, 9}
```

und anschließend aufsummieren:

```
In[3]:= Apply[Plus, x^2]
Out[3]= 95
```

Analog hierzu können Sie ein Problem aus den Übungen lösen, bei dem die Summe von *Kuben* von Ziffern gebildet werden muß.

Bei vielen Anwendungen in der Programmierpraxis kann es vorteilhaft sein, wenn man von einer Zahlenbasis zu einer anderen übergeht. So gibt es beispielsweise Algorithmen, die bei Berechnungen in der Basis 10 sehr langsam sind. Rechnet man hingegen in der Basis 2^{32} oder in einer anderen Basis, die eine Potenz von 2 ist, so werden diese Algorithmen wesentlich schneller.

Mit Hilfe der Funktion BaseForm kann man sich Zahlen, die in der Basis 10 vorliegen, in einer anderen Basis anzeigen lassen. Im folgenden Beispiel berechnen wir die Zahl 18 in der Basis 2:

```
In[4]:= BaseForm[18, 2]
```
$Out[4]//BaseForm= 10010_2$

Um zur Basis 10 zurückzukommen, müssen wir folgendes eingeben:

```
In[5]:= 2^^10010
```
$Out[5]= 18$

Benutzt man Basen, die größer als 10 sind, werden die Buchstaben des Alphabets benutzt. Zum Beispiel sehen die Zahlen von 1 bis 20, in der Basis 16, wie folgt aus:

```
In[6]:= Table[BaseForm[j, 16], {j, 1, 20}]
```
$Out[6]= \{1_{16}, 2_{16}, 3_{16}, 4_{16}, 5_{16}, 6_{16}, 7_{16}, 8_{16}, 9_{16}, a_{16}, b_{16},$

$c_{16}, d_{16}, e_{16}, f_{16}, 10_{16}, 11_{16}, 12_{16}, 13_{16}, 14_{16}\}$

Nicht nur ganze Zahlen können in Basen, die von 10 verschieden sind, dargestellt werden. Die ersten Ziffern von π, in der Basis 2, sehen folgendermaßen aus:

```
In[7]:= BaseForm[N[Pi, 5], 2]
```
$Out[7]//BaseForm= 11.0010010001_2$

Beachten Sie dabei, daß **Mathematica** nur 6 signifikante *Dezimalstellen* anzeigt, obwohl wesentlich mehr abgespeichert werden. In den Übungen werden Sie die Aufgabe bekommen, Zahlen, die in der Basis 2 dargestellt sind, zurück in die Basis 10 zu transformieren. Dazu werden Sie die Ziffern der Zahl in der Basis 2 brauchen. Sie erhalten diese mit der **RealDigits**[*Zahl, Basis*]-Funktion:

```
In[8]:= RealDigits[N[Pi], 2]
```
$Out[8]= \{\{1, 1, 0, 0, 1, 0, 0, 1, 0, 0, 0, 0, 1, 1, 1, 1, 1, 1,$
$0, 1, 1, 0, 1, 0, 1, 0, 1, 0, 0, 0, 1, 0, 0\}, 2\}$

Die 2, die in diesem Resultat vorkommt, zeigt an, wo der Binärpunkt steht. Man kann sie herausziehen, indem man die **First**-Funktion auf den Ausdruck **RealDigits[N[Pi], 2]** anwendet.

In den vorhergehenden Beispielen haben wir immer ganzzahlige Basen benutzt. Es ist jedoch auch möglich, nichtganzzahlige Basen zu verwenden. Jede reelle Zahl, die größer als 1 ist, ist dazu geeignet. Zum Beispiel:

```
In[9]:= RealDigits[N[Pi], N[GoldenRatio]]
```
$Out[9]= \{\{1, 0, 0, 0, 1, 0, 0, 1, 0, 1, 0, 1, 0, 0, 1, 0, 0, 0,$
$1, 0, 1, 0, 1, 0, 1, 0, 0, 0, 0, 0, 1, 0, 1, 0, 0, 1,$
$0, 0, 0, 0, 1, 0, 0, 1, 0, 1, 0, 0, 0, 1, 0, 0, 0, 0,$
$0, 1, 0, 1, 0, 1, 0, 1, 0, 1, 0, 1, 0, 0, 0, 0, 0,$
$1, 0, 0, 0\}, 3\}$

Nichtganzzahlige Basen werden in verschiedenen Gebieten der Zahlentheorie benutzt.

1. Wie nahe befindet sich die Zahl $e^{\pi\sqrt{163}}$ an einer ganzen Zahl? Benutzen Sie N, aber seien Sie vorsichtig, wenn es um die Präzision Ihrer Berechnung geht.

2. Schreiben Sie mit Hilfe der Fold-Funktion eine Funktion convert[*list, base*], die eine Liste von Ziffern bezüglich irgendeiner Basis (kleiner als 20) in eine Zahl bezüglich der Basis 10 transformiert. Zum Beispiel entspricht 1101_2, wenn wir eine Transformation zur Basis 10 vornehmen, der Zahl 13. Die Funktion sollte diesen Fall wie folgt behandeln:

```
In[1]:= convert[{1, 1, 0, 1}, 2]
Out[1]= 13
```

3. Schreiben Sie eine Funktion sumsOfCubes[n], die von einer positiven ganzen Zahl n die Summe der Kuben der Ziffern berechnet. (Diese und die nächsten 3 Übungen, sind einem Artikel von Allan Hayes entnommen [Hay92]).

4. Benutzen Sie NestList, um den Prozeß der Aufsummierung der Kuben der Ziffern zu iterieren, d.h., erzeugen Sie eine Liste, deren erstes Element die Startzahl ist, beispielsweise 4, und deren i-tes Element, durch die Summe der Kuben der Ziffern des $i-1$-ten Elements gegeben ist. Mit der Startzahl 4 sollte die Liste folgendermaßen aussehen: {4, 64, 280, 520, 133, ...}. Beachten Sie, daß $64 = 4^3$, $280 = 6^3 + 4^4$, usw. Berechnen Sie mindestens 15 Listenelemente und versuchen Sie, irgendwelche Regelmäßigkeiten zu entdecken. Probieren Sie andere Startwerte aus.

5. Beweisen Sie die folgenden Behauptungen:

   (a) Wenn n mehr als 4 Ziffern hat, dann hat sumsOfCubes[n] weniger Ziffern als n.

   (b) Wenn n höchstens 4 Ziffern hat, dann hat auch sumsOfCubes[n] höchstens 4 Ziffern.

   (c) Wenn n höchstens 4 Ziffern hat, dann ist sumsOfCubes[n] $\leq 4 \cdot 9^3$.

   (d) Wenn n kleiner als 2916 ist, dann ist auch sumsOfCubes[n] kleiner als 2916.

6. Schreiben Sie eine Funktion sumsOfPowers[n, p], welche die Summe der p-ten Potenzen von n berechnet.

7. Bei der Programmierung von Algorithmen spielen oftmals sogenannte binäre Verschiebungen eine wichtige Rolle. Mit ihnen kann man die Berechnung erheblich beschleunigen, vorausgesetzt, man hat das Problem in einer Zweierpotenz als Basis dargestellt $(2, 4, 8, 16, ...)$. Finden Sie heraus, was eine binäre Verschiebung bewirkt, indem Sie die folgende Verschiebung an der Zahl 24 (Basis 10) durchführen. Berechnen Sie zuerst die Ziffern von 24 in der Basis 2:

Übungen (Forts.)

```
In[1]:= IntegerDigits[24, 2]
Out[1]= {1, 1, 0, 0, 0}
```

Führen Sie danach eine binäre Verschiebung durch, und zwar um einen Platz nach rechts:

```
In[2]:= RotateRight[%]
Out[2]= {0, 1, 1, 0, 0}
```

Transformieren Sie schließlich diese Binärzahl zurück in die Basis 10:

```
In[3]:= 2^^01100
Out[3]= 12
```

Probieren Sie auch andere Zahlen aus (sowohl gerade als auch ungerade), und überlegen Sie, welcher dezimalen Operation die binäre Verschiebung entspricht.

8. Die Funktion `survivor[n]` aus Kapitel 4 (Seite 93) kann mit Hilfe von binären Verschiebungen programmiert werden. Hierzu muß man die Ziffern der Zahl n in der Basis 2 um Eins nach links rotieren, und das Ergebnis davon in die Basis 10 zurücktransformieren. Nehmen wir beispielsweise $n = 10$. Die Darstellung in der Basis 2 ist gleich 1010_2. Die binäre Verschiebung ergibt 0101_2. Transformieren wir diese Zahl zurück in die Basis 10, erhalten wir 5, und dies ist gleich dem Rückgabewert von `survivor[5]`. Programmieren Sie die `survivor`-Funktion mit Hilfe der binären Verschiebung.

9.2 Zufallszahlen

Bei statistischen Auswertungen und in Computerexperimenten werden oftmals Zufallszahlen benötigt, um bestimmte Hypothesen zu überprüfen. In **Mathematica** können wir alle möglichen Zufallszahlen mit Hilfe der `Random`-Funktion erzeugen.

Mit folgendem Befehl erhalten wir eine reelle Zufallszahl zwischen 0 und 1:

```
In[1]:= Random[]
Out[1]= 0.671913
```

Wir können auch eine ganze Zufallszahl, die in dem Bereich {0, 100} liegt, erzeugen:

```
In[2]:= Random[Integer, {0, 100}]
Out[2]= 63
```

Bei einem guten Zufallszahlengenerator werden die Zufallszahlen gleichmäßig verteilt sein (vorausgesetzt man zieht genügend Zahlen). Lassen Sie uns beispielsweise eine Liste von 1000 ganzen Zahlen, die zwischen 0 und 9 liegen, erzeugen:

```
In[3]:= numbers = Table[Random[Integer, {0, 9}], {1000}];
```

Als nächstes werden wir die Häufigkeit, mit der die Zahlen von 0 bis 9 vorkommen, grafisch darstellen.

```
In[4]:= <<Graphics`Graphics`    (* Load definition of BarChart *)

In[5]:= (* Load definition of Frequencies *)
        Needs["Statistics`DataManipulation`"]
```

```
In[6]:= BarChart[Frequencies[numbers]]
```

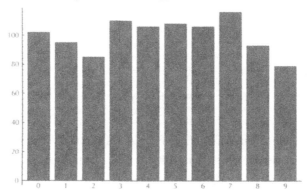

Wie man sieht ist die relative Häufigkeit für jede der Zahlen $0, \ldots, 9$, *ungefähr* gleich 1/10. Diese Häufigkeiten sollten nicht *genau* gleich 1/10 sein, denn dies wäre nicht im Einklang mit der geforderten Zufälligkeit. Um eine gleichmäßige Verteilung der Zahlen $0, \ldots 9$ zu bekommen, muß die Wahrscheinlichkeit für alle unterschiedlichen Folgen, die aus 1000 Zahlen bestehen, gleich sein. Eine Folge, bei der die ersten hundert Stellen mit der Zahl Null besetzt sind, die nächsten hundert Stellen mit der Zahl 1, wiederum die nächsten hundert Stellen mit der Zahl 2, usw., ist also genauso wahrscheinlich, wie eine Folge, die 1000-mal die Zahl 7 enthält.

Im folgenden besprechen wir ein Beispiel aus der Mathematik, an dem man erkennen kann, wie Zufallszahlen typischerweise benutzt werden. Gesucht wird eine Formel für die Summe der Quadrate der ersten n ganzen Zahlen, d.h. für $\sum_{i=1}^{n} i^2$. Wir wollen ein paar dieser Summen probehalber berechnen.

```
In[7]:= Sum[i^2, {i, 1, 2}]
Out[7]= 5
```

Durch diesen Befehl werden die Quadrate der Zahlen $1, \ldots, i$ aufsummiert, d.h. wir erhalten $1^2 + 2^2$.

```
In[8]:= Sum[i^2, {i, 1, 3}]
Out[8]= 14
```

In[9]:= **Sum[i^2, {i, 1, 4}]**
Out[9]= 30

In[10]:= **Sum[i^2, {i, 1, 5}]**
Out[10]= 45

Angenommen, Sie vermuten nun, daß die Summe für beliebiges n gleich dem Ausdruck $n(2n + 1)(n + 1)/6$ ist. Bevor Sie anfangen, dies zu beweisen, sollten Sie die Vermutung erst einmal an Hand einiger Zufallszahlen überprüfen:

In[11]:= **numb = Random[Integer, {1, 1000}]**
Out[11]= 671

In[12]:= **Sum[i^2, {i, 1, numb}]**
Out[12]= 100929136

Dies entspricht $\sum_{i=1}^{671} i^2$.

In[13]:= **(2numb + 1)(numb + 1)numb/6**
Out[13]= 100929136

Um sich einigermaßen sicher sein zu können, sollte man die Vermutung mindestens für 10 Zufallszahlen, die zwischen 1 und 1000 liegen, überprüfen:

In[14]:= **Table[(r[x] == (2x + 1)(x + 1)x/6) /.**
            x -> Random[Integer, {1, 1000}], {10}]
Out[14]= Out[22]=
            {True, True, True, True, True, True, True, True, True, True}

Nun, wo einigermaßen sichergestellt ist, daß die Vermutung richtig ist, sollte man einen exakten Beweis aufstellen (durch Induktion).

Übungen

1. Schreiben Sie eine Funktion rollEm, die das Werfen zweier Würfel simuliert, d.h. wenn man die Funktion aufruft, gibt sie zwei Zufallszahlen zwischen 1 und 6 zurück.

2. Erzeugen Sie mit Hilfe von DensityPlot ein 2-dimensionales Zufallsbild.

3. Das sogenannte **linear-kongruente Verfahren** ist ein erstaunlich einfacher Algorithmus zur Erzeugung von Pseudo-Zufallszahlen. Dieser Algorithmus, der in der Literatur sehr genau untersucht worden ist, ist sehr leicht zu programmieren. Gemäß dieses Verfahrens werden Zufallszahlenfolgen mit Hilfe der folgenden Formel erzeugt:

$$x_{n+1} = x_n b + 1 \quad (\text{mod } m)$$

Übungen (Forts.)

Dabei ist x_0 der *Samen*, b ist der *Multiplikator* und m ist die *Modulo-Konstante*. Wir erinnern daran, daß 7 mod 5 den Rest bezeichnet, der übrigbleibt, wenn man 7 durch 5 dividiert. Dieser Rest kann mit Hilfe der **Mod**-Funktion berechnet werden:

```
In[1]:= Mod[7, 5]
Out[1]= 2
```

Programmieren Sie das linear-kongruente Verfahren, und probieren Sie es für verschiedene m und b aus. Sollte der Zufallszahlengenerator zu schnell in eine Schleife kommen (d.h. sollten die Zahlen anfangen, sich zu wiederholen), dann wählen Sie für m einen größeren Wert. Eine umfassende Abhandlung über Algorithmen für Zufallszahlengeneratoren findet sich in [Knu81].

4. Schreiben Sie eine Funktion **quadCong[a, b, c, x0]**, die Zufallszahlen gemäß dem quadratisch-kongruenten Verfahren erzeugt Dabei soll gemäß folgendem Ausdruck iteriert werden:

$$x_{n+1} = (ax_n^2 + bx_n + c) \pmod{m}$$

5. Es gibt verschiedene Tests, mit denen man überprüfen kann, ob eine Folge „zufällig" ist. Einer der fundamentaleren Tests ist der sogenannte χ^2-Test (Chi-Quadrat-Test). Mit ihm kann man überprüfen, inwieweit die Zahlen in der Folge gleichmäßig verteilt sind. Hierzu werden die Häufigkeiten, mit denen die verschiedenen Zahlen vorkommen, benutzt. Sei n die obere Schranke der Zahlen, die in einer Folge von m positiven Zahlen vorkommen, dann sollte in einer wirklich zufälligen Folge jede Zahl m/n-mal vorkommen. Wenn die Zahl i insgesamt f_i-mal vorkommt, dann sieht der χ^2-Test wie folgt aus:

$$\chi^2 = \frac{\sum_{1 \leq i \leq n}(f_i - m/n)^2}{m/n}$$

Ist die χ^2-Statistik nahe genug bei n, sind die Zahlen genügend zufällig. Insbesondere werden wir die Folge als genügend zufällig ansehen, wenn die Statistik nicht mehr als $2\sqrt{n}$ von n abweicht.

Schreiben Sie eine Funktion **chiSquare[list]**, der man eine Folge von Zahlen übergeben kann, und deren Rückgabewert gleich der χ^2-Statistik ist. Die eingebaute Funktion **Count** kann benutzt werden, um die Häufigkeiten zu berechnen.

6. Bestimmen Sie die χ^2-Statistik für eine Folge von 1000 ganzen Zahlen, die mit dem linear-kongruenten Verfahren mit $m = 381$, $b = 15$ und einem Anfangswert (Samen) von 0 erzeugt worden ist.

7. John von Neumann wird von vielen als „Vater der Computerwissenschaft" angesehen. Er erfand einen Zufallszahlengenerator, der unter den Namen „Mitte-Quadrat Verfahren" bekannt ist. Um eine Folge von ganzen 2-ziffrigen Zahlen zu erzeugen, geht man dabei folgendermaßen vor: Ausgehend von einer zweiziffrigen Zahl bildet man ihr Quadrat und nimmt die mittleren beiden Stellen davon als nächste Zahl für die Folge. Ist beispielsweise der Startwert gleich 35, erhalten wir als

Übungen (Forts.)

Quadrat 1225, und die mittleren beiden Stellen davon ergeben die Zahl 22. Also fängt unsere Folge folgendermaßen an: **35, 22,** .... Programmieren Sie einen solchen Zufallszahlengenerator und überprüfen Sie eine Folge, die aus 1000 Zahlen besteht, mit dem χ^2-Test. War der „Vater der Computerwissenschaft" ein guter Zufallszahlengenerator?

9.3 Präzision und Genauigkeit

Werden Berechnungen mit exakten Zahlen durchgeführt, wie beispielsweise bei der Multiplikation von zwei ganzen Zahlen, überprüft **Mathematica** zuerst, ob beide Zahlen auch wirklich ganze Zahlen (bzw. *ganze Maschinenzahlen*) sind. Sind es kleine Zahlen, so daß die Arithmetikregister des Computers nicht überlaufen, werden sie auf der Hardwareebene multipliziert. Sind sie dagegen groß (auf den meisten Computern sind ganze Zahlen 32 Bit lang), benutzt **Mathematica** erweiterte Präzisionsalgorithmen, um die Zahlen zu multiplizieren. In beiden Fällen wird die Rechnung *exakt* ausgeführt.

Werden Berechnungen mit nichtexakten Zahlen durchgeführt, benutzt **Mathematica** zwei verschiedene Typen von Arithmetiken, in Abhängigkeit davon welche Präzison die Zahlen haben. **Fließpunktarithmetik mit fester Präzision** wird benutzt, wenn die Zahlen mit den Hardwareroutinen des Computers bearbeitet werden können. Manchmal wird diese Arithmetik auch **Arithmetik mit Maschinenpräzision** genannt. Im vorhergehenden Abschnitt haben wir folgendes Beispiel behandelt:

```
In[1]:= {Precision[1.23], Accuracy[1.23]}
Out[1]= {16, 16}
```

Mit `Precision[`*zahl*`]` erhalten wir die Gesamtanzahl der signifikanten Stellen in *zahl*, und mit `Accuracy[`*zahl*`]` erhalten wir die Gesamtanzahl der signifikanten Stellen, die rechts vom Dezimalpunkt stehen. In unserem obigen Beispiel hat **Mathematica** also die Zahl 1.23 in eine Maschinenfließpunktzahl umgewandelt, und wann immer möglich wird in Berechnungen, in denen diese Zahl vorkommt, Maschinenarithmetik benutzt. Daß die Genauigkeit in diesem Beispiel gleich 16 ist, bedeutet, daß die Zahl mit Nullen aufgefüllt worden ist.

```
In[2]:= n = 12345.6789101112
```

```
In[3]:= {Precision[n], Accuracy[n]}
Out[3]= {16, 12}
```

Verwendet man `N[`*expr*`]`, benutzt **Mathematica** vorgabemäßig Zahlen mit Maschinenpräzision.

```
In[4]:= {N[Pi], Precision[N[Pi]]}
Out[4]= {3.14159, 16}
```

Es gibt mindestens zwei Situationen, in denen man diesen Sachverhalt im Auge behalten sollte. Bei der Verwendung von **N** wird nur allzuleicht vergessen, was diese Funktion macht und was sie nicht macht. Schauen Sie sich das folgende Beispiel an:

```
In[5]:= x1 = N[Pi, 2]
Out[5]= 3.1
```

```
In[6]:= Sin[3.1]
Out[6]= 0.0415807
```

```
In[7]:= Sin[x1]
Out[7]= 1.22461 10
```
$$-16$$

Das offensichtlich merkwürdige Verhalten — nämlich, daß **x1** anders behandelt wird als 3.1 — läßt sich erklären, wenn man sich einmal die innere Darstellung von **x1** anschaut:

```
In[8]:= InputForm[x1]
Out[8]= 3.141592653589793
```

Der Befehl **N[Pi, 2]** bewirkt, daß **Mathematica** die Zahl **Pi** in eine Zahl mit Maschinenpräzision umwandelt (auf einer NeXT entspricht dies 16 signifikanten Stellen), von der dann 2 Ziffern ausgegeben werden. Alle Berechungen, in denen diese Zahl vorkommt, werden mit Maschinenpräzision durchgeführt.

Man kann in **Mathematica** die Präzision einer Zahl mit dem Befehl **SetPrecision** bestimmen. Dabei ist jedoch zu beachten, daß man mit diesem Befehl aus einer nicht-exakten Zahl nicht etwa eine exakte Zahl machen kann. An einem Beispiel werden wir aufzeigen, welche Punkte zu beachten sind, wenn man diesen Befehl benutzt.

```
In[9]:= a = SetPrecision[1/3, 30]
Out[9]= 0.333333333333333333333333333333
```

Benutzt man **SetPrecision** im Zusammenhang mit exakten Zahlen, so wie ganze oder rationale Zahlen, werden ein paar mehr Bits erzeugt als angefordert — in diesem Fall wurden 30 angefordert. Dies wird offensichtlich, wenn man die Präzision erhöht:

```
In[10]:= b = SetPrecision[a, 50]
Out[10]= 0.33333333333333333333333333333333333333333235375470765
```

Die Zahl **a**, die eine erweiterte Präzision hat, wird durch eine endliche Anzahl von *binären* bits dargestellt, denen (implizit) unendlich viele Nullen folgen. Erhöhen wir die Präzision dieser Zahl, dann sieht man, daß die entsprechenden Dezimalstellen aber nicht gleich Null sind. Dies erkennt man auch, wenn man 1/3 in eine Binärzahl transformiert, und von dieser Binärzahl endlich viele Stellen nimmt, um sie zurück in eine Dezimalzahl zu transformieren:

```
In[11]:= RealDigits[N[1/3], 2]
Out[11]= {{1, 0, 1, 0, 1, 0, 1, 0, 1, 0, 1, 0, 1, 0, 1, 0, 1, 0,
          1, 0, 1, 0, 1, 0, 1, 0, 1, 0, 1, 0, 1, 0, 1, 0, 1, 0,
          1, 0, 1, 0, 1, 0, 1, 0, 1, 0, 1, 0, 1, 0, 1, 0, 1}, -1}
```

```
In[12]:= 2^^.010101
Out[12]= 0.33
```

```
In[13]:= FullForm[%]
Out[13]= 0.328125
```

Der andere Punkt, um den wir uns Sorgen machen müssen, ist der, wie sich die Präzision und die Genauigkeit verändern, wenn wir mit nichtexakten Zahlen Berechnungen durchführen. Wie sich Fehler durch „Abrunden" vergrößern, werden wir im folgenden Abschnitt erörtern.

9.3.1 | Fehler durch Abrunden

Im folgenden potenzieren wir eine maschinengenaue Näherung von $\sqrt{2}$ mit einer großen Zahl:

```
In[1]:= N[Sqrt[2]]^200
Out[1]= 1.26765 10^30
```

Das Arbeiten mit Näherungswerten führt zwangsläufig zu Fehlern. Vergleicht man das Resultat, das Maschinengenauigkeit hat, mit dem exakten Resultat, so erhält man ein Maß dafür, wie sich der Fehler vergrößert hat

```
In[2]:= % - Sqrt[2]^200
Out[2]= 1.74514 10^16
```

Der Fehler ist größer als 17-Tausend-Trillionen! Diesen Verlust an Genauigkeit bezeichnet man typischerweise als „Abrundungsfehler"! Der Fehler wird um so schlimmer, je größer der Exponent wird:

```
In[3]:= Table[N[Sqrt[2]]^j - Sqrt[2]^j, {j, 100, 1000, 100}]
Out[3]= {7.75, 1.74514 10^16, 2.9156 10^31, 4.38879 10^46,

          6.18671 10^61, 8.36779 10^76, 1.1 10^92, 1.4105 10^107,

          1.78821 10^122, 2.23866 10^137}
```

```
In[4]:= Table[Accuracy[N[Sqrt[2]]^j], {j, 100, 1000, 100}]
Out[4]= {1, -14, -29, -44, -59, -74, -89, -104, -120, -135}
```

Zur Erinnerung sei noch einmal angemerkt, daß man mit `Accuracy[n]` die Anzahl der signifikanten Stellen von n bekommt, die auf der rechten Seite des Dezimalpunktes stehen. Die obigen negativen Werte zeigen an, daß die signifikanten Stellen auf der *linken* Seite des Dezimalpunktes stehen.

Übungen

1. Erklären Sie die Ausgabe des folgenden Befehls:

```
Table[Cos[N[Pi/2, j]], {j, 1, 10}]
```

Begründen Sie insbesondere, warum die 10 Elemente der Ausgabe identisch sind.

2. Erklären Sie, warum **Mathematica** folgendes ausgibt:

```
In[1]:= (10^13 - 10^13) + 1.0/3.0
Out[1]= 0.333984
```

Untersuchen Sie die **Attribute** der **Plus**-Funktion. Wie kann man die Summe umschreiben, so daß der korrekte Wert 0.3333333333333333 zurückgegeben wird? Sie können die **Evaluate**-Funktion benutzen. (Dieses Beispiel erschien in [Jac92].)

9.4 Numerische Berechnungen

9.4.1 | Newtonsches Verfahren

In Abschnitt 8.1.1 haben wir die Newtonsche Methode programmiert, mit der man die Nullstellen von Gleichungen finden kann:

```
findRoot[fun_, init_, eps_] :=
    Module[{a = init, funa = fun[init]},
            While[ Abs[funa] > eps,
                    a = N[a - funa / fun´[a]];
                    funa = fun[a]
                  ];
            a]
```

`findRoot` liefert bei vielen verschiedenen Funktionen zufriedenstellende Resultate. Es gibt aber auch bestimmte Fälle, in denen das jeweilige Resultat sehr ungenau ist. In diesem Abschnitt werden wir untersuchen, welche verschiedenen numerischen Probleme bei der Nullstellensuche auftreten und wie man sie vermeiden kann.

Wie wir bereits früher erwähnt haben, werden Berechnungen von Ausdrücken, die reelle Zahlen mit Maschinengenauigkeit enthalten, im allgemeinen auch mit dieser geringen Genauigkeit durchgeführt. Ist der Startwert der Newtonschen Iterationsmethode eine reelle Zahl mit erweiterter Präzision, dann sollten auch alle Berechnungen mit einer erweiterten Präzision durchgeführt werden. Dies kann man dadurch erreichen, daß man zuerst die Genauigkeit des Startwerts bestimmt und dann seine Präzision anhebt, so daß alle nachfolgenden Rechnungnen mit dieser höheren Präzision durchgeführt werden. Um wieviel sollten wir nun die Präzision erhöhen? Wir werden sie hier um 12 Stellen erhöhen. Sie können sie natürlich auch um jeden andere Anzahl erhöhen, die notwendig sein sollte. Im folgenden eine Version der Newtonschen Methode, die mit erhöhter Genauigkeit rechnet:

```
In[1]:= newton[fun_, init_]:=
        Module[{p = Precision[init], fi = fun[init]},
              x = SetPrecision[init, p + 12];
              While[Accuracy[fi] - Precision[fi] < p,
                   x = x - fun[x]/fun´[x];
                   fi = fun[x]
                   ];
              N[x, p]
              ]
```

Diese Funktion unterscheidet sich von findRoot in einer Reihe wichtiger Punkte. Erstens bestimmt sie die Präzision des Startwerts init und weist diese der Variablen p zu. Dann wird die Präzision dieser Zahl um 12 Stellen erhöht (x = SetPrecision[init, p + 12]). Die Iteration wird so lange fortgesetzt, bis im Resultat die Anzahl der führenden Nullen auf der rechten Seite des Dezimalpunkts, mindestens so groß ist, wie die Präzision des Startwerts. (While[Accuracy[fi] - Precision[fi] < p). Zum Schluß wird die Ausgabe gedruckt, und zwar mit der Genauigkeit des Startwerts (N[x, p]).

Lassen Sie uns mit dieser Funktion $\sqrt{2}$ berechnen:

```
In[2]:= f[x_] := x^2 - 2
```

```
In[3]:= newton[f, 1.0]
Out[3]= 1.414213562373095
```

Beachten Sie, daß die Ausgabe Maschinenpräzision hat. Hätten wir eine Zahl mit erweiterter Maschinenpräzision eingegeben, hätte sich die Ausgabe von newton dem angepaßt:

```
In[4]:= x0 = N[Sqrt[3], 40];
```

```
In[5]:= newton[f, x0]
Out[5]= 1.4142135623730950488016887242096980785697
```

Auch bei dieser Version der Newtonschen Methode können noch eine Reihe von Problemen auftreten. Einmal ist es möglich, daß die Ableitung der Funktion, mit der wir arbeiten, gleich Null ist. Dies führt zu einem Fehler, wegen einer Division durch Null.

Eine andere Art von Schwierigkeit, die bei der Nullstellensuche auftreten kann, ergibt sich, wenn die Ableitung nur sehr schwer oder vielleicht gar nicht zu berechnen ist. Ein einfaches Beispiel hierzu ist die die Funktion $|x+3|$, welche die Nullstelle $x = -3$ hat. Sowohl **FindRoot** als auch **newton** werden diese Nullstelle nicht finden, da die symbolische Ableitung nicht berechnet werden kann. Eine Möglichkeit, dieses Problem zu umgehen, besteht darin, numerische Ableitungen zu benutzen (im Gegensatz zur analytischen Ableitung). Bei der **Sekantenmethode** wird die Ableitung $f'(x_k)$ durch einen Differenzenquotienten angenähert:

$$\frac{f(x_k) - f(x_{k-1})}{x_k - x_{k-1}}$$

Wir brauchen hier zwar 2 Startwerte, aber der Vorteil ist der, daß keine symbolischen Ableitungen berechnet werden müssen.

```
In[6]:= secant[f_, a_, b_]:=
            Module[{x1 = a, x2 = b},
                While[ Abs[ f[x2] ] > 10^(-10),
                    df = (f[x2] - f[x1])/(x2 - x1);
                    {x1, x2} = {x2, x2 - f[x2]/df}
                ];
                x2]
```

```
In[7]:= f[x_] := Abs[x + 3]
```

```
In[8]:= secant[f, -3.1, -1.8]
Out[8]= -3.
```

Sie werden in den Übungen die Gelegenheit erhalten, dieses Programm zu verfeinern und mit vorhergehenden Methoden zu vergleichen.

9.4.2 | Ein drittes Mal zum Gaußschen Eliminationsverfahren

Beim Auflösen des linearen Gleichungssystems $Ax = b$ mit numerischen Techniken, wird oft der Fehler gemacht, Maschinenzahlen anstatt exakter Zahlen zu benutzen. Bei vielen Matrizen A halten sich die Rundungsfehler in Grenzen. Aber es gibt Matrizen, bei denen sich die Fehler in erstaunlicher Weise vergrößern und so zu inkorrekten Resultaten führen. Solche Matrizen nennt man **schlecht konditioniert**, und in diesem Abschnitt werden wir aufzeigen, wie solche Matrizen aussehen, und wir werden untersuchen, wie man sie im Rahmen der numerischen linearen Algebra behandeln muß.

In Abschnitt 7.5 haben wir mit Hilfe des Gaußschen Eliminationsverfahrens das System $Ax = b$ aufgelöst. In den Übungen am Ende dieses Abschnitts haben wir kurz die Bedingungen besprochen, unter denen diese Methode versagt. In diesem Abschnitt werden wir etwas genauer auf die Probleme eingehen, die sich beim Gaußschen Verfahren ergeben können.

Da dieses Verfahren im wesentlichen aus Listenmanipulationen besteht, wie Additionen, Subtraktionen, Multiplikationen und Divisionen, besteht ein offensichtliches Problem darin, daß Divisionen durch Null auftreten können. Die sogenannten **Multiplikatoren** (im Beispiel unten **z**), wurden wie folgt gebildet (vgl. Abschnitt 7.5):

```
subtractE1[E1_, Ei_] :=
    Module[{z = Ei[[1]]/E1[[1]]},
            Module[{newE1 = z * Rest[E1]},
                Rest[Ei] - newE1]]
```

Wenn das Element **E1[[1]]** irgendwann einmal gleich Null wäre, würde das Verfahren nicht funktionieren. Rufen Sie sich noch einmal das Beispiel aus den Übungen, die am Ende von Abschnitt 7.5 stehen, in Erinnerung:

```
In[1]:= m = {{0, 3}, {3, 0}};
```

```
In[2]:= b = {5, 6};
```

```
In[3]:= m.{2, 5/3}
Out[3]= {5, 6}
```

Das Gleichungssystem **m.x = b** hat die Lösung **x = {2, 5/3}**, aber die Funktion **solve**, die wir in Abschnitt 7.5 geschrieben haben, ist nicht in der Lage, dieses System zu lösen:

```
In[4]:= mb = Transpose[Append[Transpose[m], b]];
```

```
In[5]:= solve[mb]
```

```
                                1
        Power::infy: Infinite expression - encountered.
                                0
```

```
        Infinity::indet:
```

```
            Indeterminate expression 0 ComplexInfinity encountered.
```

```
                                1
        Power::infy:. Infinite expression - encountered.
                                0
```

```
Out[5]= {Indeterminate, Indeterminate}
```

Offensichtlich wurden Situationen wie diese beim Schreiben der **solve**-Funktion nicht berücksichtigt. Man kann das Problem gemäß der Übung 1 aus Abschnitt 7.5 beheben, indem man die Zeilen (Gleichungen) so austauscht, daß das *Pivotelement* nicht mehr gleich Null ist. Das Austauschen von Zeilen ist äquivalent mit dem Vertauschen der Gleichungen, d.h. die Lösung des Systems verändert sich dabei nicht.

Ein weiteres Problem kann auftauchen, wenn man Gleichungssysteme löst, die Koeffizienten mit beschränkter Genauigkeit enthalten. In der Regel vergrößert sich die Ungenauigkeit der Koeffizienten durch die Berechnungen. Lassen Sie uns dies an einem Beispiel untersuchen.

Das folgende System werden wir mit einer auf 6 Stellen gerundeten Arithmetik lösen.

$$\begin{bmatrix} 0.000001 & 1.0 \\ 1.0 & 1.0 \end{bmatrix} \begin{bmatrix} x \\ y \end{bmatrix} = \begin{bmatrix} 1.0 \\ 2.0 \end{bmatrix}$$

Daraus ergibt sich die erweiterte Matrix

$$\begin{bmatrix} 0.000001 & 1.0 & 1.0 \\ 1.0 & 1.0 & 2.0 \end{bmatrix}$$

Der erste Schritt beim Gaußschen Verfahren besteht darin, die erste Zeile mit 10^6 (eine Zahl mit 7 Stellen) zu multiplizieren, um sie danach von der zweiten Zeile abzuziehen. Mit einer auf 6 Stellen gerundeten Arithmetik ergibt sich so die folgende Matrix:

$$\begin{bmatrix} 0.000001 & 1.0 & 1.0 \\ 0.0 & -1000000. & -1000000. \end{bmatrix}$$

Dividieren wir die zweite Zeile durch $-1000000.$, erhalten wir die Lösung für y:

$$\begin{bmatrix} 0.000001 & 1.0 & 1.0 \\ 0.0 & 1. & 1. \end{bmatrix}$$

Nun können wir die erste Zeile umformen, so daß auf der rechten Seite der Matrix die Lösung steht:

$$\begin{bmatrix} 1.00000 & 0.0 & 0.0 \\ 0.0 & 1. & 1. \end{bmatrix}$$

Diese „Lösung" {x, y} = {0, 1} ist jedoch weit von der korrekten Lösung entfernt. Eine weitaus genauere Lösung lautet {x, y} = {1.000001000001, 0.999998999999}.

Wo liegt der Fehler? Nun der Grund, warum der Fehler so groß ist, besteht darin, daß das Pivotelement im Vergleich zu den restlichen Elementen in der Spalte sehr klein ist. Pivotisierung kann nun nicht nur dazu benutzt werden, um zu vermeiden, daß das Pivotelement gleich Null ist, (vorausgesetzt die Matrix ist regulär[2]), sondern auch um potentielle Abrundungsfehler zu minimieren. Hierzu wird jeweils das betragsmäßig größte Element der verbleibenden Zeilen (Gleichungen) ausgewählt. Dadurch wird der Multiplikator klein, was zur Folge hat, daß mögliche Abrundungsfehler reduziert werden.

---

2) Eine Matrix A heißt genau dann **regulär**, wenn eine dazu inverse Matrix B existiert, d.h. es gilt $AB = I$.

Das folgende Programm bestimmt dieses Pivotelement und ordnet die Zeilen entsprechend um:

```
In[6]:= pivot[S_] :=
            Module[{p, ST1},
                    ST1 = Abs[Transpose[S][[1]]];
                    p = Position[ST1, Max[ST1]][[1, 1]];
                    Join[{S[[p]]}, Delete[S, p]]]
```

Nun kann die ursprüngliche solve-Funktion so umgeschrieben werden, daß bezüglich dieses von Null verschiedenen Elements pivotisiert wird. Wir nennen die neue Funktion solvePP (für „partielle Pivotisierung")

```
In[7]:= solvePP[m_, b_] := Module[{elimx1, pivot, subtractE1, solve},

            elimx1[T_] := Map[subtractE1[T[[1]], #]&, Rest[T]];

            pivot[Q_] :=
              Module[{p, ST1},
                      ST1 = Abs[Transpose[Q][[1]]];
                      p = Position[ST1, Max[ST1]][[1, 1]];
                      Join[{Q[[p]]}, Delete[Q, p]]];

            subtractE1[E1_, Ei_] :=
              Module[{w = Ei[[1]]/E1[[1]]},
                      Module[{newE1 = w * Rest[E1]},
                          Rest[Ei] - newE1]];

            solve[{{a11_, b1_}}] := {b1/a11};

            solve[S_] :=
              Module[{S1 = pivot[S]},
                      Module[{E1 = First[S1],
                              x2toxn = solve[elimx1[S1]]},
                          Module[{b1 = Last[E1],
                                  a11 = First[E1],
                                  a12toa1n = Drop[Rest[E1], -1]},
                              Join[{(b1 - a12toa1n . x2toxn)/a11},
                                  x2toxn]]]];

            solve[Transpose[Append[Transpose[m], b]]]
        ]
```

Beachten Sie, daß diese Funktion sich von der solve-Funktion aus Abschnitt 7.5 darin unterscheidet, daß man hier der Funktion die Matrix **m** und den Spaltenvektor **b** übergibt. `solvePP` bildet dann beim Aufruf von `solve` in der letzten Zeile oben, die erweiterte Matrix.

Schauen wir uns kurz an, wie durch partielle Pivotisierung das erste Problem – die Division durch Null – beseitigt wird. Mit der neuen Funktion können wir das System von vorhin (`m = {{0, 3}, {3, 0}}, b = {5, 6}`) problemlos lösen:

```
In[8]:= m = {{0, 3}, {3, 0}};
```

```
In[9]:= b = {5, 6};
```

```
In[10]:= solvePP[m, b]
                5
Out[10]= {2, - }
                3
```

Das Problem, daß sich durch Abrundung Fehler vergrößern, kann man am besten an einer Matrix erkennen, bei der sich, verglichen mit den ursprünglichen Elementen, sehr große Zwischenresultate ergeben. Eine solche Klasse von Matrizen besteht aus den sogenannten *schlecht konditionierten* Matrizen, auf die wir allerdings nur kurz eingehen wollen. (Eine ausführliche Abhandlung über schlecht konditionierte Matrizen findet sich in [SK93] oder in [BF89].)

Ein klassisches Beispiel für eine schlecht konditionierte Matrix ist die **Hilbert Matrix**. Sie spielt eine Rolle in der numerischen Analysis im Zusammenhang mit *orthogonalen Polynomen*. In Abschnitt 7.5 haben wir definiert, wie eine Hilbert-Matrix vom Grade n aussieht:

```
In[11]:= hilbert[n_] := Table[1/(i + j - 1), {i, n}, {j, n}]
```

```
In[12]:= hilbert[3] //TableForm
Out[12]//TableForm=
                1    1
                -    -
          1     2    3

          1     1    1
          -     -    -
          2     3    4

          1     1    1
          -     -    -
          3     4    5
```

Wir werden im folgenden die Hilbert-Matrizen benutzen, aber wir werden dabei nicht mit exakter Arithmetik arbeiten, sondern mit Fließpunktzahlen:

```
In[13]:= hilbert[n_] := Table[1.0/N[i + j - 1], {i, n}, {j, n}]
```

```
In[14]:= hilbert[3] //TableForm
```

```
Out[14]//TableForm=
            1.          0.5         0.333333

            0.5         0.333333    0.25

            0.333333    0.25        0.2
```

Wir wollen nun die einfache Lösungsmethode **solve**, die partielle Pivotisierungs-methode **solvePP** und die eingebaute Funktion **LinearSolve** miteinander vergleichen. Zuerst erzeugen wir eine 50×50 Hilbert-Matrix und einen zufälligen 50×1 Spaltenvektor (natürlich werden wir die 2500 Elemente der Matrix und die 50 Elemente des Spaltenvektors nicht ausgeben):

```
In[15]:= h50 = hilbert[50];
```

```
In[16]:= b50 = Table[Random[], {50}];
```

Wir wollen nun mit allen drei Methoden den Lösungsvektor **x** des Systems **h50.x = b50** bestimmen. Wir werden auch ein Maß für den jeweiligen Gesamtfehler angeben, indem wir die Differenz zwischen **h50.x** und **b50** berechnen:

```
In[17]:= xLS = LinearSolve[h50, b50];
LinearSolve::luc:

     Warning: Result for LinearSolve
        of badly conditioned matrix {<<50>>}
        may contain significant numerical errors.

In[18]:= totalerrorLS = Apply[Plus, Abs[h50.xLS - b50]]
Out[18]= 110.276


In[19]:= xGE = solve[h50, b50]

In[20]:= totalerrorGE = Apply[Plus, Abs[h50.xGE - b50]]
Out[20]= 208.6


In[21]:= xPP = solvePP[h50, b50]

In[22]:= totalerrorPP = Apply[Plus, Abs[h50.xPP - b50]]
Out[22]= 89.9402
```

Es findet also nur die Funktion **LinearSolve** heraus, daß das System schlecht konditioniert ist, und gibt eine entsprechende Warnung aus.

Es ist sicherlich nicht überraschend, daß unsere erste Version des Gaußschen Verfahrens (**solve**) zu einem größeren Fehler führt als die eingebaute Funktion **LinearSolve**. Wie wir oben erwähnt haben, sind die Hilbert-Matrizen ausgesprochen schlecht konditioniert, und daher sollte man erwarten, daß die Abrundungsfehler größer sind, wenn keine Pivotisierung durchgeführt wird. (Es sollte noch angemerkt werden, daß die Ergebnisse von Computer zu Computer und von Sitzung zu Sitzung verschieden sein können. Der Grund dafür ist, daß die Auswertung von b50 jedesmal einen anderen Spaltenvektor erzeugt.)

Diese Zahlen sagen aus, daß der Fehler beim Gaußschen Verfahren ohne Pivotisierung wesentlich schneller anwächst. Wir sollten dies jedoch nicht überinterpretieren. Auch diese Resultate enthalten Abrundungsfehler. Sie sollten dies an Hand einiger kleinerer Hilbert-Matrizen überprüfen. In den Übungen findet sich eine Methode, mit der man solche potentiellen Abrundungsfehler reduzieren kann.

Übungen

1. Ändern Sie die Funktion newton so ab, daß die Anzahl der Iterationsschritte, die benötigt werden, um die Nullstelle zu berechnen, ausgedruckt werden.

2. Ändern Sie die Funktion secant so ab, daß man den Grad der Präzision eingeben kann, mit dem die Nullstelle berechnet werden soll.

3. Obwohl die Funktion $e^x - x - 1$ bei $x = 0$ eine Nullstelle hat, scheint es beinahe unmöglich zu sein, diese Nullstelle numerisch zu finden. Versuchen Sie, mit Hilfe von newton, secant und der eingebauten Funktion FindRoot die Nullstelle zu berechnen. Verwenden Sie dann die Option DampingFactor->2 bei FindRoot und überprüfen Sie, ob dies irgendeinen positiven Einfluß auf FindRoot hat.

4. Schreiben Sie eine Funktionalversion der Newtonschen Methode, der man als Argumente den Namen einer Funktion und einen Startwert übergeben kann. Die Präzision der Eingabe sollte dabei abgespeichert werden, und die Nullstelle sollte mit dieser Präzision ausgegeben werden. Zusätzlich sollte die Anzahl der Iterationsschritte ausgegeben werden, die benötigt wurden, um die Nullstelle zu berechnen. Sie sollten in Erwägung ziehen, eine der eingebauten Funktionen FixedPoint oder Nest zu benutzen.

5. Bei einigen Funktionen konvergieren die Suchalgorithmen für Nullstellen sehr langsam. Zum Beispiel benötigt die Funktion $f(x) = \sin(x) - x$ mehr als 10 Iterationsschritte bei der Newtonschen Methode, wobei der Startwert x_0 gleich 0.1 ist und die Genauigkeit 3 Stellen beträgt. Programmieren Sie die folgende beschleunigte Version der Newtonschen Methode. Bestimmen Sie, wieviele Iterationsschritte bei dieser Methode nötig sind, um die Nullstelle der Funktion $f(x) = \sin(x) - x$ mit einer Genauigkeit von 6 Stellen zu bestimmen, wobei der Startwert x_0 gleich 0.1 sein soll.

$$accelNewton(x) = \frac{f(x)f'(x)}{[f'(x)]^2 - f(x)f''(x)}$$

Diese beschleunigte Methode ist besonders für solche Funktionen von Vorteil, die mehrere Nullstellen haben (so wie die aus dem letzten Abschnitt über die Newtonsche Methode).

6. Die **Norm** einer Matrix ist ein Maß für die Größe dieser Matrix. Die Norm einer Matrix A wird mit $\|A\|$ bezeichnet. Es gibt viele verschiedene Matrixnormen, aber

Übungen (Forts.)

sie alle haben bestimmte gemeinsame Eigenschaften. Für beliebige $n \times n$ Matrizen A und B gilt:

(i) $\|A\| \geq 0$,

(ii) $\|A\| = 0$ genau dann, wenn A die Nullmatrix ist,

(iii) $\|cA\| = |c|\|A\|$ für einen beliebigen Skalar c,

(iv) $\|A + B\| \leq \|A\| + \|B\|$,

(v) $\|AB\| \leq \|A\|\|B\|$.

Eine besonders nützliche Norm ist $\|\cdot\|_\infty$, die folgendermaßen definiert ist:

$$\|A\|_\infty = \max_{1 \leq i \leq n} \sum_{j=1}^{n} |a_{ij}|$$

Man muß also für jede Zeile die Summe der Absolutwerte der Elemente berechnen, und von diesen Summen wird das Maximum genommen. Die $\|\cdot\|_\infty$-Norm ist also das Maximum der l_∞-Normen der Zeilen.

Schreiben Sie eine Funktion `matrixNorm`, an die man eine Quadratmatrix übergeben kann, und deren Rückgabewert gleich der Norm $\|\cdot\|_\infty$ ist.

7. Wenn eine Matrix A regulär (d.h. invertierbar) ist, dann definiert man ihre **Konditionierungszahl** $c(A)$ durch die Zahl $\|A\| \cdot \|A^{-1}\|$. Eine Matrix heißt **gut konditioniert**, wenn ihre Konditionierungszahl in der Nähe von 1 liegt (die Konditionierungszahl der Einheitsmatrix). Eine Matrix heißt **schlecht konditioniert**, wenn ihre Konditionierungszahl wesentlich größer als 1 ist.

Schreiben Sie eine Funktion `condNumber[m]`, welche die Funktion `matrixNorm`, die Sie in der letzten Übung geschrieben haben, als Hilfsfunktion benutzt, und deren Rückgabewert gleich der Konditionierungszahl von m ist.

Berechnen Sie, mit Hilfe der Funktion `condNumber`, die Konditionierungszahlen der ersten 10 Hilbert-Matrizen.

8. Eine weitere Methode, mit der man lineare Gleichungssysteme lösen kann, ist bekannt unter dem Namen **skalierte Pivotisierung**. Angenommen, daß eine Matrix m keine Zeile enthält, die nur aus Nullen besteht (in diesem Fall gäbe es keine cindeutige Lösung), dann kann man für jede Zeile einen Skalierungsfaktor definieren, der durch das jeweils betragsmäßig größte Element gegeben ist. Der Skalierungsfaktor in Zeile i ist also gleich $s_i = \max_{j=1,2,\dots,n} |a_{ij}|$. Nun kann man nach folgender Methode die Zeilen vertauschen: Man findet das erste k, für das die Gleichung

$$\frac{|a_{ki}|}{s_k} = \max_{j=1,2,\dots,n} \frac{a_{ji}}{s_j}$$

erfüllt ist. Dann vertauscht man die Zeile i mit der Zeile k. Die Skalierung wird nur aus Vergleichsgründen gebraucht, so daß durch den Skalierungsfaktor kein zusätzlicher Abrundungsfehler entsteht.

Programmieren Sie gemäß obiger Beschreibung eine Funktion `solveSPP`, welche die Pivotisierungmethode benutzt.

10 Die Programmierung von Grafik

Die Programmierung von Grafik ist ein relativ neues Gebiet. Es gibt Hard- und Softwarewerkzeuge, mit denen man sowohl Daten und Funktionen visualisieren, als auch sehr komplexe Systeme in einer grafischen Weise simulieren kann. In diesem Kapitel werden wir untersuchen, wie man mit **Mathematica** grafische Bilder erzeugt und wie man Programme schreibt, um damit Probleme lösen zu können, die von ihrer *Natur* her grafisch sind.

10.1 Grafik-Bausteine

Alle **Mathematica**-Grafiken werden aus Objekten konstruiert, die **Grafik-Bausteine** genannt werden. Diese Bausteine (`Point`, `Line`, `Polygon`, `Circle`, usw.) werden von eingebauten Funktionen wie beispielsweise `Plot` benutzt. Auch wenn es sehr einfach ist, Bilder mit **Mathematica**s eingebauten Funktionen zu erzeugen, werden wir uns oft in Situationen wiederfinden, in denen wir grafische Bilder erzeugen müssen, für die keine **Mathematica**-Funktion existiert. Dies ist analog zu den Situationen bei der Programmierung, in denen wir eine spezialisierte Prozedur schreiben müssen, um ein bestimmtes Problem zu lösen. Wir benutzen hierzu die fundamentalen Bausteine und fügen sie nach bestimmten Regeln zusammen. Diese werden durch die Struktur der Sprache und durch die Natur des Problems bestimmt. In diesem Abschnitt werden wir die Bausteine der Grafikprogrammierung kennenlernen und untersuchen, wie man sie zusammensetzen muß, wenn man Grafiken erzeugen will.

10.1.1 | 2-dimensionale Grafik-Bausteine

Grafiken, die mit Funktionen wie beispielsweise `Plot` und `ListPlot` erzeugt worden sind, bestehen aus Linien, die Punkte miteinander verbinden, wobei das genaue Aussehen von verschiedenen Optionen bestimmt wird. Um dies etwas genauer zu verstehen, werden wir uns einmal die interne Darstellung eines Plots anschauen. Als Beispiel wählen wir einen Plot der `Sin`-Funktion:

In[1]:= `sinplot = Plot[Sin[x], {x, 0, 2Pi}]`

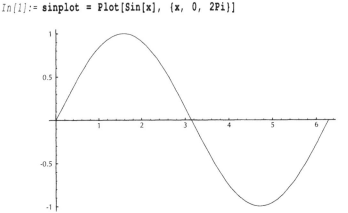

Mathematica erzeugt Plots, indem verschiedene Grafik-Elemente zusammengefügt werden. Die `InputForm`-Funktion zeigt die Ausdrücke an, die man hätte von Hand eingeben müssen, um denselben Plot zu bekommen. Mit Hilfe von `Short` erhalten wir eine 14-zeilige Auflistung des Ausdrucks (Anmerkung: Die formatierte Ausgabe von `Short` ist von Computer zu Computer leicht unterschiedlich):

```
In[2]:= Short[InputForm[sinplot], 14]
Out[2]//Short= Graphics[{Thickness[0.001], {Line[{{0., 0.},
                  {0.2617993877991494365, 0.2588190451025207609},
                  {0.523598775598298873, 0.5000000000000000028},
                  {0.7853981633974483095, 0.7071067811865475239},
                  {0.9162978572970230279, 0.7933533402912351666},
                  {1.047197551196597746, 0.8660254037844386454},
                  {1.178097245096172464, 0.9238795325112867562},
                  {1.243547092045959823, 0.9469301294951056645},
                  <<67>>,
                  {5.497787143782138166, -0.7071067811865475249},
                  {5.759586531581287602, -0.5000000000000000028},
                  {6.021385919380437039, -0.2588190451025207642},
                  {6.283185307179586476,
                  -(7.589415207398531038*10^-19)}}]}},
                {PlotRange -> Automatic, <<21>>}]
```

Die beschriebene Grafik besteht aus eine Reihe von Punkten, die durch Linien einer bestimmten Dicke miteinander verbunden sind. Insgesamt wurden 79 Punkte benutzt. (Der Ausdruck <<67>> bedeutet, daß 67 Punkte in dieser kurzen Auflistung fehlen. Der Ausdruck <<21>> aus der letzte Zeile steht für fehlende Optionen, die wir später besprechen werden.) Wir werden diese Grafik-Elemente untersuchen, indem wir eine Grafik *nur* mit Hilfe von Grafik-Bausteinen erzeugen werden. In einem späteren Abschnitt werden wir darauf eingehen, wie eingebaute Funktionen, z.B. Plot, Grafiken mit Hilfe der Grafik-Bausteine erzeugen.

In Abschnitt 9.1 auf Seite 207 haben wir eine Grafik ausgegeben, die einige der Eigenschaften von komplexen Zahlen wiedergibt. Wir wollen untersuchen, wie diese Grafik mit Hilfe der Grafik-Bausteine erzeugt werden kann.

Wir werden im folgenden mit den Bausteinen Point, Line, Circle und Text arbeiten. Die restlichen 2-dimensionalen Grafik-Bausteine Rectangle, Polygon, Disk und Raster spielen in diesem Beispiel keine Rolle (eine komplette Auflistung findet sich in Tabelle 10.1 am Ende dieses Abschnitts).

Im folgenden listen wir die Elemente auf, mit denen wir die Grafik erzeugen werden:

- Punkte in der Ebene, die durch die komplexe Zahl $a + bi$ und die zugehörige konjugierte Zahl $a - bi$ gegeben sind.

- Linien, die den Ursprung mit beiden Punkten verbindet.

- Ein Bogen, der den Polarwinkel der komplexen Zahl darstellt.

- Gestrichelte Linien, die den Real- und den Imaginärteil wiedergeben.

- Kennzeichnungen für alle obigen Elemente.

- Ein Koordinatensystem (d.h. ein Achsenpaar).

Zuerst wählen wir einen Punkt aus, der im ersten Quadranten liegt, und danach konstruieren wir eine Linie vom Ursprung zu diesem Punkt:

```
In[3]:= z = 8 + 3I;
```

```
In[4]:= line1 = Line[{{0, 0}, {Re[z], Im[z]}}];
```

Line[{{x_1, y_1}, {x_2, y_2}}] ist ein Baustein, der eine Linie vom Punkt mit den Koordinaten (x_1, y_1) zu dem Punkt (x_2, y_2) zieht.

Wir wollen auch einen Punkt in der Ebene erzeugen:

```
In[5]:= point1 = {PointSize[.02], Point[{Re[z], Im[z]}]};
```

Wir haben die **Grafikanweisung** PointSize hinzugefügt, damit der Punkt auch groß genug erscheint. Durch eine solche Anweisung werden nur die Objekte beeinflußt, die im Wirkungsbereich der Anweisung stehen. In diesem Fall ist der Wirkungsbereich durch die geschweiften Klammern gegeben. Grafikanweisungen haben immer die folgende Form:

{*anweisung, bausteine*}

Es ist möglich auch mehrere Bausteine in den Wirkungsbereich mit aufzunehmen:

{*anw, baust$_1$, baust$_2$, …, baust$_n$*}

Die Anweisung *anw* wirkt hier auf alle Bausteine *baust$_i$*. Die Anzahl der Bausteine kann dabei beliebig groß sein.

Wir können uns die Objekte, die wir bis jetzt erzeugt haben, anzeigen lassen, indem wir sie zuerst mit Hilfe der `Graphics`-Funktion in **Grafik-Objekte** verwandeln, und diese anschließend an die `Show`-Funktion übergeben:

In[6]:= `Show[Graphics[{line1, point1}]]`

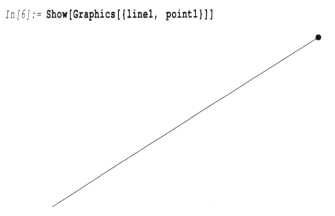

Zugegebenermaßen ist dies noch nicht allzu aufregend, aber es ist immerhin ein Anfang. Lassen Sie uns weitere Grafik-Elemente hinzufügen, die jeweils das Konjugierte und ein Achsenpaar beschreiben:

In[7]:= `cz = Conjugate[z];`

In[8]:= `line2 = Line[{{0, 0}, {Re[cz], Im[cz]}}];`

In[9]:= `point2 = {PointSize[.02], Point[{Re[cz], Im[cz]}]};`

In[10]:= `Show[Graphics[{line1, point1, line2, point2}, Axes->True]]`

Out[10]= `-Graphics-`

Wir haben hierbei die **Option** `Axes` benutzt. Optionen unterscheiden sich von Anweisungen dadurch, daß sie die gesamte Grafik beeinflußen. Optionen von Funktionen stehen nach allen erforderlichen Argumenten, und sie werden mit Kommas voneinander getrennt. Da `Axes` eine Option für die `Graphics`-Funktion ist, steht sie nach den Grafik-Elementen {line1, point1, . . .}.

Als nächstes erzeugen wir die gestrichelten Linien, welche den Real- und den Imaginärteil der komplexen Zahl wiedergeben sollen. Um den gewünschten Effekt zu erzielen, benutzen wir `Line` mit der `Dashing`-Anweisung.

```
In[11]:= hline = {Dashing[{0.04, 0.04}],
            Line[{{0, Im[z]}, {Re[z], Im[z]}}]};

In[12]:= vline = {Dashing[{0.04, 0.04}],
            Line[{{Re[z], 0}, {Re[z], Im[z]}}]};
```

Da wir mit dieser Grafik nur irgendeine komplexe Zahl darstellen wollen, sind die Einheiten an den Achsen überflüssig. Wir löschen daher den Vorgabewert und beschriften die Achsen selber, indem wir die `Ticks`-Option benutzen.`Ticks->{{{Re[z], "a"}}, {{Im[z],` `"b"}}}` setzt Skalenstriche auf der horizontalen Achse bei `Re[z]` und auf der vertikalen Achse bei `Im[z]`. Sie werden jeweils mit `a` bzw. mit `b` gekennzeichnet. Zusätzlich wollen wir noch die Achsen kennzeichnen und die `AspectRatio`-Option natürlicher einstellen (auf Seite 42 geben wir eine Beschreibung dieser Option):

```
In[13]:= Show[Graphics[{line1, point1, line2, point2, hline, vline},
            Axes->True, Ticks->{{{Re[z], "a"}}, {{Im[z], "b"}}},
            AxesLabel->{Re, Im}, AspectRatio->Automatic]];
```

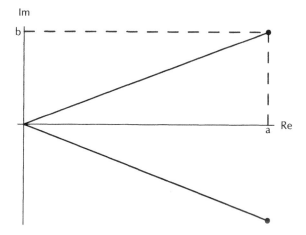

Als nächstes wollen wir die beiden komplexen Zahlen und die Linie, die `Abs[z]` darstellt, kennzeichnen. Hierzu werden wir das Grafik-Element `Text` benutzen, mit dem man Text an einen beliebigen Ort setzen kann.

Text[*ausdr*, {*x*, *y*}] macht aus *ausdr* ein Textobjekt, das zentriert am Punkt (*x*, *y*) steht. Um also aus „z = a + b i" einen Text zu machen, der etwas oberhalb und etwas links von **z** steht, muß man folgendes eingeben:

```
Text["z = a + b i", {Re[z] - 0.75, Im[z] + 0.35}]
```

Wir wollen noch ein weiteres Element in das Grafik-Objekt einfügen. Die Vorgabewerte für die Schriftart und -größe lauten: **Courier**, 10 Punkte. Wir wollen hier andere Werte verwenden. Mit der Funktion `FontForm` können wir aus den vorhandenen Schriftarten und -größen beliebig auswählen. In unserem Beispiel wählen wir **Times-Italic**, 9 Punkte: [1]

```
Text[FontForm["z = a + b i", {"Times-Italic", 9}],
    {Re[z] - 0.75, Im[z] + 0.35}]
```

Die Kennzeichnungen für die komplexe Zahl, ihre Konjugierte und die Länge, die gleich dem Absolutwert der komplexen Zahl ist, werden nun wie folgt festgelegt:

```
In[14]:= text1 = Text[FontForm["z = a + b i", {"Times-Italic", 9}],
              {Re[z] - .75, Im[z] + .35}];


In[15]:= text2 = Text[FontForm["Abs[z]", {"Times-Italic", 9}],
              {3.5, 2}];


In[16]:= text3 = Text[FontForm["Conjugate[z] = a - b i",
                      {"Times-Italic", 9}],
              {Re[cz] - 1.4, Im[cz] - .35}];
```

---

1) Die Namen für die Schriftarten hängen vom Computersystem ab. In Ihrer **Mathematica**-Dokumentation finden Sie Näheres hierzu.

```
In[17]:= Show[Graphics[{line1, line2, point1, point2, hline, vline,
                text1, text2, text3},
           Axes->True, Ticks->{{{Re[z], "a"}}, {{Im[z], "b"}}},
           AxesLabel->{Re, Im}, AspectRatio->Automatic]]
```

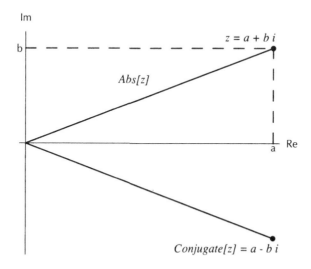

Es fehlt noch der Bogen, mit dem wir den Polarwinkel darstellen wollen. Er soll ebenfalls gekennzeichnet sein. Wir können ihn mit dem Baustein Circle erzeugen. Circle[{x, y}, r, {a, b}] zeichnet einen Bogen mit Radius r und Mittelpunkt (x, y), und zwar gegen den Uhrzeigersinn, angefangen bei einem Winkel von Bogenmaß a bis zu einem Winkel von Bogenmaß b. In unserem Beispiel ist der Radius des Bogens kleiner als Abs[z], und er läuft von der reellen (horizontalen) Achse bis zu der Linie, die den Ursprung mit z verbindet. Den gewünschten Bogen und die Grafik, die alle obigen Elemente enthält, kann man nun wie folgt erzeugen:

```
In[18]:= arc = Circle[{0, 0}, Abs[z]/3, {0, Arg[z]}];
```

```
In[19]:= text4 = Text[FontForm["Arg[z]", {"Times", 9}],
                {3.5, .5}];
```

```
In[20]:= Show[Graphics[{line1, line2, point1, point2, hline, vline,
                        text1, text2, text3, text4, arc},
            Axes->True, Ticks->{{{Re[z], "a"}}, {{Im[z], "b"}}},
            AxesLabel->{Re, Im}, AspectRatio->Automatic]]
```

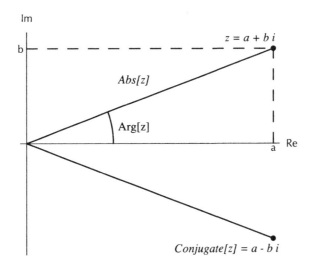

In der folgenden Tabelle sind alle existierenden Grafik-Bausteine aufgeführt. Beachten Sie, daß auch 3-dimensionale Versionen von Point, Line, Polygon und Text existieren, mit denen man 3-dimensionale Grafik erzeugen kann. Im nächsen Abschnitt oder im Standardhandbuch [Wol91] finden Sie Näheres hierzu.

Grafik-Elemente	Wirkung
Point[{x, y}]	ein Punkt an der Stelle x, y
Line[{{x_1, y_1}, {x_2, y_2}, ... }]	eine Linie durch die Punkte $\{x_i, y_i\}$
Rectangle[{{xmin, ymin}, {xmax, ymax}}]	ein ausgefülltes Rechteck
Polygon[{{x_1, y_1}, {x_2, y_2}, ...}]	ein ausgefülltes Polygon
Circle[{x, y}, r, {theta_1, theta_2}]	ein Kreisbogen mit Radius r
Disk[{x, y}, r]	eine ausgefüllte Scheibe mit Radius r
Raster[{{x_{11}, x_{12}, ...}, {x_{21}, x_{22}, ...}, ...}]	ein rechteckiges Graustufen-Array
Text[expr, {x, y}]	Text zentriert am Punkt x, y

Tabelle 10.1: Grafik-Bausteine.

10.1.2 | 3-dimensionale Grafik-Bausteine

Als Beispiel für den Gebrauch von 3-dimensionalen Grafik-Bausteinen werden wir eine *Zufallsbewegung* im Raum ausführen. Wir könnten hierzu Punkte, d.h. Zahlentripel, mit Hilfe der Random-Funktion erzeugen und diese dann miteinander verbinden. Aber dies entspricht keiner wirklichen „Bewegung". Die Punkte sollten jeweils von dem vohergehenden Punkt in irgendeiner zufälligen Weise abgeleitet werden.

Sei nun ein Punkt gegeben, dann erhalten wir den nächsten Punkt, indem wir zuerst eine Zufallzahl ziehen und dann einen „Schritt" gemäß den folgenden Anweisungen machen:

- Die x-Koordinate des Schritts ist der Kosinus dieser Zufallszahl.

- Die y-Koordinate des Schritts ist der Sinus dieser Zufallszahl.

- Die z-Koordinate des Schritts ist eine Zahl zwischen -1 und 1, die mit Hilfe der gegebenen Zufallszahl bestimmt wird.

Aus diesen Anweisungen ergibt sich folgendes Tripel:

```
In[1]:= Map[{Cos[#], Sin[#], #/N[Pi] - 1}&,
           {Random[Real, {0, N[2Pi]}]}]
Out[1]= {{0.129217, -0.991616, 0.541246}}
```

Beachten Sie, daß wir eine Zufallszahl zwischen 0 und 2π wählen, denn dann kann die Bewegung in der xy-Ebene in jede beliebige Richtung erfolgen. Damit die z-Koordinate zwischen -1 und 1 liegt, müssen wir die Zufallszahl noch skalieren und dann die Zahl 1 davon subtrahieren, d.h. (#/N[Pi] - 1).

Wir erhalten nun eine Zufallsbewegung, indem wir die Schritte sukzessive aufaddieren, wobei wir am Punkt $(0, 0, 0)$ starten wollen. Die folgende Funktion erzeugt gemäß der obigen Vorschrift eine Liste von n Punkten:

```
In[2]:= randomWalk3D[n_Integer]:=
           FoldList[Plus, {0, 0, 0},
               Map[{Cos[#], Sin[#], #/N[Pi] - 1}&,
                   Table[Random[Real, {0, N[2Pi]}], {n}]]]
```

Als Nächstes wollen wir diese Punkte mit Linien verbinden und ein 3-dimensionales Bild ausgeben. Der Grafik-Baustein Line verbindet Punkte der Reihenfolge nach, und Graphics3D erzeugt ein 3-dimensionales Grafik-Objekt, das man sich mit Show anzeigen lassen kann:

```
In[3]:= showRandomWalk3D[n_Integer]:=
           Show[Graphics3D[Line[randomWalk3D[n]]]]
```

Als Beispiel wollen wir eine 3-dimensionale Zufallsbewegung erzeugen, die aus 1000 Schritten besteht:

In[4]:= **showRandomWalk3D[1000]**

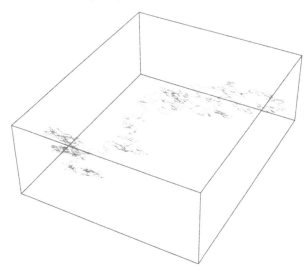

Out[4]= -Graphics3D-

In den Übungen dieses und des nächsten Abschnitts werden Sie sich weiter mit dieser Zufallsbewegung beschäftigen. Sie werden den Zufallsweg farbig markieren und die Schrittlänge normalisieren.

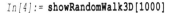

Übungen

1. Erzeugen Sie eine Grafik, die aus Zufallspunkten besteht, die im Einheitquadrat liegen.

2. Ändern Sie die Funktion **showRandomWalk3D** so ab, daß jeder Schritt farbig markiert wird, wobei die Farbe von der Gesamtlänge des Schritts abhängen soll.

3. Erzeugen Sie eine Grafik, die einen Kreis, ein Dreieck und ein Rechteck enthält. Jedes Objekt soll dabei mit seinem Namen gekennzeichnet werden.

4. Erzeugen Sie eine 3-dimensionale Grafik, die 15 zufällige Hexaeder enthält, die alle im Einheitsquader liegen sollen (Hexaeder können mit dem Befehl **Cuboid** erzeugt werden).

5. Laden Sie das Paket **Graphics`Polyhedra`**, und stellen Sie alle platonischen Körper bildlich dar: Tetraeder, Oktaeder, Ikosaeder, Hexaeder und das Pentagondodekaeder (die entsprechenden Befehle lauten: **Tetrahedron**, **Octahedron**, **Icosahedron**, **Cuboid** und **Dodecahedron**).

10.2 Grafikanweisungen und -optionen

Im letzten Abschnitt haben wir gesehen, wie man Grafik-Objekte aus Grafik-Bausteinen erzeugt. Wir haben Anweisungen (und Optionen) benutzt, um verschiedene Grafik-Elemente abzuändern. Optionen sind global in dem Sinne, daß durch sie das Aussehen der gesamten Grafik verändert wird. Will man nur bestimmte Elemente der Grafik abändern, sollte man Grafikanweisungen benutzen.

Diese Anweisungen arbeiten in der Weise, daß sie nur die Objekte eines Grafikausdrucks abändern, die innerhalb ihres **Wirkungsbereichs** stehen. Wir wollen dies an zwei Beispielen verdeutlichen. Im ersten Beispiel beeinflußt die Anweisung zwei von drei Elementen:

```
In[1]:= p1 = Point[{0, 0}];
```

```
In[2]:= p2 = Point[{1, 0}];
```

```
In[3]:= p3 = Point[{.5, .5}];
```

```
In[4]:= Show[Graphics[{{PointSize[.025], p1, p2}, p3}]]
```

Die Anweisung PointSize hat die Größe der beiden Punkte p1 und p2 verändert, denn diese liegen im Wirkungsbereich, der durch die geschweiften Klammern definiert wird. Da der Punkt p3 nicht im Wirkungsbereich von PointSize liegt, wird seine Größe durch einen Vorgabewert festgelegt.

Im zweiten Beispiel werden wir ein algebraisches Problem untersuchen, daß wir [BDPU93] entnommen haben:

Finden Sie die positiven Zahlen r, für die das System

$$(x - 1)^2 + (y - 1)^2 = 2$$
$$(x + 3)^2 + (y - 4)^2 = r^2$$

genau eine Lösung in x und y hat. Wenn Sie ein passendes r gefunden haben, zeichnen Sie die entsprechenden Kreise in der xy-Ebene, und zwar mit der richtigen Skalierung.

Die Herleitung der Lösung überlassen wir dem Leser, wir geben hier nur das Ergebnis an:

$$r = \frac{10 \pm 2^{3/2}}{2}$$

Alle drei Kreise sollen in einer Grafik dargestellt werden. Dabei werden wir den ersten Kreis mit einer durchgezogenen Linie zeichnen und die beiden Kreise, die von r abhängen, mit gestrichelten Linien. Den ersten Kreis mit Mittelpunkt (1, 1) erhalten wir folgendermaßen:

In[5]:= `c = Circle[{1, 1}, Sqrt[2]]`

In[6]:= `Show[Graphics[c, Axes->Automatic, AspectRatio->Automatic]]`

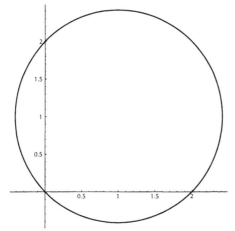

Beachten Sie, daß wir die Optionen **Axes** und **AspectRatio** benutzt haben, welche die gesamte Grafik beeinflußen.

Nun definieren wir die beiden fehlenden Kreise:

In[7]:= `r1 = (10 + 2^(3/2))/2;`

In[8]:= `r2 = (10 - 2^(3/2))/2;`

In[9]:= `c1 = Circle[{-3, 4}, r1];`

In[10]:= `c2 = Circle[{-3, 4}, r2];`

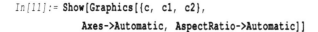

```
In[11]:= Show[Graphics[{c, c1, c2},
           Axes->Automatic, AspectRatio->Automatic]]
```

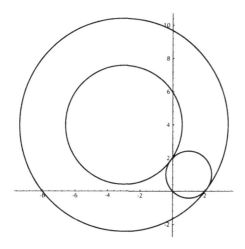

Die beiden von r abhängigen Kreise sollen nun gestrichelt dargestellt werden. Dies erreichen wir, indem wir die Grafikanweisung `Dashing[{x, y}]` auf die beiden Kreise c1 und c2 anwenden. Dabei bestimmen x und y die Länge der gezeichneten Striche.

```
In[12]:= dashc1 = {Dashing[{.025, .025}], c1]}
         dashc2 = {Dashing[{.05, .05}], c2]}
```

```
In[13]:= Show[Graphics[{c, dashc1, dashc2},
           Axes->Automatic, AspectRatio->Automatic]]
```

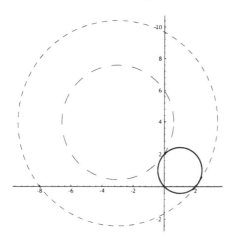

In der folgenden Tabelle sind sämtliche 2-dimensionalen Grafikanweisungen aufgeführt.

Anweisung	Wirkung
AbsoluteDashing[{d_1, d_2, ... }]	gestrichelte Linien in absoluten Einheiten
AbsoluteThickness[d]	Linien der Dicke d, gemessen in absoluten Einheiten
CMYKColor[{c, m, y, b}]	Zyan-, Magenta-, Gelb- und Schwarz-Komponenten für Vierfarbdruck
Dashing[{d_1, d_2, ... }]	gestrichelte Linien der Länge d_1, d_2, ...
GrayLevel[d]	Graustufe zwischen 0 (Schwarz) und 1 (Weiß)
Hue[h, s, b]	Farbe mit Farbton, Sättigung und Helligkeit zwischen 0 und 1
PointSize[r]	Punkte mit Radius r, der als Bruchteil der Gesamtbreite des Plots angegeben wird
RGBColor[r, g, b]	Farben mit Rot-, Grün- und Blaukomponenten zwischen 0 und 1
Thickness[d]	Linien der Dicke d, die als Bruchteil der Gesamtbreite des Plots angegeben wird

Tabelle 10.2: Grafikanweisungen von **Mathematica**.

Übungen

1. Erzeugen Sie ein einfaches „Farbenrad", indem Sie aufeinanderfolgende Sektoren einer Scheibe (**Disk**) mit der **Hue**-Anweisung einfärben (oder mit **GrayLevel**, falls Sie einen Schwarz-Weiß-Monitor benutzen).

2. Ändern Sie die Grafikroutine der **showRandomWalk3D**-Funktion, die wir im letzten Abschitt programmiert hatten, so ab daß die Punkte gemäß ihrer Höhe, bezogen auf die vertikale Achse, gefärbt werden. Benutzen Sie entweder die Grafikanweisung **Hue** oder **GrayLevel**.

3. Ändern Sie die Funktion **showRandomWalk3D** so ab, daß jeder Schritt genau die Länge 1 hat.

10.3 Eingebaute Grafikfunktionen

Mathematica stellt etliche Funktionen zur Verfügung, mit denen man 2- und 3-dimensionale Grafiken erstellen kann. Diese Funktionen erzeugen Listen von Grafik-Bausteinen, zusammen mit notwendigen Anweisungen; bevor das Objekt dann angezeigt wird, werden noch Optionen hinzugefügt. In diesem Abschnitt werden wir untersuchen, welche Struktur **Mathematica**s eingebaute Grafikfunktionen haben und welche Fehler auftreten können, wenn man Grafik erzeugt.

10.3.1 | Die Struktur eingebauter Grafiken

Im folgenden wollen wir untersuchen, wie **Mathematica** Funktionen auswertet, mit denen man Grafiken erzeugen kann. Als Beispiel wählen wir die Funktion `Plot`. Die Punkte, an denen geplottet wird, hängen dabei sowohl von den Vorgaben des Benutzers ab als auch von internen Algorithmen. Schauen wir uns einmal an was passiert, wenn wir uns `Sin[x]` im Intervall von 0 bis 2π ausgeben lassen:

In[1]:= `sinplot = Plot[Sin[x], {x, 0, 2Pi}]`

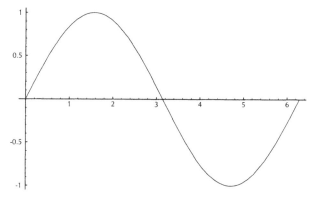

Out[1]= `-Graphics-`

Beachten Sie, daß dabei das Wort `Graphics` mitausgegeben wird, das einem bestimmten Typ von **Grafik-Objekt** entspricht. [2] Solche Objekte werden von Funktionen wie `Plot`, `ListPlot` und `ParametricPlot` erzeugt. Eine anderer Typ von Grafik-Objekt — `DensityGraphics` — wird von den Funktionen `DensityPlot` und `ListDensityPlot` erzeugt.

In[2]:= `sampledata = Table[Random[], {50}, {50}];`

---

2) Genauer sollten wir sagen, daß die Ausgabe `-Graphics-` eine Abkürzung für einen längeren Ausdruck ist, der die Information enthält, die notwendig ist, um den Plot zu zeichnen.

In[3]:= **ListDensityPlot[sampledata]**

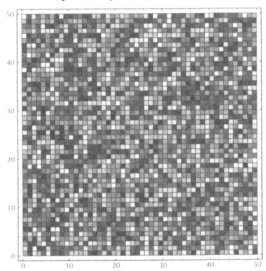

Out[3]= -DensityGraphics-

Die anderen Typen von Grafik-Objekten sind ContourGraphics, SurfaceGraphics, Graphics3D und Sound. Sie werden jeweils von den Funktionen ContourPlot, Plot3D, ParametricPlot3D und Play erzeugt.

Wenn **Mathematica** eine Grafik erzeugt so wie oben den Plot von Sin[x], wird zuerst überprüft, ob die Syntax des Plot-Befehls korrekt ist. Ist dies der Fall, benutzt **Mathematica** interne Algorithmen, um Sin[x] an verschiedenen Punkten zu berechnen, die über das vom Benutzer vorgegebene Intervall verteilt sind (von 0 bis 2π in diesem Fall). Verschiedene Optionen legen fest, wie der Plot erzeugt und dargestellt wird. So bewirken beispielsweise die internen Algorithmen, daß beim Plot-Befehl das Intervall in 24 gleichgroße Teilintervalle aufgeteilt wird: [3]

In[4]:= **Options[Plot, PlotPoints]**
Out[4]= PlotPoints->25

Mathematica berechnet Sin[x] an den ersten Punkten und benutzt dann einen adaptiven Algorithmus, um festzustellen, ob mehr Punkte benötigt werden. Hat die Funktion zwischen zwei Punktmengen (die jeweils aus einigen Punkten bestehen) eine große zweite Ableitung (d.h. große Krümmung), werden neue Punkte hinzugenommen. Andernfalls betrachtet **Mathematica** die Funktion als linear in dieser Region und verbindet die dort liegenden Punkte mit einer geraden Linie. Danach wird die nächste Punktmenge behandelt, und die obige Prozedur wird wiederholt. Zum Schluß werden die Linien angezeigt, eventuell zusammen mit irgendwelchen Achsen und Kennzeichnungen.

---

3) Man braucht 25 Punkte, um ein Intervall in 24 Teilintervalle aufzuteilen.

Um etwas genauer zu verstehen, wie **Mathematica** feststellt, ob die aufeinanderfolgenden Punkte mit einer Linie verbunden werden können oder ob das Intervall in weitere Teilintervalle aufgeteilt werden muß, werden wir die `MaxBend`- und `PlotDivision`-Optionen der `Plot`-Funktion verwenden:

In[5]:= `Options[Plot, {MaxBend, PlotDivision}]`
Out[5]= {MaxBend -> 10., PlotDivision -> 20.}

Diese Vorgabewerte bewirken, daß **Mathematica** die Punkte verbindet, wenn der Winkel zwischen aufeinanderfolgenden Paaren kleiner als 10 Grad ist. Ist der Winkel größer als 10 Grad, d.h. verändert sich die Funktion schnell, werden mehr Punkte mit einbezogen, d.h. es wird weiter unterteilt, allerdings höchstens mit einem Faktor von 20 (der Vorgabewert von `PlotDivision`). Beachten Sie, was passiert, wenn wir nur 4 äquidistante Punkte benutzen, wobei `MaxBend` gleich 45 Grad ist und `PlotDivision` gleich 1. Damit sind große Steigungsdifferenzen erlaubt, und es ist nicht möglich, daß das Intervall weiter unterteilt wird:

In[6]:= `Plot[Sin[x], {x, 0, 2Pi},`
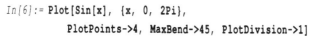
`PlotPoints->4, MaxBend->45, PlotDivision->1]`

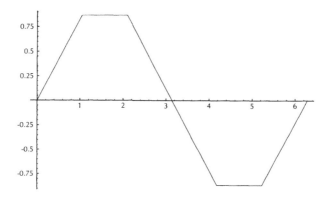

10.3.2 | Grafik-Anomalien

Wie wir oben erwähnt haben, bestimmen die Algorithmen, die von `Plot` verwendet werden, ob der Winkel zwischen aufeinanderfolgenden Paaren kleiner als `MaxBend` ist. Falls die Antwort positiv ausfällt, wird nicht weiter unterteilt. Die Punkte werden durch eine Linie verbunden, und der Algorithmus widmet sich den nächsten Punkten. Falls man nicht genügend aufpaßt, kann diese Verfahrensweise zu unerwünschten Resultaten führen. Betrachten Sie beispielsweise den Plot von `Cos[x]`, im Intervall von 0 bis `48Pi`:

In[1]:= **Plot[Cos[x], {x, 0, 2Pi (24)}]**

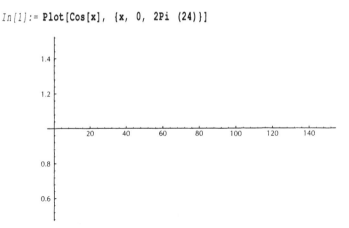

Dies bezeichnet man typischerweise als „Stützstellen-Fehler", obwohl **Mathematica** keinen wirklichen Fehler gemacht hat. Folgendes ist passiert: **Mathematica** hat das Intervall [0, **2Pi (24)**] in 24 *gleichgroße* Teilintervalle aufgeteilt und **Cos[x]** an den 25 Eckpunkten der Intervalle berechnet. Diese Funktion oszilliert nun aber 24-mal auf dem gegebenen Intervall. Schaut man sich einmal die **InputForm** dieses Plots an, dann sieht man, daß der Funktionswert an allen Stützstellen (die Vielfache von **2 Pi** sind), gleich 1 ist. Daher war **Mathematica** der Ansicht, daß die Funktion sich nicht verändert und hat keine weiteren Stützstellen durch Unterteilung der Intervalle erzeugt. Die Punkte wurden einfach durch Linien miteinander verbunden.

Im Gegensatz zu **Plot** benutzt die Funktion **Plot3D** keinen adaptiven Algorithmus. Sie verwendet vielmehr den Vorgabewert für **PlotPoints**, um die Grafik zu erzeugen, und zwar sowohl für die *x*- als auch für die *y*-Werte:

In[2]:= **Options[Plot3D, PlotPoints]**

Out[2]= {PlotPoints -> 15}

In[3]:= **Plot3D[Sin[x y], {x, 0, 3Pi/2}, {y, 0, 3Pi/2}]**

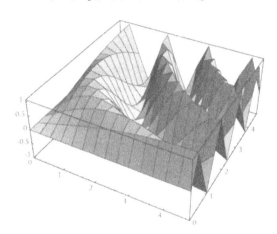

Sie können sogar vorne und an der Seite die 15 Punkte *abzählen*, an denen **Mathematica** die Werte von Sin[x y] berechnet hat. Mit diesem Vorgabewert von PlotPoints bekommt man sicherlich einen guten Eindruck davon, wie die Plot3D arbeitet. Aber bei Funktionen, die sich sehr schnell verändern, oder bei Funktionen, die Singularitäten haben, werden so wenige Stützstellen nicht ausreichen, um ein vernünftiges Bild zu bekommen.

In[4]:= Plot3D[Sin[x y], {x, 0, 2Pi}, {y, 0, 2Pi}]

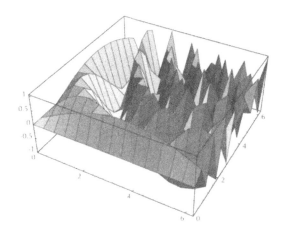

Erhöht man die Werte von x und y, verändert sich die Funktion mit immer schnellerer Geschwindigkeit. Der Vorgabewert von PlotPoints reicht nicht aus, um die schnellen Wechsel zwischen den Punkten zu erfassen. Die Grafik sieht daher alles andere als gut aus. Erhöhen wir die Stützstellen, erhalten wir ein geglättetes Bild. (Warnung: Die folgende Grafik verbraucht viel Zeit und Speicherplatz.)

In[5]:= Plot3D[Sin[x y], {x, 0, 2Pi}, {y, 0, 2Pi}, PlotPoints->75]

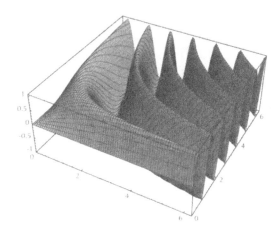

Es gibt Funktionen, bei denen eine Erhöhung der Zahl der Stützstellen (in alle Richtungen) zu keiner „Glättung" führt. Solche Schwierigkeiten lassen sich in der Regel nicht durch die Wahl anderer Stützstellen beseitigen. Sie sind vielmehr abhängig von den intrinsischen Eigenschaften der Funktion, die geplottet werden soll. Im folgenden Plot liegt eine Singularität entlang der Kurve $xy = \pi/4$ vor:

In[6]:= `Plot3D[1/(1 - ArcTan[x y]), {x, 0, 4}, {y, 0, 4}]`

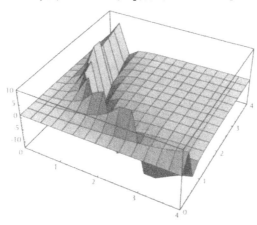

Erhöhen wir den Wert von `PlotPoints`, so verbessert sich die Darstellung der Singularität fast gar nicht:

In[7]:= `atanplot = Plot3D[1/(1 - ArcTan[x y]), {x, 0, 4}, {y, 0, 4},`
`PlotPoints->35]`

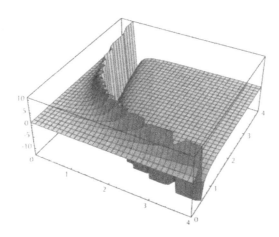

10.3.3 | Optionen für eingebaute Grafik-Funktionen

Wie wir oben erwähnt haben, berechnet **Mathematica** zuerst eine Liste, die aus Linien und möglichen Punkten besteht. Als nächstes müssen diese Grafik-Elemente dargestellt werden. Dies wird mit der `Show`-Funktion gemacht. Wir können mit Hilfe von `Show` jede erzeugte Grafik darstellen. Auch kann man bereits berechnete Grafiken mit anderen Optionen ausgeben. Zum Beispiel können wir die Option `ViewPoint` des vorherigen Plots folgendermaßen abändern:

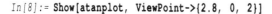

```
In[8]:= Show[atanplot, ViewPoint->{2.8, 0, 2}]
```

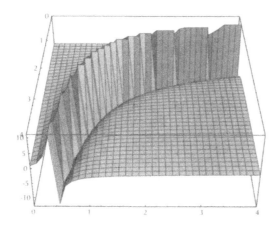

```
In[9]:= Options[Plot3D, ViewPoint]
Out[9]= {ViewPoint -> {1.3, -2.4, 2.}}
```

Der Vorgabewert für `ViewPoint` ist ein Raumpunkt, der (in diesem Fall) 1.3 Einheiten rechts, −2.4 Einheiten vor und 2.0 Einheiten über dem Mittelpunkt des Kastens liegt (wir meinen natürlich den Kasten, in dem sich die dargestellte Fläche befindet). In anderen Worten heißt dies, daß der Ursprung für die Koordinaten von `ViewPoint` im Mittelpunkt des Kastens liegt, in dem sich das geplottete Objekt befindet.

Wir haben bereits gesehen, wie man Optionen für verschiedene Funktionen, wie `ViewPoint` und `Plot3D` benutzt. Alle Funktionen, die Grafik-Objekte erzeugen, haben Optionen, mit denen man die jeweiligen Vorgabewerte abändern kann. Optionen für Grafik-Funktionen werden im Anschluß an die erforderlichen Argumente spezifiziert (so wie bei allen **Mathematica**-Funktionen). Mit Hilfe der `Options`-Funktion können wir uns beispielsweise sämtliche Optionen von `Plot3D` ausgeben lassen:

```
In[10]:= Options[Plot3D]

Out[10]= {AmbientLight -> GrayLevel[0], AspectRatio -> Automatic,
         Axes -> True, AxesEdge -> Automatic, AxesLabel -> None,
         AxesStyle -> Automatic, Background -> Automatic,
         Boxed -> True, BoxRatios -> {1, 1, 0.4},
         BoxStyle -> Automatic, ClipFill -> Automatic,
         ColorFunction -> Automatic, ColorOutput -> Automatic,
         Compiled -> True, DefaultColor -> Automatic, Epilog -> {},
         FaceGrids -> None, HiddenSurface -> True,
         Lighting -> True,
         LightSources ->
          {{{1., 0., 1.}, RGBColor[1, 0, 0]},
           {{1., 1., 1.}, RGBColor[0, 1, 0]},
           {{0., 1., 1.}, RGBColor[0, 0, 1]}}, Mesh -> True,
         MeshStyle -> Automatic, PlotLabel -> None, PlotPoints -> 15,
         PlotRange -> Automatic, PlotRegion -> Automatic,
         Plot3Matrix -> Automatic, Prolog -> {}, Shading -> True,
         SphericalRegion -> False, Ticks -> Automatic,
         ViewCenter -> Automatic, ViewPoint -> {1.3, -2.4, 2.},
         ViewVertical -> {0., 0., 1.}, DefaultFont :> $DefaultFont,
         DisplayFunction :> $DisplayFunction}
```

Die Vorgabewerte können überschrieben werden, indem im **Plot3D**-Befehl verschiedene Werte spezifiziert werden. Wollen wir beispielsweise den Plot ohne Kasten und Achsen darstellen, so müssen wir folgendes eingeben:

```
In[11]:= Show[atanplot, Axes->False, Boxed->False]
```

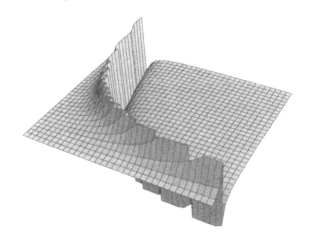

Wenn man Grafik benutzt, ist es oft hilfreich, alle Optionen der Funktion, mit der man arbeitet, aufzulisten, um sie dann den eigenen Anforderungen anzupassen. Im Standardhandbuch [Wol91] finden Sie eine vollständige Beschreibung dieser Optionen.

Übungen

1. Plotten Sie die Funktion $\cos(x) + \cos(3x)$ über dem Intervall $[-4\pi, 4\pi]$.

    (a) Ändern Sie im obigen Plot `AspectRatio` so ab, daß die Höhe dreimal so groß ist wie die Breite.

    (b) Kennzeichnen Sie die x- und die y-Achse mit Hilfe der `AxesLabel`-Option.

    (c) Ändern Sie die Skalenstriche an den Achsen so ab, daß nur noch Vielfache von $\pi/4$ angezeigt werden.

    (d) Geben Sie dem Plot mit Hilfe der `PlotLabel`-Option eine Überschrift.

2. Erzeugen Sie mit Hilfe von `Plot3D` einen Plot von $f(x, y) = \sin(xy)$, wobei sowohl x als auch y über das Intervall $(0, 3\pi/2)$ laufen. Erhöhen Sie den Wert von `PlotPoints`, bis der Plot glatt aussieht.

    (a) Ändern Sie die `ViewPoint`-Option von `Plot3D` so ab, daß die Oberfläche direkt von oben betrachtet wird.

    (b) Fügen Sie die Option `ColorFunction -> GrayLevel` zum letzten Plot hinzu.

    (c) Machen Sie einen Dichteplot (`DensityPlot`) der gleichen Funktion über dem gleichen Intervall. Entfernen Sie dabei das x-y-Netz (`Mesh`) und erhöhen Sie den Wert von `PlotPoints`. Vergleichen Sie diese Grafik mit der, die Sie mit `Plot3D` angefertigt haben.

3. Erzeugen Sie eine Grafik der Funktion `Sin` über dem Intervall $(0, 2\pi)$. Markieren Sie dabei all die Punkte mit einer vertikalen Linie, die `Plot` zur Erzeugung der Grafik benutzt hat.

4. Plotten Sie die Funktion $x + \sin(x)$ zusammen mit ihren ersten fünf Taylor-Polynomen. Man erhält das Taylor-Polynom n-ter Ordnung einer Funktion `f[x]` um den Punkt $x = 0$ mit dem Befehl `Series[f[x], {x, 0, n}]`. Transformieren Sie die Potenzreihe mit Hilfe der `Normal`-Funktion in einen regulären Ausdruck, der dann geplottet werden kann. Zum Beispiel können Sie das Taylor-Polynom 5-ter Ordnung von $\sin(x)$ um den Punkt $x = 0$ über dem Intervall $(-3, 3)$ wie folgt plotten:

```
In[1]:= f[x_] := Normal[Series[Sin[x], {x, 0, 5}]];
```

```
In[2]:= Plot[f[x], {x, -3, 3}]
```

10.4 Die Programmierung von Grafik

Bis zu diesem Zeitpunkt haben wir uns mit Funktionen beschäftigt, mit denen man relativ einfache Grafiken erzeugen kann. So haben wir aus den „Grafik-Bausteinen" verschiedene Bilder zusammengesetzt. In diesem Abschnitt behandeln wir Probleme, für die man ein gewisses geometrisches Verständnis haben muß, wenn man sie mit Hilfe eines Programms lösen will. Wir beginnen mit einem rein geometrischen Problem, in dem es um einfach geschlossene Wege geht. Danach werden wir uns mit der Darstellung von binären Bäumen beschäftigen, die wir in Kapitel 7 besprochen hatten.

10.4.1 | Einfache geschlossene Wege

Als erstes Beispiel eines Programmierproblems, bei dem Grafik eine wichtige Rolle spielt, werden wir eine vereinfachte Version des sogenannten **Problems des Handlungsreisenden** (abgekürzt TSP, was für „Traveling Salesman Problem" steht) behandeln. Hierbei geht es darum, den kürzesten geschlossenen Weg zu finden, der eine vorgegebene Menge von Punkten miteinander verbindet. Ein **geschlossener Weg** entspricht dabei einer Rundreise. Das TSP ist, sowohl vom Theoretischen als auch vom Praktischen her, von größter Bedeutung. Zwei Beispiele aus der Anwendung sind das Aufstellen von Flugrouten und das Verlegen von Telefonkabeln.

Theoretisch betrachtet gehört das TSP in eine Klasse von Problemen, die *NP-vollständige* Probleme genannt werden (NP steht für „nondeterministic polynomial"). Dies sind Probleme, die mit Hilfe von nichtdeterministischen Algorithmen in polynomialer Zeit gelöst werden können. Ein **nichtdeterministischer Algorithmus** ist in der Lage, unter vielen Optionen *auszuwählen*, wenn man ihm verschiedene Möglichkeiten anbietet, und er kann so die Korrektheit einer Lösung überprüfen. Die große, noch offene Frage der Computerwissenschaft ist bekannt unter dem Namen ($P = NP$)-Problem. Würde diese Gleichung gelten, so könnte man jedes Problem, daß mit einem nichtdeterministischen Algorithmus in polynomialer Zeit (NP) gelöst werden kann, auch mit einem deterministischen Algorithmus in polynomialer Zeit (P) lösen. Viel Aufwand ist betrieben worden, um eine Lösung für dieses Problem zu finden, und es wird allgemein erwartet, daß $P \neq NP$ gilt. Mehr hierzu findet sich in [LLKS85] und [Ski90].

Wir beschränken uns im folgenden auf ein lösbares Problem, das einer stark vereinfachten Version des TSP entspricht: Gesucht wird ein **einfacher geschlossener Weg** (ein geschlossener Weg, der sich nicht selber schneidet), der eine Menge von n Punkten miteinander verbindet. Wir werden eine grafische Lösung dieses Problems für kleine n angeben und diese dann anschließend verallgemeinern, so daß sie für beliebige n gilt. Zuerst erzeugen wir eine Menge von 10 Punkten in der Ebene ($n = 10$):

```
In[1]:= coords = Table[{Random[], Random[]}, {10}]
Out[1]= {{0.703569, 0.515714}, {0.453194, 0.362313},
         {0.0206723, 0.765422}, {0.0134346, 0.130461},
         {0.168212, 0.756248}, {0.359885, 0.453546},
         {0.214074, 0.611813}, {0.483997, 0.357875},
         {0.764416, 0.736928}, {0.605718, 0.876819}}
```

```
In[2]:= points = Map[Point, coords]
Out[2]= {Point[{0.703569, 0.515714}], Point[{0.453194, 0.362313}],
         Point[{0.0206723, 0.765422}], Point[{0.0134346, 0.130461}],
         Point[{0.168212, 0.756248}], Point[{0.359885, 0.453546}],
         Point[{0.214074, 0.611813}], Point[{0.483997, 0.357875}],
         Point[{0.764416, 0.736928}], Point[{0.605718, 0.876819}]}
```

Wir haben also eine Tabelle von 10 Zahlenpaaren erzeugt (die Koordinaten unserer Punkte in der Ebene), und diese mit Hilfe von Point in Grafik-Bausteine umgewandelt. Zuerst stellen wir die Punkte alleine dar:

```
In[3]:= Show[Graphics[{PointSize[.02], points}]]
```

Wir können sie auch durch Linien miteinander verbinden:

```
In[4]:= lines = Line[coords]
Out[4]= Line[{{0.703569, 0.515714}, {0.453194, 0.362313},
         {0.0206723, 0.765422}, {0.0134346, 0.130461},
         {0.168212, 0.756248}, {0.359885, 0.453546},
         {0.214074, 0.611813}, {0.483997, 0.357875},
         {0.764416, 0.736928}, {0.605718, 0.876819}}]
```

In[5]:= **Show[Graphics[{PointSize[.02], points, lines}]]**

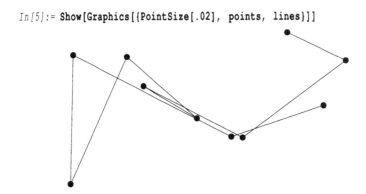

An dieser Darstellung kann man erkennen, daß es zwei Probleme gibt. Das erste besteht darin, daß der Weg nicht geschlossen ist, d.h. der Endpunkt ist nicht gleich dem Startpunkt. Der Grafik-Baustein **Line** verbindet der Reihenfolge nach die Punkte **pt1**, **pt2**, **pt3**, usw. Wir müssen also noch den letzten mit dem ersten Punkt verbinden. Dies erreichen wir, indem wir den ersten Punkt noch einmal in die Koordinatenliste aufnehmen, und zwar am Ende. Die Grafik sieht dann folgendermaßen aus:

In[6]:= **path = Line[AppendTo[coords, First[coords]]];**
        Show[Graphics[{PointSize[.02], points, path}]];

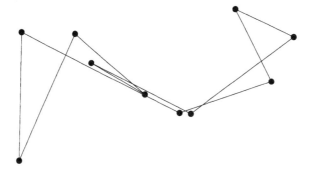

Das zweite Problem — das darin besteht, daß der Weg nicht einfach ist — ist geometrischer Natur. Um einen Algorithmus zu finden, der für beliebige Punktmengen berücksichtigt, daß der Weg sich nicht selber schneiden darf, werden wir zunächst aus der Menge zufällig einen Punkt auswählen und ihn „Basispunkt" nennen.

In[7]:= **base = coords[[Random[Integer, {1, Length[coords]}]]]**
Out[7]= {0.214074, 0.611813}

Das Problem kann nun gelöst werden, indem wir zuerst die Winkel (gegen den Uhrzeigersinn) zwischen der horizontalen Achse und den Punkten bestimmen, wobei wir den Basispunkt als Ursprung verwenden. Sortieren wir nun die Punkte nach der Winkelgröße und verbinden sie anschließend der Reihenfolge nach, so erhalten wir den gewünschten Weg.

Wir fangen damit an, den Winkel zwischen den Punkten **a** und **b** zu berechnen. (Sie sollten sich davon überzeugen, daß unsere trigonometrischen Berechnungen, aus denen sich der gesuchte Winkel ergibt, wirklich richtig sind. Beachten Sie, daß wir den Polarwinkel zwischen zwei Punkten bestimmen. Daher verwenden wir die **ArcTan**-Funktion.)

```
In[8]:= angle[a_List, b_List] := Apply[ArcTan, (b - a)]
```

Mit dieser Funktion können wir den Winkel zwischen unserem Basispunkt und irgendeinem anderen Punkt aus der Liste **coords** berechnen. (Wir müssen darauf achten, daß wir nicht aus Versehen den Winkel zwischen dem Basispunkt und sich selbst berechnen, denn der Ausdruck, der sich dann ergeben würde, d.h. **ArcTan[0, 0]**, ist nicht definiert. Wir werden daher für die Winkelberechnungen den Basispunkt aus der Koordinatenliste entfernen.)

```
In[9]:= remain = DeleteCases[coords, base];
```

```
In[10]:= Map[angle[base, #]&, remain]
Out[10]= {-0.193857, -0.806638, 2.47037, -1.96572, 1.87825,
          -0.826338, -0.754893, 0.223543, 0.594883, -0.193857}
```

Wir werden die Winkel nicht explizit ausrechnen, sondern die **angle**-Funktion als Ordnungsfunktion für die Koordinatenliste benutzen. Die Funktion **Sort**[*liste*, *regel*] sortiert *liste* gemäß der 2-argumentigen Bewertungsfunktion *regel*. Der folgende Code sortiert nun **coords** in der gewünschten Weise:

```
In[11]:= s = Sort[remain, (angle[base, #1] <= angle[base, #2])&]
Out[11]= {{0.0134346, 0.130461}, {0.359885, 0.453546},
          {0.453194, 0.362313}, {0.483997, 0.357875},
          {0.703569, 0.515714}, {0.703569, 0.515714},
          {0.764416, 0.736928}, {0.605718, 0.876819},
          {0.168212, 0.756248}, {0.0206723, 0.765422}}
```

Dies ist also unsere Koordinatenliste, sortiert nach den Polarwinkeln zwischen den Punkten und dem Basispunkt. Mit Hilfe von **Join** fügen wir den Basispunkt als Start- und Endpunkt hinzu:

```
In[12]:= p = Join[{base}, s, {base}]
Out[12]= {{0.214074, 0.611813}, {0.0134346, 0.130461},
          {0.359885, 0.453546}, {0.453194, 0.362313},
          {0.483997, 0.357875}, {0.703569, 0.515714},
          {0.703569, 0.515714}, {0.764416, 0.736928},
          {0.605718, 0.876819}, {0.168212, 0.756248},
          {0.0206723, 0.765422}, {0.214074, 0.611813}}
```

Schließlich können wir den Weg erzeugen und plotten:

```
In[13]:= path = Line[p];
```

```
In[14]:= Show[Graphics[{PointSize[.02], points, path}]]
```

Wenn wir nun die obigen Befehle zu einem Programm simpleClosedPath zusammenfügen, können wir den gesuchten Weg für beliebige Punktmengen finden:

```
In[15]:= simpleClosedPath[l_] :=
            Module[{points, base, remain, angle, sorted, path},
                points =
                    {PointSize[.02], RGBColor[1, 0, 0], Map[Point, l]};
                base = l[[ Random[Integer, {1, Length[l]}] ]];
                remain = DeleteCases[l, base];
                angle[a_, b_]:= Apply[ArcTan, (b - a)];
                sorted = Sort[remain,
                            (angle[base, #1] <= angle[base, #2])&];
                path = Line[Join[{base}, sorted, {base}]];
                Show[Graphics[{points, path}]]
            ]
```

Auch für Mengen mit vielen Punkten erhalten wir problemlos den gewünschten einfachen, geschlossenen Weg:

In[16]:= **data = Table[{Random[], Random[]}, {25}];**

In[17]:= **simpleClosedPath[data]**

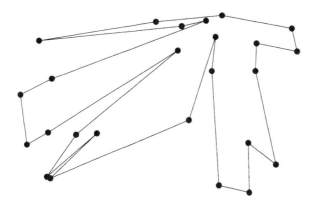

In[18]:= **data = Table[{Random[], Random[]}, {100}];**

In[19]:= **simpleClosedPath[data]**

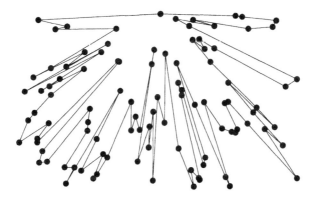

Übungen

1. Obwohl das Programm **simpleClosedPath** bisher einwandfrei gearbeitet hat, gibt es dennoch bestimmte Bedingungen, unter denen es das Ziel nicht erreicht. Wenden Sie **simpleClosedPath** so lange auf verschiedene Mengen an, die aus 10 Punkten bestehen, bis Sie herausgefunden haben, was schief laufen kann. Bestimmen Sie die Bedingungen, die man an die Wahl das Basispunktes stellen muß, damit das Programm immer richtig funktioniert.

2. Ändern Sie **simpleClosedPath** so ab, daß der Punkt mit der kleinsten x-Koordinate als Basispunkt gewählt wird.

3. Ändern Sie **simpleClosedPath** so ab, daß der Punkt mit der größten y-Koordinate als Basispunkt gewählt wird.

Übungen (Forts.)

4. Gegeben sei eine Menge von Koordinaten, die Punkte in einer Ebene beschreiben, und das von der Funktion `simpleClosedPath` erzeugte, einfache, geschlossene Polygon. Schreiben Sie ein Programm `outside`[*daten*, {*x*, *y*}], mit dem man feststellen kann, ob ein beliebiger Punkt (*x*, *y*) *innerhalb* oder *außerhalb* des Polygons liegt. Man sollte dem Programm eine Koordinatenliste (eine *n* × 2 Liste) übergeben können. Das Programm sollte dann das Polygon und den Punkt zeichnen und das Resultat in Form eines kurzen Satzes herausgeben (z.B. „Der Punkt (*x*, *y*) liegt außerhalb des Polygons.").

5. Schreiben Sie ein Programm `enclose`, das eine Menge, die aus *n* Punkten besteht, mit einem geschlossenen Polygon umgibt, ohne dabei einen der Punkte zu schneiden.

6. Man nennt ein Polygon *konvex*, wenn jede Linie, die zwei im Inneren des Polygons liegende Punkte verbindet, selbst innerhalb des Polygons liegt. Die meisten der einfachen, geschlossenen Polygone, die wir in diesem Abschnitt bestimmt haben, sind nicht konvex. Gegeben sei nun eine Menge, die aus *n* Punkten besteht. Finden Sie jene Punkte heraus, die ein konvexes Polygon bilden, das die gesamte Punktmenge umschließt. (Die kleinste dieser konvexen Mengen heißt **konvexe Hülle** der Punktmenge.) Gegeben sei zum Beispiel folgende Menge von Punkten:

Dann sollte die von Ihnen geschriebene Funktion **convex** folgenden Graphen ausgeben:

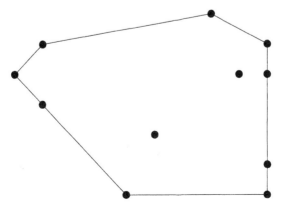

Übungen (Forts.)

7. Es gibt noch eine andere Möglichkeit, einen einfachen, geschlossenen Weg für eine Menge von Punkten zu finden. Fangen Sie mit irgendeinem geschlossenen Weg an, und „vereinfachen" Sie ihn Schritt für Schritt, indem Sie die Stellen auffinden und beseitigen, wo der Weg sich selber kreuzt. Beweisen Sie, daß dieses Verfahren nach einer endlichen Anzahl von Schritten zum Erfolg führt. Programmieren Sie dieses Verfahren, und vergleichen Sie die so gewonnenen Lösungen mit denen im Text, die wir mit `simpleClosedPath` erhalten haben.

10.4.2 | Das Zeichnen von Bäumen

Die Bäume in Kapitel 7 wurden mit Hilfe eines **Mathematica** Programms gezeichnet. Wir werden hier eine einfache Version dieses Programms wiedergeben und eine vollständige Behandlung auf die Übungen verschieben. Die Bäume werden erst einmal ohne Kennzeichnungen gezeichnet — mit nur einer Scheibe an jedem Knoten — und, was noch wichtiger ist, die Plazierung der Knoten ist vom Optischen her nicht optimal. Wir behandeln dieses Beispiel, weil man daran gut erkennen kann, wie man Rekursion zur Erzeugung von Bildern einsetzen kann.

Die wesentliche Frage, die sich stellt, wenn man Bäume zeichnen will, ist die folgende: Wie weit sollten die Kinder eines gegebenen Knotens voneinander entfernt sein? Zum Beispiel ist in Abbildung 10.1 der Abstand der Kinder von Knoten 2 viel größer als der Abstand der Kinder von Knoten 1. Der Grund dafür ist der, daß die *Gesamtbreite* der Bäume, die unter Knoten 2 liegen, selbst sehr groß ist. Der Abstand wird also bestimmt durch die Gesamtbreite der *rechten* Seite des *linken* Unterbaums und der *linken* Seite des *rechten* Unterbaums. Lassen Sie uns dies noch einmal an Hand der Abbildungen 10.2(a) und 10.2(b) verdeutlichen. Die Wurzeln haben jeweils die gleichen Unterbäume, aber in unterschiedlicher Reihenfolge. Daher ist in Abbildung 10.2(a) der Abstand zwischen den Kindern viel größer.

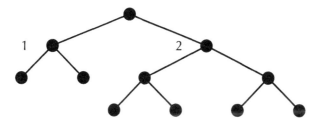

Abbildung 10.1: Ein Baum mit unterschiedlichen Abständen.

Abbildung 10.2: Bäume deren Kinder verschiedene Abstände haben.

Wollen wir also Unterbäume richtig plazieren, müssen wir für jeden die Gesamtbreite kennen, d.h. wir müssen wissen, wie weit jeder Unterbaum, von der Wurzel aus
gesehen, nach links und nach rechts reicht. Der Abstand der Bäume ist dann die Summe
aus der rechten Breite des linken Unterbaums, der linken Breite des rechten Unterbaums
und einem gewissen Zusatzabstand. Dies haben wir in Abbildung 10.3 dargestellt. lw1
bezeichnet die linke Breite des linken Unterbaums, rw1 die rechte Breite des linken Unterbaums und lw2 und rw2 bezeichnen die entsprechenden Breiten des rechten Unterbaums.
minsep ist der Zusatzabstand zwischen den Unterbäumen, und sep ist der Abstand, der sich
schließlich für diese zwei Unterbäume ergibt.

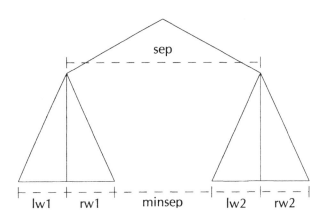

Abbildung 10.3: Berechnung des Abstand zwischen Kindern.

Der Funktion placeTree wird ein Binärbaum übergeben (dargestellt wie in Abschnitt 7.6), und sie gibt eine Liste zurück, die drei Dinge enthält:

- Einen „Abstandsbaum" — d.h. einen Baum, der die gleiche Gestalt hat wie das
  Argument, der aber an jedem inneren Knoten mit einer Zahl gekennzeichnet ist,
  die den Abstand der Kinder dieses Knotens angibt.

- Die „linke Breite" des Baums — d.h. von der Wurzel aus betrachtet, die Ausdeh-
  nung nach links.

- Die „rechte Breite" des Baums.

Die folgenden Schritte geben an, wie wir placeTree[{*lab*, *lc*, *rc*}] berechnen können:

1. Rekursive Berechnung von placeTree[*lc*] und placeTree[*rc*]. Die Resultate bezeichnen wir jeweils mit {*st1*, *lw1*, *rw1*} und {*st2*, *lw2*, *rw2*}.

2. Der Abstand von *lc* und *rc* ist gleich der Summe aus der rechten Breite von *lc* (*rw1*), der linken Seite von *rc* (*lw2*) und dem Zusatzabstand. Den so berechneten Gesamtabstand bezeichnen wir mit *sep*.

3. Die linke Breite des gesamten Baumes ist gleich *sep*/2 + *lw1*, und seine rechte Breite ist gleich *sep*/2 + *rw2*.

Dies führt zu folgendem Programm: [4]

```
placeTree[{_}] := {{ }, 0, 0}
placeTree[{_, lc_, rc_}] :=
    Module[{left = placeTree[lc],
                right = placeTree[rc],
                minsep = 1.0},
            Module[{sep = left[[3]] + right[[2]] + minsep},
                    {{sep, left[[1]], right[[1]]},
                    left[[2]]+sep/2, right[[3]]+sep/2}]]
```

Hat placeTree erst einmal die Liste {*st*, *lw*, *rw*} erzeugt, brauchen wir *lw* oder *rw* nicht mehr, um den Baum zu zeichnen — der Abstandsbaum *st* ist dafür ausreichend. Es ist nun relativ, einfach *st* in eine Zeichnung umzusetzen (der Grafik-Baustein Disk zeichnet einen ausgefüllten Kreis, vorausgesetzt man hat Mittelpunkt und Radius eingegeben):

```
drawSepTree[{}, lev_, xaxis_] := {Disk[{xaxis, lev}, 0.1]}
drawSepTree[{sep_, lc_, rc_}, lev_, xaxis_]  :=
    Join[{Disk[{xaxis, lev}, 0.1],
            Line[{{xaxis, lev}, {xaxis-sep, lev-1}}],
            Line[{{xaxis, lev}, {xaxis+sep, lev-1}}]},
        drawSepTree[lc, lev-1, xaxis-sep],
        drawSepTree[rc, lev-1, xaxis+sep]]
```

Um einen Baum t zu zeichnen, müssen Sie Folgendes eingeben:

In[1]:= placeTree[t];

---

4) Es gibt **Mathematica**-Versionen, in denen dieses Programm nicht läuft. Der Grund dafür ist der, daß die Module-Funktion dort nicht richtig implementiert ist. Dieses Problem können wir beseitigen, indem wir die zwei rekursiven Aufrufe von placeTree aus der Initialisierungsliste von Module in den Rumpf verschieben: Module[{left, right, minsep = 1.0}, left = placeTree[lc]; right = placeTree[rc]; Module[{sep = ...}, ...]]

In[2]:= **drawSepTree[%[[1]], 0, 0];**

In[3]:= **Show[Graphics[%]]**

Sie erhalten dann ein Bild, ähnlich dem in Abbildung 10.1.

Übungen

1. Die Bäume aus Kapitel 7 wurden nicht mit dem hier vorgestellten Verfahren gezeichnet. An den beiden Bäumen, die in Abbildung 10.4 dargestellt sind, kann man den Unterschied erkennen. Die Zeichnung (a) wurde mit **placeTree** erzeugt und (b) mit dem Algorithmus, der auch in Kapitel 7 benutzt wurde. Dieser Algorithmus, der von Reingold und Tilford [RT81] stammt, arbeitet folgendermaßen: Anstatt den Abstand von Unterbäumen über die Gesamtbreite zu bestimmen, führt er Ebene für Ebene einen Vergleich durch und paßt so den Abstand auf jeder Ebene genau an.

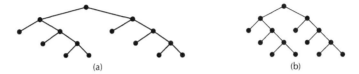

(a)   (b)

Abbildung 10.4: Graphen verschiedener Algorithmen, die Bäume zeichnen.

Programmieren Sie diesen Algorithmus. Ein Teil dieser Aufgabe ist recht verzwickt. Was wir damit meinen, sollten Sie jedoch selber herausfinden. Wir werden nur die folgende, kurze Anmerkung dazu machen: Ihr Progamm sollte den Baum aus Abbildung 10.5 so zeichnen, daß er annähernd so aussieht wie dieser Baum.

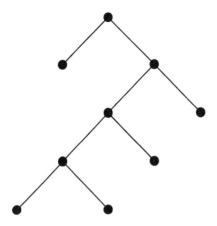

Abbildung 10.5: Ein Baum der nicht leicht zu zeichnen ist.

Übungen (Forts.)

2. Ein weiterer Unterschied zwischen dem Programm, das wir hier entwickelt haben, und dem, das in Kapitel 7 benutzt wurde, ist der, daß dort die Knoten der Bäume gekennzeichnet werden konnten. Erweitern Sie den Algorithmus aus Übung 1 um diese Fähigkeit. Die Kennzeichnungen sollten dabei Zeichenketten entsprechen. Bei der Berechnung des Abstandsbaumes müssen Sie nun die Länge der Kennzeichnungen miteinbeziehen (hierzu müssen Sie `placeTree` abändern). Achten Sie darauf, daß die Linien die Kennzeichnungen nicht schneiden (hierzu müssen Sie `drawSepTree` abändern). Leider gibt es keine Möglichkeit, die Länge einer Zeichenkette, so wie Sie von **Mathematica** dargestellt wird, genau zu berechnen. Bestimmen Sie deshalb die Länge näherungsweise, indem Sie die Anzahl der in der Zeichenkette vorkommenden Zeichen benutzen.

10.5 Ton

10.5.1 | Der Klang von Mathematik

Unsere Ohren hören Töne, wenn die Luft in ihrer Umgebung die Luft in der Nähe des Trommelfells verdichtet und ausdehnt. Abhängig davon, wie das Trommelfell vibriert, werden verschiedene Signale durch die Gehörnerven im inneren Ohr zum Gehirn gesendet. Diese Signale werden dann im Gehirn weiterverarbeitet und so als verschiedene Töne wahrgenommen. Luft wird durch Musiktöne verdichtet und ausgedehnt und zwar gemäß einer Sinuswelle. Das menschliche Ohr ist in der Lage, diese Wellen zu hören, wenn die Frequenz zwischen 20 und 20,000 Oszillationen pro Sekunde (Hertz) liegt.

Die Funktion `Sin[x]` oszilliert einmal im Intervall von 0 bis 2π.

In[1]:= `Plot[Sin[x], {x, 0, 2Pi}];`

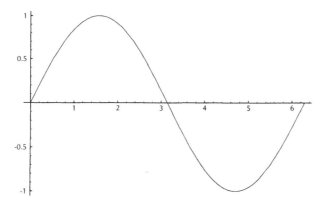

`Sin[4x]` oszilliert in demselben Intervall viermal:

In[2]:= `Plot[Sin[4x], {x, 0, 2Pi}];`

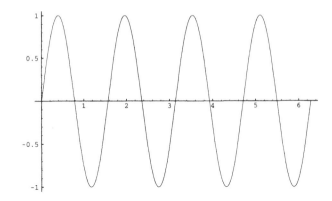

Mathematica ist in der Lage, Funktionen wie beispielsweise `Sin` über die Computerlautsprecher abzuspielen. Die Amplitude des Tons wird mit Hilfe der Funktion – hier `Sin` – etwa 8000-mal in der Sekunde berechnet. Entsprechende Spannungen werden zu den Lautsprechern geschickt, und man erhält so eine akustische Darstellung der Sinuswelle. Der **Mathematica**-Befehl, mit dem man nun all dieses bewerkstelligen kann, heißt `Play`. Er hat die gleiche Syntax wie der `Plot`-Befehl.

In[3]:= `?Play`

```
Play[f, {t, tmin, tmax}] plays a sound whose amplitude is
    given by f as a function of time t in seconds between
    tmin and tmax.
```

Die Funktion `Sin[256 t]` oszilliert auf einem Intervall der Länge 2 gerade 256-mal. Daher oszilliert `Sin[256 t (2Pi)]` 256-mal in der Sekunde. Wir werden nun diese Funktion 2 Sekunden lang *abspielen*:

In[4]:= `Play[Sin[256 t (2Pi)], {t, 0, 2}]`

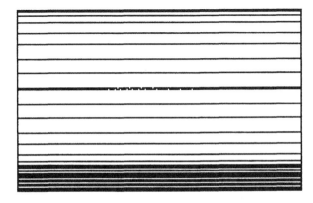

Wenn Ihr Computer in der Lage ist, Töne auszugeben, sollten Sie für 2 Sekunden ein C hören, das eine Oktave unter dem mittleren C liegt. Das Bild, das **Mathematica**

zusammen mit dem Sound-Objekt ausgegeben hat, ist ein doch recht einfacher Versuch, die Wellenform darzustellen. Da es keine wirklich wichtige Information enthält, werden wir es des öfteren weglassen.

Die Play-Funktion tastet einen Ton etwa 8000-mal in einer Sekunde (Hertz) ab. Dies sollte man in Erinnnerung behalten, denn wenn man eine Funktion abspielt, deren Periodizität sehr nahe an der Abtastrate liegt, können Anomalien auftreten. Die folgende Eingabe führt zu einem sehr überraschenden Ergebnis (überprüfen Sie die Abtastrate SampleRate auf Ihrem Computer, und passen Sie den Play-Befehl dieser Rate an):

```
In[5]:= Options[Play, SampleRate]
Out[5]= {SampleRate -> 8192}

In[6]:= Play[Sin[8192 2Pi t], {t, 0, 3}];
```

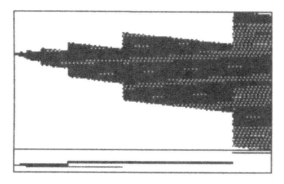

Obwohl eigentlich ein Ton von 8192 Hertz zu hören sein sollte, bekommen wir etwas ganz anderes. Probieren Sie weitere Frequenzen aus, die in der Nähe der Abtastrate Ihres Computers liegen. Vergleichen Sie dieses Phänomen mit dem Zeichnen des Graphen der Funktion Cos[x] über dem Intervall [0;48Pi] (siehe Seite Seite 235). Klänge, die sich für das menschliche Ohr angenehm anhören, werden durch periodische Funktionen erzeugt. „Rauschen" besteht aus Zufallsamplituden. Dies können wir ausnutzen, um Perioden in Zahlenfolgen zu finden.

So kann beispielsweise eine rationale Zahl entweder durch endlich viele oder durch sich wiederholende Dezimalziffern dargestellt werden. Eine irrationale Zahl hat dagegen keine solche Darstellung. Wenn wir nun die Ziffern einer rationalen Zahl „abspielen", sollte sich die Periodizität in einem erkennbaren Ton wiederspiegeln. Das Abspielen einer irrationalen Zahl sollte dagegen zu „Rauschen" führen.

Mit folgendem Befehl erhalten wir die ersten 20 Ziffern der Dezimalentwicklung von 1=19:

```
In[7]:= RealDigits[N[1/19, 20]]
Out[7]= {{5, 2, 6, 3, 1, 5, 7, 8, 9, 4, 7, 3, 6, 8, 4, 2, 1,
          0, 5, 3}, -1}
```

Die   1 am Ende der obigen Liste zeigt an, wo wir, vom Dezimalpunkt aus gesehen, die erste von Null verschiedene Ziffer finden. Da die Zahl negativ ist, steht die gesuchte Ziffer *rechts* vom Dezimalpunkt (wäre sie positiv, stünde die Ziffer links vom Dezimalpunkt), und zwar eine Stelle vom Dezimalpunkt entfernt.

An Hand der kurzen Liste ist es nicht möglich, die Periodizität von 1=19 zu erkennen. Wir erzeugen daher eine längere Liste, die nur noch die Dezimalziffern enthält. Wir unterdrücken die Ausgabe, indem wir ein Semikolon hinter den Befehl setzen.

```
In[8]:= digits = RealDigits[N[1/19, 1000]][[1]];
```

Nun können wir diese Ziffernliste mit Hilfe von `ListPlay` abspielen. Die Amplituden werden dabei aus den Zahlen, die in der Liste stehen, ermittelt. (**Mathematica** skaliert die Amplituden, so daß sie in einen Bereich passen, mit dem `ListPlay` arbeiten kann und der hörbar ist.)

```
In[9]:= ListPlay[digits]
```

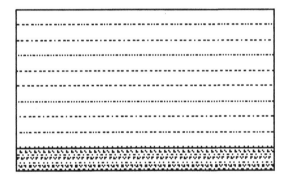

Diese Sequenz ist sicherlich periodisch, wohingegen die folgende es nicht ist:

```
In[10]:= irratdigits = RealDigits[N[Pi, 1000]][[1]];
         ListPlay[irratdigits]
```

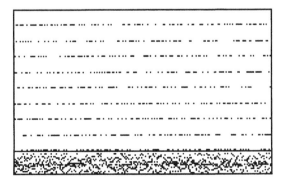

Sie werden sicherlich bemerkt haben, daß `Play` und `ListPlay` die hörbaren Analoga von `Plot` und `ListPlot` sind. Diese Analogie wird es uns erlauben, „Audio-Programmierung" in der gleichen Weise durchzuführen wie die früher besprochene Grafik-Programmierung. Im nächsten Abschnitt erörtern wir einige neuere Ideen aus dem Bereich der Klangsynthese.

Übungen

1. Werten Sie `Play[Sin[1/x], {x, -2, 2}]` aus. Erklären Sie die Dynamik des Klangs, den diese Funktion erzeugt.

2. Erzeugen Sie einen Ton, dessen Frequenz in 2 Sekunden von 440 Hz bis 880 Hz ansteigt. Aber passen Sie auf: der folgende Befehl führt zu einem Ton, der 880 Hz übersteigt!

   ```
   Play[Sin[(440 + 440t) 2Pi t], {t, 0, 2}]
   ```

3. Experimentieren Sie mit der `Play`-Funktion, indem Sie arithmetische Kombinationen von `Sin`-Funktionen abspielen. Zum Beispiel könnten Sie Folgendes ausprobieren:

   ```
   Play[Sin[440 2Pi t] / Sin[660 2Pi t], {t, 0, 1}]
   ```

4. Eine **Rechteckwelle** erhält man, indem man Sinuswellen addiert, deren Frequenz jeweils ein ungeradzahliges Vielfaches einer Fundamentalfrequenz ist, d.h. sie besteht aus der Summe von Sinuswellen mit den Frequenzen f_0, $3f_0$, $5f_0$, $7f_0$, usw. Erzeugen Sie eine Rechteckwelle, deren Fundamentalfrequenz gleich 440 Hz ist. Je mehr Obertöne sie hinzunehmen, desto „rechteckiger" wird die Welle.

5. Erzeugen Sie eine Rechteckwelle, die aus einer Summe von Sinuswellen besteht, welche die Frequenzen f_0, $3f_0$, $5f_0$, $7f_0$, usw. haben und die Amplituden 1, 1/3, 1/5, 1/7, usw. Diese Welle ist sicherlich „rechteckiger" als die aus der letzten Übung.

6. Erzeugen Sie eine Rechteckwelle, die aus Obertönen mit zufälliger Phase besteht. Worin unterscheidet sich diese Welle von den letzten beiden?

7. Eine **Sägezahnwelle** besteht aus der Summe von Obertönen, die sowohl ungerade als auch gerade sind (f_0, $2f_0$, $3f_0$, $4f_0$, usw. mit relativen Amplituden 1, 1/2, 1/3, 1/4, usw.). Erzeugen Sie eine Sägezahnwelle und vergleichen Sie deren Tonqualität mit der einer Rechteckwelle.

8. Viele Klänge können mit Hilfe eines Verfahrens erzeugt werden, das FM-Synthese (Frequenzmodulations-Synthese) genannt wird. Die grundlegende Idee hinter der FM-Synthese ist die, Funktionen der folgenden Form zu benutzen:

   ```
   Sin[a t + b Sin[c t]]
   ```

   Dabei werden die Paramter `a`, `b` und `c` variiert.

   Erzeugen Sie eine Reihe von FM-synthetisierten Tönen, um festzustellen, wie die Töne von den Parametern abhängen. Zum Beispiel könnten Sie `a = 1500`, `b = 18` und `c = 600` versuchen. (Im nächsten Abschnitt werden wir erläutern, wie man solche Klänge schneller berechnen kann.)

10.5.2 | Weiße Musik, Brownsche Musik und fraktales Rauschen

Weißes Rauschen, Weiße Musik

Stellen Sie sich vor, daß wir die Aufnahmen von bestimmten Klängen mit unterschiedlichen Geschwindigkeiten abspielen. Im allgemeinen sollten sich die Klänge, die wir dann erhalten, sehr von den Originalklängen unterscheiden. Spielt man eine Stimmenaufnahme etwas schneller ab, hört es sich an wie der Ton bei einem Zeichentrickfilm, und spielt man sie schnell genug ab, wird sie unverständlich. Wenn man den Anfang einer Aufnahme von Gershwins „Rhapsody in Blue"' langsamer abspielt, hört sich das Klarinettensolo wie ein Donnergrollen an.

Es gibt jedoch Klänge, die sich in etwa immer gleich anhören, unabhängig davon, wie schnell man sie abspielt. Benôit Mandelbrot, der am „IBM Thomas J. Watson Research Center" arbeitet, hat diese Klänge als „skaliertes Rauschen" beschrieben. Weißes Rauschen ist wohl das am meisten verbreitete Beispiel für ein skaliertes Rauschen. Wenn Sie Ihr Radio zwischen zwei Sendern einstellen, das Rauschen aufnehmen und dieses Geräusch dann mit unterschiedlichen Geschwindigkeiten abspielen, würden Sie ungefähr das Gleiche hören, vorausgesetzt Sie passen die Lautstärke geeignet an.

Mandelbrot hat weißes Rauschen auch als Klang ohne „Auto-Korrelation" charakterisiert. Dies bedeutet, daß die Fluktuationen in einem solchen Klang zu irgendwelchen früheren Fluktuationen in jedem Augenblick vollständig unabhängig sind.

Martin Gardner hat in seinem Buch „Fractal Music, Hypercards, and More ..." Algorithmen angegeben, mit denen man „weißes Rauschen" erzeugen kann. Dabei besteht keine Korrelation zwischen den Noten ([Gar92]). In diesem Abschitt werden wir seine Algorithmen programmieren und Melodien „komponieren". Danach werden wir untersuchen, wie man Melodien erzeugen kann, deren Noten unterschiedlich korreliert sind.

Eine einfache „Melodie" ohne Korrelation, kann erzeugt werden, indem man Noten aus einer Tonleiter zufällig zieht. Zuerst erzeugen wir die Frequenzen der zwölf Halbtöne einer gleichmäßig abgestimmten C-Dur-Tonleiter. Dies ist einfach eine chromatische Tonleiter, die mit dem mittleren C anfängt:

```
In[11]:= cmajor = Table[N[261.62558 2^(j/12)], {j, 0, 11}]
Out[11]= {261.626, 277.183, 293.665, 311.127, 329.628, 349.228,
          369.994, 391.995, 415.305, 440., 466.164, 493.883}
```

Die ersten vier Noten aus dieser Tonleiter können wir folgendermaßen abspielen:

```
In[12]:= notes4 = Take[cmajor, 4];
```

```
In[13]:= Do[Play[Sin[notes4[[j]] 2Pi t], {t, 0, 1}],
           {j, 1, 4}] //Timing
```

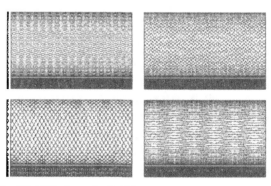

```
Out[13]= {45.7833 Second, Null}
```

Die Ausführgeschwindigkeit dieses Programms ist sehr langsam. Da wir weiter unten sehr viele verschiedene Klänge erzeugen wollen, ist es erforderlich, diese Geschwindigkeit zu erhöhen. Der Grund für die Langsamkeit hat etwas damit zu tun, wie **Play** die abzuspielenden Funktionen verarbeitet. Normalerweise compiliert **Play** die Funktion, die im Argument erscheint, aber wenn man nur den Namen einer Funktion übergibt, die anderswo definiert wurde, ist dies nicht mehr der Fall. **notes4** wurde anderswo definiert und wird daher nicht kompiliert. Die folgende Funktion **tone** wird die Ausführgeschwindigkeit beträchtlich erhöhen. Beachten Sie die Ausführzeit für das Abspielen der vier Noten und vergleichen Sie diese mit der Ausführzeit der **Do**-Schleife:

```
In[14]:= tone[freq_] := Play[Sin[2 Pi t freq], {t, 0, 1}]
           Map[tone, notes4]; //Timing
```

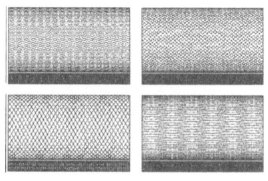

```
Out[14]= {6.85 Second, Null}
```

Nun können wir ohne Probleme eine Melodie erzeugen. Die folgende Eingabe erzeugt zufällig 20 Töne aus der cmajor-Tonleiter (wir haben die Ausgabe der Grafik unterdrückt):

```
In[15]:= randomnotes =
            Table[cmajor[[Random[Integer, {1, 12}]]], {20}]
```

```
In[16]:= Map[tone, randomnotes];
```

Ein Zuhörer würde sicherlich Schwierigkeiten haben, in dieser „Melodie" irgendein Muster oder eine Auto-Korrelation zu finden. Diese Art von Musik ist daher wohl nicht sehr interessant. Melodien, die so erzeugt werden, werden mit dem Symbol $1/f^0$ gekennzeichnet, wobei die 0 sich auf den Grad der Korrelation bezieht.

In den Übungen werden Sie die Gelegenheit erhalten, komliziertere weiße Melodien zu schreiben. Bei einer dieser Melodien wird die Spieldauer von jeder Note zufällig bestimmt, bei einer anderen hängt die Wahrscheinlichkeit dafür, daß eine Note gezogen wird, von einer bestimmten Wahrscheinlichkeitsverteilung ab.

Brownsche Musik

Im Gegensatz zu oben werden wir nun Melodien erzeugen, die überkorreliert sind. Dazu werden wir eine „Zufallsbewegung" innerhalb einer C-Dur-Tonleiter durchführen. Musik, die so erzeugt wird, heißt „Brownsche Musik" in Anlehnung an die sogenannte Brownsche Bewegung, die beispielsweise beschreibt, wie sich ein Teilchen in einer fein verteilten Flüssigkeit bewegt.

Wir werden unsere Melodie nun folgendermaßen konstruieren: Jede Note wird erzeugt, indem man von der vorherigen Note zufällig um einige Halbtöne nach oben oder nach unten geht. Erreicht man dabei eines der beiden Enden der Tonleiter, springt man der Einfachheit halber wieder an das jeweils andere Ende.

Zuerst erzeugen wir eine Funktion step, die zufällig eine Zahl zwischen -2 und 2 zieht. Diese Zahl bestimmt dann, um wieviele Halbtöne man nach oben oder nach unten geht.

```
In[1]:= step := Random[Integer, {-2, 2}]
```

Anstatt abwechselnd einen Schritt und daraus dann eine Note zu erzeugen, werden wir eine Liste anfertigen, die alle Schritte enthält. Im folgenden sind dies 20 Schritte, die 20 Noten entsprechen:

```
In[2]:= s20 = Table[step, {20}]
Out[2]= {-2, 1, 1, 2, -2, 1, -2, 2, 1, -1, 1, 0, 1, 0, -2, -1,
         -2, 2, -2, 2}
```

Diese Liste besagt, daß man zuerst 2 Schritt nach unten gehen muß, dann einen Schritt nach oben, dann einen weiteren Schritt nach oben usw. Fangen wir (willkürlich) beim sechsten Element der Liste `cmajor` an, erhalten wir die folgenden Noten (die Zahlen entsprechen der Lage in der Tonleiter):

```
In[3]:= FoldList[Plus, 6, s20]
Out[3]= {6, 4, 5, 6, 8, 6, 7, 5, 7, 8, 7, 8, 8, 9, 9, 7, 6,
         4, 6, 4, 6}
```

Bei dieser Vorgehensweise ergibt sich jedoch ein Problem. Wenn wir das Ende der Liste (12te Position) erreichen und beispielsweise 2 Schritte hinzuaddieren, dann erhalten wir:

```
In[4]:= cmajor[[14]]
Out[4]= {261.626, 277.183, 293.665, 311.127, 329.628, 349.228,
         369.994, 391.995, 415.305, 440., 466.164, 493.883}[[14]]
```

Wir können dieses Problem beseitigen, indem wir modulare Arithmetik benutzen. Da die Liste `cmajor` 12 Elemente lang ist, werden wir `Mod` 11 benutzen und 1 hinzuaddieren. Damit erhalten wir Positionen, die von 1 bis 12 laufen. Hätten wir `Mod` 12 verwendet, würden die Positionen dagegen von 0 bis 11 laufen. [5]

```
In[5]:= pos = Mod[FoldList[Plus, 4, s20], 11] + 1
Out[5]= {5, 3, 4, 5, 7, 5, 6, 4, 6, 7, 6, 7, 7, 8, 8, 6, 5, 3,
         5, 3, 5}
```

Zum Schluß werden wir aus `major` und `pos` eine Liste von Frequenzen erzeugen, aus der sich dann die Töne ergeben (wieder haben wir die Ausgabe der Grafik unterdrückt):

```
In[6]:= brown = cmajor[[pos]]
Out[6]= {329.633, 293.67, 311.132, 329.633, 370.001, 329.633,
         349.234, 311.132, 349.234, 370.001, 349.234,
         370.001, 370.001, 392.002, 392.002, 349.234,
         329.633, 293.67, 329.633, 293.67, 329.633}
```

```
In[7]:= Map[tone, brown]
```

Diese Melodie hat eine andere Form als die $1/f^0$-Melodie, die wir oben erzeugt haben. Sie ist überkorreliert, und die Spektraldichte ist vom Typ $1/f^2$, weshalb man auch von $1/f^2$-Musik redet. Doch trotz dieser unterschiedlichen Form ist diese Musik genauso monoton wie die $1/f^0$-Musik. Die Melodie klettert die Tonleiter ziellos auf und ab. In den Übungen werden wir $1/f$-Rauschen (oder Musik) behandeln. Damit bezeichnet man Musik, die leicht korreliert ist. $1/f$-Rauschen kommt in der Natur recht häufig vor, und es steht in engem Zusammenhang mit fraktalen Strukturen. John Casti, charakterisiert $1/f$-*Rauschen* in seinem Buch *Reality Rules: I, Picturing the World in Mathematics* folgendermaßen: „Wenn ein Elektronik-Ingenieur das Energiespektrum (das Betragsquadrat

---

5) Beachten Sie, daß `Part[list, 0]` den `Head` von `List` zurückgibt.

der Fourier-Transformierten) $f(x)$ der relativen Frequenzintervalle x zwischen aufein-anderfolgenden Noten in Bachs *Brandenburgischen Konzerten* ausrechnen würde, dann würde sich ergeben, daß über große Bereiche $f(x) = c/x$ gilt, wobei c eine Konstante ist. Bachs Musik wird also durch die Art von „Rauschen" charakterisiert, die von Ingenieuren $1/f$-*Rauschen* genannt wird." Mehr hierzu findet sich in [Cas92a] und [Man82].

Übungen

1. Schreiben Sie eine Funktion **seventone**, die $1/f$-Musik erzeugt, indem sie Noten aus einer Dur- (oder Moll-) Tonleiter mit 7 Tönen zieht.

2. Ändern Sie die Routine zur Erzeugung von $1/f^0$-Musik so ab, daß die Frequen-zen gemäß einer bestimmten Wahrscheinlichkeitsverteilung gewählt werden. Zum Beispiel könnten Sie die folgende Verteilung nehmen (hinter jedem Ton steht die Wahrscheinlichkeit, mit der er gewählt wird): C – 5%, C♯ – 5%, D – 5%, E♭ – 10%, E – 10%, F – 10%, F♯ – 10%, G – 10%, A♭ – 10%, A – 10%, B♭ – 5%, B – 5%, C – 5%. (Hinweis: Benutzen Sie die **Which**-Funktion.)

3. Ändern Sie die Routine zur Erzeugung von $1/f^0$-Musik so ab, daß die *Dauer* der Töne der $1/f^0$-Skalierung folgt. Schreiben Sie zuerst eine Funktion **tonesAndTimes**, die eine 2-dimensionale Liste erzeugt, welche die Frequenzen und Zeitdauern enthält. Dann sollten Sie die Funktion **MapThread** benutzen.

4. Ändern Sie die Routine zur Erzeugung von $1/f^2$-Musik so ab, daß die *Dauer* der Töne der $1/f^2$-Skalierung folgt.

5. Diese Übung ist für jene Leser, die Noten lesen können: Nehmen Sie eine Kompo-sition beispielsweise eines der Bachschen *Brandenburgischen Konzerte* und erstel-len Sie eine Liste der Frequenzintervalle x zwischen aufeinanderfolgenden Noten. Finden Sie dann eine Funktion, die das Energiespektrum dieser Frequenzintervalle interpoliert und stellen Sie fest, ob diese Funktion die Form $f(x) = c/x$ hat, wobei c eine Konstante ist. (Hinweis: Um das Energiespektrum zu erhalten, brauchen Sie das Betragsquadrat der Fourier-Transformierten: Bilden Sie **Abs[Fourier[...]]^2** aus Ihren Daten.) Berechnen Sie auf die Art und Weise das Energiespektrum von verschiedenen Arten von Musik.

In den folgenden 4 Übungen sollen Sie $1/f$-Musik erzeugen — also Musik, die leicht korreliert ist.

6. Schreiben Sie eine Funktion **cmajor16**, die **cmajor** auf 16 aufeinanderfolgende Halbtöne erweitert.

7. Schreiben Sie drei Funktionen **red**, **green** und **blue**, die drei rollende Würfel simu-lieren. Werfen Sie die Würfel, und wählen Sie einen ersten Ton aus **cmajor16** aus, und zwar den, der an der Stelle (sum (mod 16) + 1) liegt.

8. Um die nächsten 7 Noten zu erzeugen, verwenden wir die Zahlen von 0 bis 7 in der Binärdarstellung, d.h. die Zahlen sehen also folgendermaßen aus: $2^0 a + 2^1 b + 2^2 c = 1a + 2b + 4c$, wobei a, b und c gleich 0 oder gleich 1 sind). Die drei Ziffern werden den drei Würfeln folgendermaßen zugeordnet: **red** entspricht der ersten

Übungen (Forts.)

Ziffer, green der zweiten und blue der dritten. Wir werden nun die Zahlen von 0 bis 7 nacheinander durchlaufen und nach jedem Schritt genau die Würfel neu werfen, deren entsprechende Ziffern sich verändert haben. Beim ersten Schritt von 0 nach 1 verändert sich nur die erste Ziffer, d.h. nur der Würfel red wird neu geworfen. Aus der neuen Würfelsumme erhalten wir wie oben (Übung 7) eine Note. Im nächsten Schritt, von 1 nach 2, verändern sich die erste und die zweite Ziffer, d.h. die beiden Würfel red und green werden neu geworfen. Aus der neuen Würfelsumme ergibt sich die nächste Note. Wandeln Sie schließlich die sich so ergebenden Frequenzen in die entsprechenden Töne um.

9. Erweitern Sie den obigen Algorithmus auf vier Würfel, so daß 16 Noten aus einer Tonleiter mit 21 Tönen gezogen werden. Wenn Ihr Computer viel Speicherplatz und eine große Festplatte hat, versuchen Sie, den Algorithmus auf 10 Würfel zu erweitern, so daß 1024 Noten aus einer Tonleiter mit 55 Tönen gezogen werden.

11 Kontexte und Pakete

In jeder interaktiven Sprache, die eine große Anzahl von eingebauten und benutzerdefinierten Funktionen enthält, kann es schwierig sein, all ihre Namen auseinanderzuhalten. Genau aus diesem Grund hatten wir das Module-Konzept eingeführt. Kontexte und Pakete sind weitere, in **Mathematica** eingebaute Konzepte, die helfen Namenskonflikte zu vermeiden, wenn ganze Dateien von Werten und Funktionsdefinitionen vorliegen.

11.1 Einführung

Wenn Sie eine **Mathematica**-Sitzung starten, können Sie sofort alle eingebauten Funktionen benutzen. Es gibt jedoch weitaus mehr Daten und Funktionsdefinitionen, die sich alle in Dateien befinden, die mit **Mathematica** mitgeliefert werden. Der wesentliche Unterschied zwischen diesen Dateien und denen, die Sie selber erzeugen, ist der, daß Erstere von professionellen Programmierern geschrieben worden sind. Es gibt noch einen weiteren Unterschied: Die Definitionen in den mitgelieferten Dateien werden in bestimmte Strukturen eingebettet, die **Pakete** genannt werden. Daher nennt man diese Dateien auch sehr oft „Pakete".

Mit Hilfe von Paketen kann man Namen lokalisieren, ähnlich wie mit Module. Allerdings werden Pakete für ganze Dateien von Definitionen benutzt. Mit ihrer Hilfe kann ein Programmierer eine Funktionsmenge definieren, die sowohl Funktionen „für den Export" enthält — die der Benutzer verwendet – als auch Funktionen, die nicht „für den Export" gedacht sind — d.h. Hilfsfunktionen, die der Benutzer nicht verwenden sollte. Der Programmierer kann so sicherstellen, daß keine Namenskonflikte auftreten zwischen den Namen, die im Paket benutzt werden, und irgendwelchen anderen Namen (z.B. Namen, die der jeweilige Benutzer selbst definiert hat, oder Namen, die in anderen Paketen vorkommen).

In diesem Kapitel werden Sie lernen, wie Sie Ihre eigenen Pakete schreiben können. Ein großer Teil des Kapitels beschäftigt sich mit einem etwas einfacheren Konzept, nämlich den **Kontexten**, ohne die man Pakete nicht verstehen kann. Danach werden wir auf Pakete eingehen und einige einfache Beispiele angeben, aus denen hervorgeht, welchen „Schreibstil" man bei Paketen üblicherweise benutzt.

11.2 Wie man Pakete benutzt

Es gibt etliche **Mathematica**-Pakete, die alle möglichen Gebiete abdecken. Viele davon werden mit **Mathematica** mitgeliefert und in dem technischen Bericht „Guide to Standard **Mathematica** Packages" [BKM92] dokumentiert; einige werden im Handbuch besprochen [Wol91]. Unten listen wir einige der Standardpakete von **Mathematica** auf. Beachten Sie, daß die Paketnamen immer mit dem Gravis (`) enden, der in **Mathematica** auch „Kontextmarke" genannt wird. Dieses Zeichen kommt des öfteren auch innerhalb des Namens vor:

`Calculus`VectorAnalysis``: Dieses Paket stellt eine Reihe von Variablen und Funktionen zur Verfügung, mit denen man Berechnungen in verschiedenen 3-dimensionalen Koordinatensystemen durchführen kann. Zum Beispiel kann man mit `SetCoordinates` ein Koordinatensystem auswählen (Kartesisch, Polar, usw.), mit `CrossProduct[`v_1`, `v_2`]` kann man Kreuzprodukte berechnen, und mit `Curl[`f`]` kann man die Rotation von Vektorfeldern f ausrechnen.

`Graphics`MultipleListPlot``: Dieses Paket stellt Funktionen zur Verfügung, mit denen man mehrere Plots in der gleichen Grafik darstellen kann. Die wichtigste Funktion in diesem Paket ist `MultipleListPlot[`$liste_1$`, `$liste_2$`, ...]` Sie plottet die Listen $list_i$ in das gleiche Achsensystem. Mit der Funktion `MakeSymbol[`$symbol\text{-}specification$`]` kann man dann Symbole erzeugen, um die einzelnen Plots zu kennzeichnen. Es gibt weitere Funktionen, mit denen man Symbole spezifizieren kann.

Wenn Sie ein Paket benutzen wollen, können Sie es auf zwei verschiedene Arten laden. Zum Beispiel kann man das Paket `Calculus`VectorAnalysis`` wie folgt laden:

1. `<<Calculus`VectorAnalysis`` bewirkt, daß die Datei eingelesen wird und daß alle Ausdrücke und Definitionen ausgewertet werden, so, als ob man sie eingetippt hätte. Das Argument von `<<` ist zwar eine Zeichenkette, man kann die Gänsefüßchen aber weglassen.

2. `Needs["Calculus`VectorAnalysis`"]` liest die Datei ein, ganz so wie `<<`, aber nur, wenn sie noch nicht eingelesen wurde.

Im folgenden ein Beispiel, bei dem das `Calculus`VectorAnalysis``-Paket benutzt wird:

```
In[1]:= Needs["Calculus`VectorAnalysis`"]

In[2]:= CrossProduct[{1.0, 2.0, 3.0}, {-1.0, -2.0, -3.0}]
Out[2]= {0., 0., 0.}
```

Bei großen Paketen — `Calculus`VectorAnalysis`` enthält 47 Definitionen — kann ein Problem auftreten: Im Verlaufe einer Sitzung kann es passieren, daß man aus Versehen einer Definition einen Namen gibt, der schon im Paket verwendet wird. Es kann auch vorkommen, daß zwei verschiedene Pakete dieselben Namen benutzen. Dies kann zu einem großen Durcheinander führen.

Die Situation ist ähnlich zu dem Namensproblem bei Funktionsvariablen, die nur vorübergehend benutzt werden. Wir haben dieses Problem mit Hilfe des `Module`-Konzepts gelöst. Man kann nun **Kontexte** und **Pakete** dazu benutzen, um Namenskonflikte zwischen verschiedenen Dateien zu vermeiden.

11.3 Kontexte

Fangen wir von vorne an: Jedes Symbol, daß in **Mathematica** auftaucht — egal ob man es definiert oder benutzt — hat einen **vollständigen Namen**, der aus dem Symbol besteht und dem **Kontext**, in dem der Name zum ersten Mal erwähnt wurde (dabei steht der Kontext vor dem Symbol). Wenn Sie Ihre Sitzung starten, ist der **aktuelle Kontext** `Global``, (beachten Sie wieder das Gravis), und jedes Symbol *sym*, das Sie nun erwähnen, hat den vollständigen Namen `Global`sym`.

Ein Symbol kann mit seinem vollständigen Namen bezeichnet werden, aber auch mit dem üblichen Kurznamen:

```
In[1]:= f[x_] := x+1

In[2]:= Global`f[3]
Out[2]= 4

In[3]:= Global`f == f
Out[3]= True
```

Eine Symbol ist also nur eine Abkürzung für seinen vollständigen Namen. Symbole, die Sie selber definieren, haben bei Sitzungsbeginn den Kontext `Global``, eingebaute Operationen haben dagegen den Kontext `System``:

```
In[4]:= System`Map[Global`f, {5, 7, 9}]
Out[4]= {6, 8, 10}
```

Mit Hilfe der Funktion `Begin` können Sie einen anderen Kontext definieren, der sich auf alle Symbole bezieht, die Sie neu definieren:

```
In[5]:= Begin["ContextA`"]
Out[5]= ContextA`

In[6]:= g[x_] := x+2

In[7]:= g[3]
Out[7]= 5

In[8]:= ContextA`g[3]
Out[8]= 5
```

In diesem neuen Kontext ist der Name **g** eine Abkürzung für **ContextA`g**. Beachten Sie, daß wir uns immer noch auf **f** beziehen können, obwohl diese Funktion nicht in diesem Kontext definiert wurde:

```
In[9]:= Map[f, {5, 7, 9}]
Out[9]= {7, 9, 11}

In[10]:= Map[Global`f, {5, 7, 9}]
Out[10]= {6, 8, 10}
```

Wenn wir den Kontext mit Hilfe der **End**-Funktion verlassen, können wir ein anderes **g** definieren, das den Kontext **Global`** hat:

```
In[11]:= End[]
Out[11]= ContextA`

In[12]:= g[x_] := x+3

In[13]:= g[3]
Out[13]= 6
```

Wir haben nun zwei Definitionen von „g", oder vielmehr, eine Definition von **Global`g** und eine von **ContextA`g**. Da der aktuelle Kontext **Global`** ist, bekommen wir, wenn wir **g** aufrufen, **Global`g**. Aber wir können nach wie vor auf **ContextA`g** zugreifen – wir müssen nur den vollständigen Namen benutzen:

```
In[14]:= ContextA`g[3]
Out[14]= 5
```

Es stellen sich nun die folgenden Fragen: Wenn man ein Symbol *sym* eingibt, wie entscheidet **Mathematica**, welche Version von *sym* zu benutzen ist? Und wie können Sie feststellen, welche Version benutzt wurde?

Zuerst beantworten wir die zweite Frage: Die Funktion **Context** gibt den Kontext eines Symbols an:

```
In[15]:= Context[g]
Out[15]= Global`
```

```
In[16]:= Context[Map]
Out[16]= System`
```

```
In[17]:= Context[ContextA`g]
Out[17]= ContextA`
```

Man kann auch „?" benutzen:

```
In[18]:= ?g
        Global`g

        g[x_] := x + 3
```

Wie entscheidet nun **Mathematica**, welche Definition zu benutzen ist? Nun, es verwendet dazu die beiden Variablen $Context und $ContextPath. $Context enthält den aktuellen Kontext, (d.h. eine Zeichenkette mit dem Namen des Kontextes) und $ContextPath enthält eine Liste von Kontexten (d.h. den *Kontext-Suchpfad*). **Mathematica** schaut zuerst in $Context nach, danach in den Kontexten, die in $ContextPath stehen (in der Reihenfolge, in der sie dort erscheinen). Findet es das Symbol überhaupt nicht, dann wird es im aktuellen Kontext $Context neu erzeugt. Natürlich gilt dies nur, wenn man *nicht* den vollständigen Namen angibt:

```
In[19]:= $Context
Out[19]= Global`
```

```
In[20]:= $ContextPath
Out[20]= {Global`, System`}
```

```
In[21]:= Begin["ContextA`"]
Out[21]= ContextA`
```

```
In[22]:= $Context
Out[22]= ContextA`
```

```
In[23]:= $ContextPath
Out[23]= {Global`, System`}
```

```
In[24]:= End[]
Out[24]= ContextA`
```

```
In[25]:= {$Context, $ContextPath}
Out[25]= {Global`, {Global`, System`}}
```

Die Eingabe eines neuen Kontextes mit Begin entspricht einer Veränderung des Wertes von $Context. Mit End wird der Wert zurückgesetzt. In beiden Fällen wird $ContextPath nicht verändert.

Zum Schluß sei noch angemerkt, daß Kontexte eine hierarchische Struktur haben können. Kontextnamen, wie `A`B`C``, sind also möglich. Solche Kontexte können folgendermaßen erzeugt werden:

```
In[26]:= Begin["A`"]          (* enter context A` *)
Out[26]= A`

In[27]:= Begin["`B`"]         (* enter context A`B` *)
Out[27]= A`B`

In[28]:= Begin["`C`"]         (* enter context A`B`C` *)
Out[28]= A`B`C`

In[29]:= End[]                (* back in context A`B` *)
Out[29]= A`B`C`

In[30]:= End[]                (* back in context A` *)
Out[30]= A`B`

In[31]:= End[]                (* back in context Global` *)
Out[31]= A`
```

Beachten Sie das Gravis, das im zweiten und dritten **Begin** *vor* dem Kontextnamen steht. Dies ist nur eine Abkürzung für:

```
In[32]:= Begin["A`"]
Out[32]= A`

In[33]:= Begin["A`B`"]
Out[33]= A`B`

In[34]:= Begin["A`B`C`"]
Out[34]= A`B`C`
```

Die Benutzung hierarchischer Kontexte ist ein Weg, Ordnung in die vielfältigen Möglichkeiten von Kontexten zu bringen. Sie werden sicherlich bemerkt haben, daß die Namen der Standardpakete, über die wir früher gesprochen haben, wie hierarchische Kontexte aussehen. In der Tat sind Paketnamen nichts anderes als Kontexte. **Mathematica** verwaltet die Standardpakete in ungefähr zehn Haupt-Kontexten (z.B. **Calculus`** und **Graphics`**), wovon jeder wiederum ungefähr zehn Unter-Kontexte enthält. Dies ist ein einfacher Weg, die Dinge übersichtlich zu gestalten. Die meisten Leser werden sicherlich die Analogie zu den hierarchischen Dateisystemen bemerkt haben. (Wenn Sie ein Paket mit Hilfe von **Needs** oder << laden, übersetzt **Mathematica** den Paketnamen direkt in einen Pfadnamen des hierarchischen Dateisystems auf Ihrem Computer.)

11.3.1 | Zusammenfassung

- Jeder Name, der in einer **Mathematica**-Sitzung auftaucht, hat einen vollständigen Namen, der den Kontext enthält, und einen Kurznamen.

- Wenn Sie einen Namen benutzen, können Sie den vollständigen Namen angeben. Wenn Sie dies nicht tun (was allgemein üblich ist), wird **Mathematica** bestimmen, wie der vollständige Name aussieht, d.h. welchen Kontext der Name hat.

- **Mathematica** bestimmt den Kontext folgendermaßen:

  - Zuerst wird im Kontext, der in der Variablen $Context steht, gesucht.

  - Danach wird in den Kontexten, die in der Variablen $ContextPath stehen, gesucht, und zwar in der Reihenfolge ihres Erscheinens.

  - Ist die Suche bis hierhin erfolglos geblieben, nimmt **Mathematica** an, daß der Namen zum ersten Mal erscheint. Daher wird ihm der Kontext $Context zugewiesen.

- Begin["*context*`"] und End[] verändern den Wert von $Context (aber $ContextPath wird nicht verändert). Insbesondere weist Begin["*context*`"] der Variablen $Context den Wert *context*` zu, und End[] stellt den ursprünglichen Zustand wieder her.
  Der einzige Weg, den wir bisher kennengelernt haben, um diese beiden Variablen zu verändern, besteht darin, diese beiden Funktionen zu benutzen. Man kann sie auch direkt durch Zuweisung abändern, was jedoch nicht empfehlenswert ist. Im nächsten Abschnitt werden wir zwei andere Funktionen beschreiben, die sie auf eine unterschiedliche Art abändern – dieser Unterschied ist zwar fein, aber trotzdem sehr wichtig.

11.4 Pakete

Pakete werden benutzt, um große Mengen von Werten und Funktionen zu definieren, ohne in Konflikt mit anderen Definitionen zu kommen, welche die gleichen Namen haben. Wenn Sie beispielsweise ein Paket laden, in dem die Funktionen f und g definiert sind, und die Definition von g enthält einen Aufruf von f, dann sollte g auch wirklich immer das f aufrufen, das in dem Paket definiert worden ist, und zwar auch dann, wenn f irgendwo anders in der Sitzung schon einmal definiert wurde. Darüberhinaus können Pakete eigene Hilfsfunktionen und Konstanten enthalten, die der Benutzer des Paketes normalerweise nicht zu Gesicht bekommen wird.

Solche Pakete kann man definieren, indem man Kontexte zusammen mit zwei neuen Funktionen benutzt:

BeginPackage["*package`*"] setzt $Context auf *package`* und $ContextPath auf {*package`*, System`}.

EndPackage[] setzt beide Variablen auf die Werte zurück, die sie vor der Auswertung von BeginPackage[] hatten. Danach wird *package`* an $ContextPath drangehängt.

Angenommen, wir sind in einer **Mathematica**-Sitzung mit aktuellem Kontext Global`, und wir lesen eine Datei ein, die das Folgende enthält:

```
BeginPackage["P`"]
  f[x_] := ...
  g[y_] := ...
EndPackage[]
```

dann werden dadurch die Funktionen f und g definiert, wobei die vollständigen Namen P`f und P`g lauten. Des weiteren wird P` in $ContextPath aufgenommen. Ist f nirgendwo anders definiert, benutzen Sie einfach f; andernfalls sollten Sie P`f benutzen. Ähnliches gilt für g.

Die genaue Definition von BeginPackage[*package`*] ist wichtig, da diese Funktion $ContextPath zu {*package`*, System`} abändert. Alle Namen, die in dem Paket definiert sind, haben also den Kontext *package`*. In unserem obigen Beispiel sind die beiden Paketefunktionen f und g also immer gleich P`f and P`g, unabhängig davon, ob andere gleichnamige Definitionen existieren.

Es ist auch wichtig zu wissen, daß **Mathematica** *beim Einlesen eines Namens* den vollständigen Namen bestimmt. Wenn also g die Funktion f aufruft, wird, beim Lesen des Paketes, diese Funktion f im Rumpf von g durch P`f ersetzt. Auch wenn in dem Kontext, in dem g aufgerufen wird, ein anderes f existiert, wird trotzdem immer das richtige f aufgerufen.

Man kann der Funktion BeginPackage mehrere Argumente übergeben. Das zweite und die sich anschließenden Argumente entsprechen Paketen, die das erste Paket benutzt. Sie werden behandelt, als ob Sie Argumente der Needs-Funktion wären, d.h. sie werden geladen, sofern dies nicht schon geschehen ist. Des weiteren werden sie in $ContextPath mit aufgenommen, und zwar *während des Ladens* des Pakets. Die Funktionen des ersten Pakets können daher die Funktionen der anderen Pakete über ihren Kurznamen aufrufen.

11.4.1 | Zusammenfassung

- `BeginPackage["`*package`*`"]` setzt `$Context` auf *package`* und `$ContextPath` auf {*package`*, `System`* }, so daß alle Namen, die anschließend erwähnt werden — bis auf die Namen von eingebauten Funktionen und Konstanten — in dem Kontext *package`* definiert werden.

- `EndPackage[]` setzt `$Context` und `$ContextPath` auf ihre ursprünglichen Werte zurück. Danach wird *package`* von vorne zu `$ContextPath` hinzugefügt.

11.5 Das Paket BaseConvert

Wir werden die Punkte, die wir oben besprochen haben (und einige andere) an Hand des einfachen Pakets `BaseConvert` illustrieren. `BaseConvert` enthält Funktionen, mit denen man Zeichenketten, die aus Ziffern bestehen, in ganze Zahlen umwandeln kann, wobei die Basis nicht gleich 10 sein muß. Der Benutzer kann die folgenden Funktionen aufrufen:

- `DefaultBase` ist mit dem Wert 10 initialisert; diese Basis wird bei der Umwandlung benutzt, falls kein anderer Wert explizit angegeben wird.

- `StringToInt[`*str, b*`]` wandelt *str* in eine Zahl um, wobei die Ziffern sich auf die Basis *b* beziehen müssen. Übergibt man nur das erste Argument, wird automatisch `DefaultBase` benutzt. Die Basis muß eine Zahl zwischen 2 und 10 sein.

Zusätzlich wird die folgende Hilfsfunktion definiert, die nicht dazu gedacht ist, vom Benutzer aufgerufen zu werden:

- `numeralToInt[`*ziffer*`]` wandelt eine einzelne Ziffer in den entsprechenden numerischen Wert um.

Hier kommt nun die Definition des Pakets:

```
In[1]:= BeginPackage["BaseConvert`"]

        DefaultBase::usage = "Default base used by StringToInt."
        StringToInt::usage = "StringToInt[str, b] converts str to an
            integer, assuming it is written in base b.
            StringToInt[str] is equivalent to
            StringToInt[str, DefaultBase]."

        Begin["`Private`"]

          DefaultBase = 10
          StringToInt[str_] := StringToInt[str, DefaultBase]
          StringToInt[str_String, b_Integer] :=
              Which[
                  Not[2 <= b <= 10],
                      Print["StringToInt: second argument is
                          inappropriate base."],
                  Not[Apply[And,Map[(0<=numeralToInt[#]<b)&,
                                      ToCharacterCode[str]]]],
                      Print["StringToInt: first argument has
                          incorrect digits."],
                  True, (* arguments are legal *)
                      Map[numeralToInt, ToCharacterCode[str]] .
                          Table[b^i, {i,StringLength[str]-1,0,-1}]]

          StringToInt[str_, b_] :=
                  (If[Not[StringQ[str]],
                    Print["StringToInt: ", str, " is not a string."]];
                   If[Not[IntegerQ[b]],
                    Print["StringToInt: ", b," is not an integer."]])

          StringToInt[x___] :=
                  Print["StringToInt: called with ", Length[{x}],
                      " arguments; 1 or 2 arguments are
                      expected."]

          numeralToInt[numeral_] :=
                  numeral - ToCharacterCode["0"][[1]]
        End[]
      EndPackage[]
```

Das Paket beginnt damit, **Anwendungs-Meldungen** für jede exportierte Funktion herauszugeben. Wir werden diese Meldungen weiter unten erklären und hier erst einmal nur den wichtigen Punkt anmerken, daß die Funktionen, die exportiert werden, hier *erwähnt* werden — *bevor* der Unter-Kontext `Private`` eingegeben wird —, damit die Namen `DefaultBase` und `StringToInt` den Kontext `BaseConvert`` haben. Die Hilfsfunktion `numeralToInt` wird dagegen *nicht* erwähnt.

Danach wird, *innerhalb* von `BaseConvert`, der neue Kontext `BaseConvert`Private`` erzeugt. Alle Definitionen dieses Paketes stehen innerhalb dieses neuen Kontextes. Wenn die Definition von `DefaultBase` eingelesen wird, ist der aktuelle Kontext gleich `BaseConvert``Private``, und `$ContextPath` ist gleich {`BaseConvert``, `System``}. Daher werden die Definitionen von `DefaultBase` und `StringToInt`, den Namen `BaseConvert`DefaultBase` und `BaseConvert`StringToInt` zugewiesen. Man beachte, daß dagegen der Kontext von `numeralToInt` gleich `BaseConvert`Private`` ist.

Nach der Auswertung der Funktionen `End[]` und `EndPackage[]`, nehmen `$Context` und `$ContextPath` wieder die ursprünglichen Werte an, mit der Ausnahme, daß `BaseConvert`` zu `$ContextPath` hinzugefügt wird. Benutzer können die Funktionen `DefaultBase` und `StringToInt` mit ihren Kurznamen aufrufen. Die Hilfsfunktion `numeralToInt` kann dagegen nur mit ihrem vollständigen Namen aufgerufen werden. (Damit soll vermieden werden, daß Benutzer `numeralToInt` aufrufen. Sie sollten dies auch deshalb vermeiden, da der Autor des Pakets die Definitionen der Hilfsfunktionen jederzeit entfernen oder verändern kann.)

Das Paket könnte nun folgendermaßen benutzt werden:

```
In[2]:= Needs["BaseConvert`"]

In[3]:= StringToInt["123"]
Out[3]= 123

In[4]:= DefaultBase = 5
Out[4]= 5

In[5]:= StringToInt["123"]
Out[5]= 38

In[6]:= StringToInt["123", 12]
StringToInt: second argument is inappropriate base.

In[7]:= StringToInt[2, "1010"]
StringToInt: 2 is not a string.
StringToInt: 1010 is not an integer.
```

Wann immer Sie Funktionen für ein Paket schreiben, *sollte es Ihr Ziel sein, diese Funktionen so zu schreiben, daß sie sich ähnlich wie eingebaute Funktionen verhalten.* So haben wir beispielsweise bei Namen, die exportiert werden, Großbuchstaben verwendet, so wie **Mathematica** dies bei allen eingebauten Funktionen macht. Noch wichtiger ist, daß wir Anwendungs-Meldungen definiert haben. Dies sind die Mitteilungen, die man erhält, wenn man ?*name* eingibt. Sie können Anwendungs-Meldungen mit irgendeinem Namen verknüpfen, indem Sie die oben verwendete Syntax benutzen: *name*::usage = *string*. (In der Art und Weise, wie wir sie benutzt haben, erfüllen sie zwei Zwecke: erstens als Dokumentation und zweitens, um den Namen den richtigen Kontext zu geben.)

Eine andere (sogar noch wichtigere) Eigenschaft eingebauter Funktionen, die Sie übernehmen sollten, besteht darin, die Argumente von jeder Funktion sorgfältig zu überprüfen und geeignete Fehlermeldungen herauszugeben. In dieser Beziehung haben wir uns bei der Funktion StringToInt wesentlich mehr Mühe gegeben, als bei allen vorhergehenden. Es ist natürlich immer eine gute Idee, jede Funktion, die man schreibt, mit Dokumentationen und Fehlerüberprüfungen auszurüsten. Wenn man aber eine Funktion in ein Paket aufnimmt, das vielleicht Bestandteil der „Permanentbücherei" ist, sollte man ganz besonders sorgfältig sein.

11.5.1 | Zusammenfassung

Das Standardformat für ein Paket P, das Funktionen f und g exportiert, welche die Hilfsfunktion h benutzen, sieht folgendermaßen aus:

```
BeginPackage["P`"]
    f::usage = "f[...] ... Erklärung von f..."
    g::usage = "g[...] ... Erklärung von g..."
    Begin["`Private`"]
      f[ args] := ...
      g[ args] := ...
      h[ args] := ...
    End[ ]
EndPackage[ ]
```

Dieses Paket wird dann üblicherweise in einer Datei mit Namen P.m abgespeichert. Es kann mit dem Befehl <<P` oder mit Needs["P`"] geladen werden. (Wenn Sie den Namen der Datei vollständig im Kopf haben, können Sie das Paket auch mit <<P.m laden.)

Es ist allgemein üblich, daß Funktionen in Paketen besonders sorgfältig programmiert werden. Dies beinhaltet zum Beispiel eine vollständige Überprüfung der Argumente. Für eventuelle Benutzer des Paketes sollten sich die Funktionen möglichst wenig von eingebauten Funktionen unterscheiden – abgesehen davon, daß man das Paket laden muß.

11.6 Verschiedene Themen

11.6.1 | Wie man Namenskonflikte vermeiden kann

Es kann vorkommen, daß Sie ein Paket P einlesen, in dem eine Funktion f definiert ist, deren Name in der Sitzung schon einmal erwähnt worden ist. Nun passiert es des öfteren, daß man vergißt, das Paket zu laden, bevor man seine Funktionen aufruft. Die Erwähnung des Funktionsnamens erzeugt aber im aktuellen Kontext ein Symbol. Rufen Sie dann f auf, nimmt **Mathematica** an, daß Sie über das f im aktuellen Kontext reden und nicht über das im Paket definierte. Die Funktion f aus dem Paket können Sie natürlich immer über den vollständigen Namen P`f aufrufen.

Wenn Sie nun aber trotzdem das f über den Kurznamen aufrufen wollen, so müssen Sie das versehentlich erwähnte f löschen. Dies können Sie mit dem Befehl `Remove[f]` erreichen, der bewirkt, daß codef vollständig entfernt wird. Beachten Sie, daß der Befehl `Clear[f]` nicht zum gewünschten Ziel führt: mit ihm wird nur die Definition von f entfernt (sofern vorhanden).

Wenn man einige Pakete sehr oft benutzt, gibt es die folgende Möglichkeit, das Problem in den Griff zu bekommen: Die Funktion

$$\texttt{DeclarePackage["}package\texttt{`", \{"}name_1\texttt{", "}name_2\texttt{", ...\}]}$$

bewirkt, daß **Mathematica** *package* lädt, wann immer man einen der Namen $name_1$, $name_2$, ... benutzt (natürlich nur, wenn das Paket noch nicht geladen wurde). Sie sollten eine Datei anlegen, die ein `DeclarePackage` für jedes Paket enthält, das Sie häufig benutzen. Listen Sie dabei alle Funktionsnamen auf, die Sie aus dem jeweiligen Paket brauchen. Heißt diese Datei beispielsweise `mypackage.m`, dann sollten Sie, wann immer Sie eine **Mathematica**-Sitzung starten, als erstes `<<mypackage.m` eingeben. Sie können aber auch `mypackage.m` in die Datei `init.m` aufnehmen, was bewirkt, daß diese Datei, wenn die Sitzung beginnt, automatisch geladen wird.

11.6.2 | Wie man herausfindet, was in einem Paket steht

Wenn Sie ein **Mathematica**-Paket benutzen wollen, müssen Sie wissen, welche Funktionen das Paket enthält. Es kommt sogar vor, daß Programmierer vergessen, was in ihren eigenen Paketen steht, wenn sie diese lange nicht mehr benutzt haben.

Wenn Sie nur den Namen eines Paketes kennen und herausfinden wollen, was darin definiert ist, dann laden Sie dieses Paket entweder mit `<<`*package*` oder mit `Needs-["`*package*`"]`. Danach erhalten Sie durch Eingabe von `Names["`*package*`*"]` oder von `?`*package*`*`, eine Liste aller Namen, die in dem Paket definiert sind. Mit Hilfe von `?` bekommen Sie für alle Namen Anwendungs-Meldungen.

Haben Sie andererseits den Namen des Paketes vergessen, können Sie entweder in [BKM92] danach suchen oder in dem Verzeichnis auf Ihrem System, in dem die Pakete abgespeichert sind. Wenn Sie die **Mathematica**-Version 2.2 (oder eine noch neuere) haben, können Sie auch im „Function Browser" alle Pakete, Namen und Anwendungs-Meldungen finden.

Literaturverzeichnis

[AB92a]   M. Abell and J. Braselton. *Mathematica by Example*. Academic Press, Inc., Boston, 1992.

[AB92b]   M. Abell and J. Braselton. *The Mathematica Handbook*. Academic Press, Inc., Boston, 1992.

[AB93]   M. Abell and J. Braselton. *Differential Equations with Mathematica*. Academic Press, Inc., Boston, 1993.

[Bau93]   G. Baumann. *Mathematica in der theoretischen Physik*. Springer-Verlag, Heidelberg, 1993.

[BD92]   D.C.M. Burbulla and C.T.J. Dodson. *Self-Tutor for Computer Calculus Using Mathematica*. Prentice-Hall, Englewood Cliffs, 1992.

[BDPU93]   D. Brown, W. Davis, H. Porta, and J. Uhl. *CALCULUS&Mathematica*. Addison-Wesley Publishing Company, Reading, preliminary edition, 1993.

[BF79]   J.L. Bentley and J.H. Friedman. Algorithms for reporting and counting geometric intersections. Technical Report C-28, IEEE Transactions on Computing, 1979.

[BF89]   R.L. Burden and J.D. Faires. *Numerical Analysis*. PWS-Kent Publishing Co., Boston, 4th edition, 1989.

[BKM92]   P. Boyland, J. Keiper, and E. Martin. Guide to standard **Mathematica** packages. **Mathematica** technical report, Wolfram Research, Inc., Champaign, 1992.

[BKMW91]   B. Braden, D. Kurg, P. McCartney, and S. Wilkinson. *Discovering Calculus with Mathematica*. John Wiley & Sons, New York, 1991.

[Bla91]   N. Blachman. *Mathematica, A Practical Approach*. Prentice-Hall, Englewood Cliffs, 1991.

[Bla92]   N. Blachman. *Mathematica Quick Reference, Version 2*. Addison-Wesley Publishing Company, Redwood City, 1992.

[Cas92a]   J. Casti. *Reality Rules: I, Picturing the World in Mathematics — The Fundamentals*. John Wiley & Sons, Inc., New York, 1992.

[Cas92b]   J. Casti. *Reality Rules: II, Picturing the World in Mathematics — The Frontier*. John Wiley & Sons, Inc., New York, 1992.

[CR91]   P. Crooke and J. Ratcliffe. *Guidebook to Calculus with Mathematica*. Wadsworth Publishing, Pacific Grove, 1991.

[Cra91]   R.E. Crandall. *Mathematica for the Sciences*. Addison-Wesley Publishing Company, Redwood City, 1991.

[Cra93]   R.E. Crandall. Personal communication, March 1993.

[Cul91]   J.C. Culioli. *Introduction to Mathematica*. Ellipses, Paris, 1991.

[DST88]   J.H. Davenport, Y. Siret, and E. Tournier. *Computer Algebra, Systems and Algorithms for Algebraic Computation*. Academic Press, Inc., Boston, 1988.

[EL91]   W. Ellis and E. Lodi. *A Tutorial Introduction to Mathematica*. Brooks Cole Publishing Company, Pacific Grove, 1991.

[Fea93]   J. Feagin. *Quantum Methods with Mathematica*. TELOS/Springer-Verlag Publishers, Santa Clara, 1993.

[FL92]   J. Finch and M. Lehman. *Exploring Calculus with Mathematica*. Addison-Wesley Publishing Company, Redwood City, 1992.

[Gar92]   M. Gardner. *Fractal Music, Hypercards and More . . . .*. W.H. Freeman and Company, New York, 1992.

[GG91]   T. Gray and J. Glynn. *Exploring Mathematics with Mathematica*. Addison-Wesley Publishing Company, Redwood City, 1991.

[GG92]   T. Gray and J. Glynn. *The Beginners Guide to Mathematica 2*. Addison-Wesley Publishing Company, Redwood City, 1992.

[GJ79]   M. Garey and D. Johnson. *Computers and Intractability: A Guide to the Theory of NP-Completeness*. W.H. Freeman, San Francisco, 1979.

[GL83]   G.H. Golub and C.F. Van Loan. *Matrix Computations*. Johns Hopkins University Press, Baltimore, 1983.

[Gra72]   R.L. Graham. An efficient algorithm for determining the convex hull of a finite planar set. *Information Processing Letters*, 1, 1972.

[Gra93]   A. Gray. *Modern Differential Geometry of Curves and Surfaces*. CRC Press, New York, 1993.

[GS88]   M. Golin and R. Sedgewick. Analysis of a simple yet efficient convex hull algorithm. In *4th Annual Symposium on Computational Geometry*. ACM, 1988.

[Gut91]   H. Gutowitz, editor. *Cellular Automata: Theory and Experiment*. The MIT Press, Cambridge, 1991.

[Hay92]   A. Hayes. Sums of cubes of digits, driven to abstraction. **Mathematica** *in Education*, 1(4):3–11, 1992.

[Hof92]   M.H. Hoft. *Laboratories for Calculus I Using Mathematica*. Addison-Wesley Publishing Company, Reading, 1992.

[Hon76]   R. Honsberger. *Mathematical Gems II*. The Dolciani Mathematical Expositions, Number Two. The Mathematical Association of America, Providence, 1976.

[Jac92]   D. Jacobson. Floating point in **Mathematica**. *The **Mathematica** Journal*, 2(3):42–46, 1992.

[Jar73]   R.A. Jarvis. On the identification of the convex hull of a finite set of points in the plane. *Information Processing Letters*, 2, 1973.

[Kau92]   S. Kaufmann. *Mathematica als Werkzeug, Eine Einführung mit Anwendungsbeispielen*. Birkhäuser Verlag, Basel, 1992.

[Kau94]   S. Kaufmann. *Mathematica as a Tool, An Introduction with Practical Examples*. Birkhäuser Verlag, Basel, 1994.

[KNJ93]   S.G. Kang, G.W. Nam, and G.C. Jun. *Mathematica?!* Sungandang, Seoul, 1993.

[Knu73]   D.E. Knuth. *The Art of Computer Programming*, Volume 1, Fundamental Algorithms. Addison-Wesley Publishing Company, Reading, 2nd edition, 1973.

[Knu81]   D.E. Knuth. *The Art of Computer Programming*, Volume 2, Seminumerical Algorithms. Addison-Wesley Publishing Company, Reading, 2nd edition, 1981.

[Kof93]   M. Kofler. *Mathematica. Einführung und Leitfaden für den Praktiker*. Addison-Wesley, Deutschland, Berlin, 1993.

[Koi92]   S. Koike. *Mathematica: Introduction to Algebraic Computation*. Gijutsuhyooronsha, Tokyo, 1992.

[Kor84]   R.R. Korfhage. *Discrete Computational Structures*. Academic Press, Inc., Orlando, 2nd edition, 1984.

[KW91]   V. Klee and S. Wagon. *Old and New Unsolved Problems in Plane Geometry and Number Theory*, Volume 11 of *The Dolciani Mathematical Expositions*. The Mathematical Association of America, Providence, 1991.

[Lag85]   J.C. Lagarias. The $3x + 1$ problem. *The American Mathematical Monthly*, 92:3–23, 1985.

[Lin65]   S. Lin. Computer solutions of the traveling salesman problem. *Bell System Technical Journal*, 44:2245–2269, 1965.

[LLKS85]   E. Lawler, J.K. Lenstra, A.H.G. Rinnooy Kan, and D.B. Shmoys. *The Traveling Salesman Problem*. John Wiley and Sons, New York, 1985.

[Mae91]   R.E. Maeder. *Programming in Mathematica*. Addison-Wesley Publishing Company, Redwood City, 2nd edition, 1991.

[Mae92]   R. Maeder. The design of the **Mathematica** programming language. *Dr. Dobbs Journal*, 17(4):86, 1992.

[Man82]   B. Mandelbrot. *The Fractal Geometry of Nature*. W.H. Freeman and Company, New York, 1982.

[Mat69]   M.V. Mathews. *The Technology of Computer Music*. MIT Press, Cambridge, 1969.

[MB83]   T.A. McMahon and J.T. Bonner. *On Size and Life*. Scientific American Books, Inc., New York, 1983.

[MiE]   *Mathematica in Education*. TELOS/Springer-Verlag New York, Santa Clara.

[NW78]   A. Nijenhuis and H. Wilf. *Combinatorial Algorithms*. Academic Press, Inc., New York, 2nd edition, 1978.

[PB89]   L.K. Platzman and J.J. Bartholdi. Spacefilling curves and the planar traveling salesman problem. *Journal Assoc. for Computing Machinery*, 36:719–737, 1989.

[Pie83]   J.R. Pierce. *The Science of Musical Sound*. W.H. Freeman and Company, New York, 1983.

[PS85]   F.P. Preparata and M.I. Shamos. *Computational Geometry: An Introduction*. Springer-Verlag Publishing Co., New York, 1985.

[RB72]   B. Rust and W.R. Burrus. *Mathematical Programming and the Numerical Solution of Linear Equations*. American Elsevier Publishing Co., New York, 1972.

[Ros90]   T.D. Rossing. *The Science of Sound*. Addison-Wesley Publishing Company, Reading, 2nd edition, 1990.

[RSL77]   D.J. Rosenkrantz, R.E. Stearns, and P.M. Lewis. An analysis of several heuristics for the traveling salesman problem. *SIAM Journal of Computing*, 6:563–581, 1977.

[RT81]   E.M. Reingold and J.S. Tilford. Tidier drawings of trees. *IEEE Trans. Software Eng.*, SE-7:223–228, March 1981.

[Sed88]   R. Sedgewick. *Algorithms*. Addison-Wesley Publishing Company, Reading, 2nd edition, 1988.

[Sfe93]   A.A. Sfeir. *Une Nouvelle Approche Du Calcul Scientifique*. Angkor Editeur and RITME Informatique, France, 1993.

[SH75]   M.I. Shamos and D. Hoey. Closest-point problems. In *16th Annual Symposium on Foundations of Computer Science*. IEEE, 1975.

[She62]   R. Shepard. The analysis of proximities: Multidimensional scaling with an unknown distance factor. *Psychometrics*, 27:125–140, 1962.

[SK93]   R.D. Skeel and J.B. Keiper. *Elementary Numerical Computing with Mathematica*. McGraw-Hill, Inc., New York, 1993.

[Ski90]   S. Skiena. *Implementing Discrete Mathematics: Combinatorics and Graph Theory with Mathematica*. Addison-Wesley Publishing Company, Redwood City, 1990.

[Tho80]   D.E. Thomsen. Making music fractally. *Science News*, 117:187, 1980.

[TMJ]   *The Mathematica Journal*. Miller Freeman Publishers, Inc., San Francisco.

[Var91]   I. Vardi. *Computational Recreations in Mathematica*. Addison-Wesley Publishing Company, Redwood City, 1991.

[Var93]   H. Varian, editor. *Economic and Financial Modeling with Mathematica*.

TELOS/Springer-Verlag Publishers, Santa Clara, 1993.

[VC75]   R. F. Voss and J. Clarke. $1/f$ noise in music and speech. *Nature*, 258:317–318, 1975.

[VC78]   R. F. Voss and J. Clarke. $1/f$ noise in music. *The Journal of the Acoustical Society of America*, 63:258–263, 1978.

[Vve93] D. Vvedensky. *Partial Differential Equations with Mathematica*. Addison-Wesley Publishing Company, Redwood City, 1993.

[Wag91] S. Wagon. *Mathematica in Action*. W.H. Freeman and Company, New York, 1991.

[WJ93]   T. Wickham-Jones.   *Computer Graphics with Mathematica*.   TELOS Springer-Verlag Publishers, Santa Clara, 1993.

[Wol91] S. Wolfram. *Mathematica, A System for Doing Mathematics by Computer*. Addison-Wesley Publishing Company, Redwood City, 2nd edition, 1991.

[Wol92] S. Wolfram. *Mathematica Reference Guide*. Addison-Wesley Publishing Company, Redwood City, 1992.

Index

Oliver Gloor
Beatrice Amrhein
Roman E. Maeder

Bir Com

Illustrierte Mathematik

Visualisierung von mathematischen Gegenständen

CD-ROM mit Begleitheft

ISBN 3-7643-5100-4

Birkhäuser

Bitte bestellen Sie bei Ihrem Buchhändler oder direkt bei:
Birkhäuser Verlag AG, P.O. Box 133, CH-4010 Basel / Schweiz
FAX ++41 / 61 / 271 76 66

Birkhäuser

U. Schöning, University of Ulm, Germany

PCS 8 – Progress in Computer Science and Applied Logic

Logic for Computer Scientists

1989. 184 pages. Hardcover.
2nd printing 1994, with corrections
ISBN 3-7643-3453-3

This book introduces the notions and methods of formal logic from a computer science standpoint, covering propositional logic, predicate logic, and foundations of logic programming. It presents such modern applications and themes of current computer science research as resolution, automated deduction, and logic prgramming in a rigorous but readable way.

The style and scope, rounded out by the inclusion of exercises and an up-to-date list of references, make this an excellent textbook for an advanced undergraduate course in logic for computer scientists.

"... The numerous exercises and illustrative examples contribute to a great extent to a better understanding of different concepts and results. The book can be successfully used as a handbook for an introductory course in artificial intelligence."

L. State

ZENTRALBLATT FÜR MATHEMATIK UND IHRE GRENZGEBIETE

**Bitte bestellen Sie bei Ihrem
Buchhändler oder direkt bei:**

Birkhäuser Verlag AG
P.O. Box 133
CH-4010 Basel / Schweiz
FAX: ++41 / 61 / 271 76 66

**Für Bestellungen aus den USA
oder Canada:**

Birkhäuser
333 Meadowlands Parkway
Secaucus, NJ 07094-2491
USA

Birkhäuser

Birkhäuser Verlag AG
Basel · Boston · Berlin